Cuadernos de lógica, epistemología y lenguaje

Volumen 19

Pasado, Presente y Futuro

Volumen 9
Henri Poincaré. Del Convencionalismo a la Gravitación
María de Paz

Volumen 10
Innovación en el Saber Teórico y Práctico
Anna Estany y Rosa M. Herrera

Volumen 11
El fundamento y sus límites. Algunos problemas de fundamentación en ciencia y filosofía.
Jorge Alfredo Roetti y Rodrigo Moro, editores

Volumen 12
Una introducción a la teoría lógica de la Edad Media
Manuel A. Dahlquist

Volumen 13
Aventuras en el Mundo de la Lógica. Ensayos en Honor a María Manzano
Enrique Alonso, Antonia Huertas y Andrei Moldovan, editors

Volumen 14
Infinito, lógica, geometría
Paolo Mancosu

Volumen 15
Lógica, Conocimiento y Abducción. Homenaje a Ángel Nepomuceno
C. Barés Gómez, F. J. Salguero Lamillar and F. Soler Toscano, editores

Volumen 16
Dilucidando π. Irracionalidad, trascendencia y cuadratura del círculo en Johann Heinrich Lambert (1728-1777)
Eduardo Dorrego López and Elías Fuentes Guillén. With a preface by José Ferreirós

Volumen 17
Filosofía posdarwiniana. Enfoques actuales sobre la intersección entre análisis epistemológico y naturalismo filosófico
Rodrigo López-Orellana and E. Joaquín Suárez-Ruíz, editors. Prólogo de Antonio Diéguez Lucena

Volumen 18
De Mathematicae atque Philosophiae Elegantia. Notas Festivas para Abel Lassalle Casanave
Gisele Dalva Secco, Frank Thomas Sautter, Oscar Miguel Esquisabel and Wagner Sanz, editores
Atocha Aliseda

Volumen 19
Pasado, Presente y Futuro
Arthur N. Prior. Traducción de Manuel González Riquelme

Cuadernos de Lógica, epistemología y lenguaje
Series Editors   Shahid Rahman and Juan Redmond
Assistant Editor   Rodrigo López-Orellana

Pasado, Presente y Futuro

Arthur N. Prior

Traducción de
Manuel González Riquelme

© Individual author and College Publications 2022. All rights reserved.

ISBN 978-1-84890-409-5

College Publications
Scientific Director: Dov Gabbay
Managing Director: Jane Spurr

http://www.collegepublications.co.uk

Cover produced by Laraine Welch

All rights reserved. No part of this publication may be reproduced, stored in a retrieval system or transmitted in any form, or by any means, electronic, mechanical, photocopying, recording or otherwise without prior permission, in writing, from the publisher.

Traducido por Manuel González Riquelme

Dedicado al profesor Juan Carlos León. Universidad de Murcia

"El tiempo es el alma que mide" Guillermo de Ockham
Los sucesivos, 1324
[Cosas notables sobre la definición del tiempo]

"Si del futuro sólo la parte determinada causalmente por el presente es real hoy; ... entonces del pasado sólo la parte que sigue activa en sus efectos es real hoy. Hechos, cuyos efectos, son los que son, tal que incluso una mente omnisciente no podría inferirlos de los actuales, pertenecientes al ámbito de la posibilidad. No diremos de ellos que *eran,* sino que fueron *posibles.* Y así también. En la vida de cada uno de nosotros ocurren tiempos graves de sufrimiento y de culpa. Deberíamos contentarnos de liquidar estos tiempos no sólo de nuestra memoria sino también de la realidad. Ahora somos libres de creer que cuando las consecuencias de esos tiempos fatales hayan desaparecido, incluso si esto sucedió *después* de muertos, entonces también serán borrados del mundo de lo real y sobrevolarán el dominio de la posibilidad" £ukasiewicz, *Z Zagadnien Logiki i Filozofii* (Problems of Logic and Philosophy): *O Determinizmie,* p. 126.

ÍNDICE

PREFACIO A ESTA EDICIÓN IX

P R E F A C I O XV

I. PRECURSORES DE LA LÓGICA TEMPORAL 1
1. La serie A de McTaggart (pasado, presente, futuro) y la serie B (antes, después), 1 - 2. El Argumento de McTaggart contra la realidad de la serie A, 4 - 3. La crítica de Broad a McTaggart; predicados temporales y tiempos, 6 - 4. Las leyes de la lógica temporal de Findlay, 7 - 5. El argumento de Smart respecto a la inmutabilidad de los sucesos, 9 - 6. Reichenbach sobre el tiempo del habla y el tiempo de referencia; la naturaleza del presente, 11 - 7. Tiempo y verdad en la lógica antigua y medieval, 14 - 8. Simbolismo y metafísica, 16.

II. LA BÚSQUEDA DEL SISTEMA MODAL DIODORIANO 19
1. La base lógico-temporal de la lógica modal diodoriana, 19 - 2. Una matriz para la modalidad diodoriana, 21 - 3. Sistemas modales entre S4 y S5, 22 - 4. La matriz S4 de Kripke para el tiempo ramificado y para el S4.2 de Lemmon, 26 - 5. La fórmula de Dummett en D, no en S4.3 y su asunción de la discreción, 28.

III. LA TOPOLOGÍA DEL TIEMPO 31
1. Análisis del Argumento Maestro de Diodoro, 31 - 2. Primeros postulados para el pasado y el futuro, 33 - 3. Postulados correspondientes con la lógica de la serie B, 37 - 4. El Cálculo-U y las lógicas modales, 41 - 5. El teorema de los 15 tiempos de Hamblin y su base, 45 - 6. La lógica temporal de Cocchiarella y la diferencias entre el tiempo lineal y el tiempo ramificado, 49 - 7. Nuevas simplificaciones por Scott y Lemmon, 55 - 8. Corrección de Hume sobre el pasado y el futuro 57.

IV. LÓGICA TEMPORAL NO-ESTÁNDAR 59
1. Tesis que asumen que el tiempo es discreto o circular, 59 - 2. Postulados para el tiempo circular, 64 - 3. Postulados para el siguiente y el último momento en el tiempo discreto, 67 - 4. La lógica del "y después", 72 - 5. Sólo la densidad y la continuidad dedekindiana, 73 - 6. Postulados para el comienzo y el final del tiempo, 74 - 7. La lógica temporal como otorgando un valor a los supuestos sobre el tiempo, 76.

V. LA LÓGICA DE LOS ESTADOS DE MUNDO SUCESIVOS 79
1. La des-trivialización de la modalidad: "El mundo", 79 - 2. Estados de mundo instantáneos, 81 - 3. La lógica de los "mundos" y el determinismo laplaciano, 84 - 4. No-repetición, repetición y el estado de mundanidad, 85 - 5. La definición de

los tiempos en términos de las modalidades diodorianas, 88 - 6. El desarrollo del Cálculo-*U* dentro de la teoría de los estados de mundo, 91 - 7. "Estados" que consisten en combinaciones de los tiempos de Hamblin, 96.

VI. LÓGICA TEMPORAL MÉTRICA 99
1. La sintaxis de los intervalos, 99 - 2. Postulados para la lógica temporal métrica, 101 - 3. La interacción de la serie A y la serie B, 105 - 4. La lógica de las fechas, 108 - 5. El tiempo circular métrico, 110 - 6. Extensión de la lógica temporal para construir conceptos definibles métricamente, 111 - 7. Las definiciones de Geach de las constantes de Kamp, 117.

VII. TIEMPO Y DETERMINISMO 119
1. Argumentos para la incompatibilidad de la presciencia (la verdad futura) y el indeterminismo, 119, - 2. Formalización de estos argumentos, 123 - 3. Las respuestas clásicas a estos argumentos, 127 - 4. Formalización de la respuesta ockhamista, - 128, - 5. La convergencia última del tiempo, 134 - 6. Formalización de la respuesta peirceana y comparación con la respuesta ockhamista, 135 - 7. Los sentidos peirdeanos del "será", 140 - 8. Proposiciones que no son ni verdaderas ni falsas, 142.

VIII. TIEMPO Y EXISTENCIA 145
1. La lógica de predicados modal y temporal: los sistemas estándares, 145 - 2. Objeciones antiguas, medievales y contemporáneas a lo que va a ser, lo que causa el ser y a lo que está impedido de ser, 146 - 3. Ampliación, 151 - 4. Objeciones a la lógica modal estándar sugerida por Myhill, Ramsey y Crisipo, 153 - 5. Moore sobre lo que quizás no haya existido y lo que una vez no existió, 157 - 6. Argumentos contra algunos principios comunes de la lógica modal y temporal, 159 - 7. El sistema modal Q, sus modificaciones y su adaptación a la lógica temporal, - 8. Lógica de predicados temporales con nombres ahora vacíos en Cocchiarella, Rescher y Hamblin, 166 - 9. Ontología temporal, 170 - 10. Complejidad externa e interna de los sistemas con variables individuales libres, 175 - 11. Las dificultades de proceder sin no existentes, 178 - 12. La admisión de existentes pasados pero no de futuros, 179 - 13. Resumen de las posibles posiciones, 181.

APÉNDICE A 185
1. Los sistemas de Gödel y Feys, 185 - 2. Los sistemas de Von Wright, 185 - 3. Sistemas entre T y S5, 185 - 4. El sistema mínimo lógico temporal K_t, 186 - 5. Extensiones estándar del sistema mínimo, 187 - 6. Los sistemas para el tiempo circular, 188 - 7. Sistemas para el momento siguiente (T) y el instante precedente (Y), 189 - 8. Postulados básicos U-T, 190 - 9. Correspondencias entre el Cálculo-*U*, las lógicas modales y las lógicas temporales, 190.

APÉNDICE B 193
1. Los cálculos de Von Wright "y el siguiente" y "después"; "y el Siguiente" y la lógica temporal métrica, 193 - 2. La lógica temporal mínima de dirección única, 199, - 3. El rango de las variables de mundo y la interpretación del Cálculo-U en el cálculo de mundos, 200 - 4. La unicidad de la serie temporal, 213 - 5. La discriminación lógico-temporal de la relatividad especial a la general, 220 - 6. Axiomas alternativos para la no ramificación, 223 - 7. Tiempos definidos en términos de las modalidades diodorianas, 226, - 8. Pruebas de independencia para el cálculo K_t, 230 - 9. Anticipaciones de los desarrollos posteriores en el cálculo de instantes de Łoś, 232.

PREFACIO A ESTA EDICIÓN

Hace unos días el profesor Juan Carlos León se expresó en estos términos: "Pocos libros en la segunda mitad del siglo XX han tenido un efecto seminal tan importante e imperecedero en la lógica moderna como *Past, Present and Future* de Arthur Prior. Ese efecto fue inmediato en el desarrollo de la lógica modal, y sobre todo en el de la lógica temporal. En el último cuarto de siglo sería también la fuente de inspiración para el estudio de diversos sistemas en los que se combinaban la lógica modal, la temporal o la deóntica. Y ya en el siglo XXI, aunque esto se iniciara a finales del XX, casi todos los estudios desarrollados sobre lógica híbrida apuntan a esta obra como su origen y, en parte, fuente de inspiración". Estas pocas líneas resumen la importancia del libro cuyo Prefacio se firmó en Manchester, 1966. Arthur Prior lo dedicó a sus colegas de la Universidad de Manchester. Prior había ocupado su plaza en enero de 1959, después del brillante período de Oxford de las *Conferencias John Locke* y pasó allí siete años.

Recomendado por Anthony Kenny para una beca de investigación en el Balliol College, Oxford University Press, se encargó de publicar *Past, Present and Future* que se presentó como una secuela de *Time and Modality*. Esta última recogía las *Conferencias John Locke* de 1955-56. En este caso, dedicó *Time and Modality* a Jan Łukasiewicz, fallecido el 13 de febrero de 1956, con el que se sintió en deuda. La adopción primero de la lógica trivalente y la notación polaca después son pruebas de un distinto y novedoso plano contrapicado de la lógica. Prior adopta la notación polaca en contra de la convencional de Peano-Russell; en 1950 descubre *Précis de Logique Mathematique* de Bochenski quien describe a Prior como el más "*CCCC-Lógico que había conocido*". Encontró en la notación polaca la precisión formal que le faltaba a la filosofía. Ávido lector de Wittgenstein conocía muy bien estas líneas del *Tractatus*: 4.002: "*El lenguaje disfraza el pensamiento*" y en 4.011: "*La notación musical tampoco parece ser, a primera vista, figura alguna de la música, ni nuestra escritura fonética (el alfabeto) figura alguna de nuestro lenguaje hablado*". Y, sin embargo, lo representan.

Poco antes de *Time and Modality*, Arthur Norman Prior firmaba dos artículos que fueron el pistoletazo de salida de la Lógica temporal. Se trataba de formalizar la tesis de que el tiempo es una especie de modalidad junto a los modos aléticos de "Necesidad", "Posibilidad", "Imposibilidad" y "Contingencia". El telón de fondo fue Diodoro Cronos 340-280 a. C. de la escuela megárica que nació en Iaso de Caria y vivió en la corte de Ptolomeo Soter. Se le llamó "el lógico" o "el máximo lógico". El Argumento Maestro de Diodoro Cronos cristalizó en la mente de Arthur Prior como un diamante en bruto dispuesto a ser tallado, al igual que Spinoza había pulido su *Ética more geométrico.* El artículo, listo a principios de 1954, se llamó "Diodoran Modalities" y fue publicado por *The Philosophical Quarterly,* volumen 5, páginas 205-213, en 1955. El Argumento Maestro fue entendido por Cleantes y su escuela como una prueba en favor del fatalismo. La carga explosiva de estas tres proposiciones fue abisal: primero, toda proposición verdadera acerca del pasado es necesaria; segundo, lo imposible no se sigue de lo posible y tercero, algo que ni es verdadero ni lo será es posible, apuntaban, como el primer alunizaje, a una síntesis entre la lógica modal y temporal.

No obstante, La fecha programada para presentar por primera vez la lógica temporal fue la conferencia inaugural del Congreso de Filosofía en Wellington entre el 27 y el 30 de agosto de 1954. En cambio, ésta no fue la idea original. En la carta que Prior envió a Mary el 29 de julio[1] expresaba su intención de discutir sobre si el platonismo *versus* nominalismo era sólo una pura cuestión verbal. Allí se pregunta: "¿Son las matemáticas la física de lo inteligible? ... ¿Por qué la física? ¿Por qué no decir la 'química' de lo inteligible?" ¿Por qué no la metafísica? Pero Prior cambió de planes. Habíamos superado 1903, año en que Peirce escribió: "la lógica no había alcanzado aún el estado de desarrollo en el que la introducción de las modificaciones temporales de sus formas no diera lugar a una gran confusión". A quien Prior respondió: "No había llegado el momento oportuno en 1903, pero bien puede haber llegado ahora, pues, en este lapso de tiempo, hemos adquirido un gran bagaje acerca de las estructuras posibles de los sistemas modales, y (como ya sabían los escolásticos) el tiempo verbal y el modo son especies del mismo género". "The Logic of Time-Distinctions" fue la primera tarjeta de presentación de la incipiente disciplina y la conexión de Prior con "el ancho mundo". Para cuando *Franciscan Studies* lo publicó en el volumen 18, páginas 105-20, en 1958, la materia había multiplicado exponencialmente su cuadrado.

En la carta que Prior dirigió a Mary fechada el 27 de agosto de 1954, a las 2,15 a. m, al final del primer día del Congreso, Prior se declaraba, como

---

[1] Véase "Letters between Mary and Arthur Prior in 1954: Topics on Metaphysics and Time". Editado por Per Hasle, David Jakobsen and Peter Øhrstrøm, Aalborg University Press, 2020.

un "realista extremo". En deuda con Jerzy Łoś quien consideraba su axioma 9: $(\exists p)(\forall b)(Tbp \equiv a=b)$, "nuestra única arma contra la concepción metafísica y extrasensorial del tiempo", la asunción del "axioma del reloj", esto es, "para todo instante de tiempo, una función puede ser asignada (por ejemplo, la descripción de la posición de las manecillas de un reloj) que es satisfecha sólo en ese instante"[1], garantizaba "el realismo temporal". Jerzy Łoś ideó en 1947 un intento de formalizar los modelos de inducción de Mill. El cálculo apareció en los en los *Annales Universitatis Mariae Curie-Sklodowska,* sección F, volumen 2 (para 1947, publicado en 1948), páginas 269-301 y fue resumido y reseñado por Henry Hiż en el *Journal of Symbolic Logic,* vol. 16, No. I (March, 1951), pp. 58-59. El cálculo no tenía operadores temporales, Łoś usó variables proposicionales p_1, p_2, etc., para representar lo que podía ser "satisfecho" en un instante y no en otro. Ahora era el momento.

Prior siguió siendo un realista temporal toda su vida. En Oslo, cuatro semanas antes de su muerte, en su última conferencia titulada "The Notion of Present", escribió que: "Antes de hablar sobre la noción de 'presente' quiero tratar la noción de 'real'. Estos dos conceptos están íntimamente conectados; de hecho, considero que son uno y el mismo concepto y el presente no es sino lo real entendido con relación a dos tipos específicos de irrealidad: el pasado y el futuro" (en *Ensayos sobre Filosofía del Tiempo* sobre *Papers on Time and Tense,* traducido por Ignasi Mena, página 145). Y en *"A Statement of Temporal Realism"* manifiesta que: "El tiempo no es un objeto pero lo que es real existe y actúa en el tiempo" (en *Logic and Reality. Essays on the Legacy of Arthur Prior* editado por Jack Copeland, página 45).

Publicó *Past, Present and Future* durante su segundo año en Balliol. Con una actividad frenética, publicó, además, *Papers on Time and Tense* en 1968, en cuyo Prefacio advertía: "Hay inevitablemente un marco teórico común entre éste y mis dos libros *Time and Modality* y *Past, Present and Future*". Este último dedicado a Edward John Lemmon, pionero de las lógicas extendidas, quien murió en julio de 1966 en California a la edad de 36 años de un ataque al corazón mientras escalaba. El libro sería reeditado en 2003 por Per Hasle, Peter Øhrstrøm, Torben Braüner y Jack Copeland incluyendo nuevos temas inéditos. Prior estaba preparando la segunda edición en 1969. Consiguió escribir el Prefacio firmado en Oxford en 1969 pero su salud empeoró ese otoño. Su última nota del 4 o 5 de octubre fue

---

[1] Véase, *Past, Present and Future,* Oxford University Press, pp. 212, 213.

escrita en un hotel en Åndalsnes, Noruega, poco antes había llegado a Trondheim para dar una conferencia:

> El tiempo fluye = Todos los sucesos devienen más al pasado... cualquiera que sea, haya sido o será el caso, habrá sido el caso. Puede simbolizarse como
> $(\forall p): (p \vee Pp \vee Fp) \supset FPp$
> El tiempo fluye, pero, una vez más, los objetos que viajan al pasado, cristalizan y no pueden modificarse[1].

El filósofo nacido en Masterton el 4 de diciembre de 1914, murió en Trondheim, a punto de cumplir 55, el 6 de octubre de 1969, de un ataque cardíaco.

Antes dejar al lector en manos de Arthur Prior, destaquemos que el lógico neozelandés adoptó la notación lógica polaca en todos sus escritos sobre lógica temporal, incluyendo *Past, Present and Future*. Al traducir esta magistral obra al castellano, hemos optado por traducir también la notación polaca del texto original a la notación, hoy en día más convencional, de Peano y Russell. Siguiendo el ejemplo de *Papers on Time and Tense* publicada en 2003 por Oxford University Press, cuyos editores Per Hasle, Peter Øhrstrøm, Torben Braüner y Jack Copeland iniciaron el camino. Sin duda, es un "sometimiento". Por supuesto, toda traducción es un filtro, aunque sea de un lenguaje formal a otro. Se pierden ecos, matices y resonancias entre las líneas. La singularidad de un lenguaje no debería ser un límite a su proximidad. No obstante, modificar la notación original de *Past, Present and Future*, en nuestra opinión, merece la pena para lograr que los castellanoparlantes del siglo XXI puedan tener un acceso más directo a las ideas lógicas y filosóficas de Prior.

Saussure en el *Tercer curso*, 1910-11 de *Cours de linguistique generale* destaca que la relación entre significante y significado es arbitraria. Junto a la arbitrariedad se presenta el principio del carácter lineal del significante. Esto es extensivo a la Lógica. Igualmente, Hjelmslev en su *Omkring sprogteoriens grundlaeggelse [Prolegómenos de una teoría del lenguaje]* (1943) advierte que el lenguaje es un número finito de figuras que es capaz

---

[1] Véase "Celebration of Past, Present and Future" en *Logic and Philosophy of Time, Themes for Prior*. Editado por, Per Hasle, Patrick Blackburn, and Peter Øhrstrøm, Aalborg University Press, 2017, p. 21.

de crear un sistema de signos y, de esta forma, un alfabeto. Una figura es un no-signo, un no-signo es, por ejemplo, ∀, ∃, M o L, Fp, Gp. El signo es la unidad constituida por la forma de la expresión y la forma del contenido. Además, según Leonard Bloomfield, el significado es: "the weak point in the language study". (*Language,* 1933). Esto nos permite el cambio de notación.

Thomas Reid tenía razón cuando escribió que "El ahora no es objeto de memoria". Tampoco este libro o este instante... pero suponemos que lo será[1].

Me gustaría agradecer a Peter Øhrstrøm y David Jakobsen de Aalborg University, Per Hasle de la Copenhagen University su recepción en cuanto a la evolución de esta traducción. A Jack Copeland de la Universidad de Canterbury por su interés entusiasta desde el minuto cero. A Patrick Blackburn y Torben Bräuner de la Universidad de Roskilde por *The Findlay's Dream...* a Juan Carlos León de la Universidad de Murcia, Margarita Vázquez de la Universidad de La Laguna, María Manzano, para quien el interés es un "a priori" kantiano, y a David Rey de la Universidad de Barcelona, *alter ego lógico,* primero desde la Universidad de los Andes en el tiempo de pandemia y confinamiento y ahora, un poco más cerca, desde la bella ciudad de Barcelona, abierta al mar, siempre mediterránea... Finalmente, a Martin Prior por su filantropía.

Río Segura. Margen derecha.
22 de febrero de 2021.
Manuel González Riquelme.

---

[1] Arthur Prior, *Objetcs of Thought.* "Reid on the possible unreality and generality of objects of thought". Edited por P. T. Geach y A. J. P. Kenny, Oxford University Press, 1971, p. 117.

PREFACIO

Este libro es una secuela de *Time and Modality*. Muchos problemas que suscitó el anterior ya han sido resueltos y, a su vez, han surgido otros nuevos, he intentado registrar algunos de estos desarrollos y poner en marcha otros más. He sido también consciente de la importancia que siguen teniendo algunos de los primeros escritos, incluyendo los míos que, llegué a pensar habían sido superados; así que también tengo algo que decir sobre ellos. Pero he intentado hacer el libro independiente, no presuponiendo nada excepto unos pocos hechos, la mayoría sobre los sistemas mejor conocidos de la lógica modal que pueden ser fácilmente encontrados en la literatura.

No he sido capaz de separar la especulación filosófica del cálculo lógico y, consecuentemente, no puedo decir mucho que fuera de ayuda a los lectores que quieran centrarse en lo primero sin reparar en lo segundo - aparte de que, obviamente, las demostraciones pueden saltarse sin perder el significado de lo que se demuestra. Preferiría hacer una pequeña pero muy seria sugerencia a los lectores que les preocupa menos el simbolismo como tal que el simbolismo especial empleado aquí: se vuelve más o menos legible si no *intentas* traducir todo el tiempo a otra notación, pero si le pillas el truco, al menos, con fórmulas relativamente cortas, las lees directamente del inglés, por ejemplo, leemos *CFFpFp*, como "Si será que será que *p*, entonces será que *p*" sin convertirlo en algo como *FFp⊃Fp*; y, de nuevo, leemos *CGCpqCGpGq* como "Si será siempre que, si *p* entonces *q*, entonces, si siempre será que *p*, siempre será que *q*", sin convertirlos en *G(p⊃q)⊃(Gp⊃Gq)*; y leer *∑qKNqFKpq*, directamente, como "Para algún *q*, no-*q* y será que *p* y *q*", en lugar de intentar obtener por esta *vía* algo como *(∃q)[~q∧F(p∧q)]*. He intentado expresarlas de la mejor manera en el libro y espero que sean, completamente, usadas no sólo como preliminares para la discusión filosófica sino también como elucidaciones de las fórmulas a las que pertenecen. Pero, en general, no me ha preocupado mucho tales explicaciones en mitad de las pruebas, dado que lo típico es la derivación correcta de su forma física, por ejemplo, insertando una *L*, o una *G* al comienzo de una fórmula, o antes en cada una de las partes de una implicación, en virtud de la regla dada.

La mayor parte de mis deudas serán más obvias conforme el texto avance pero hay alguna que debo mencionar aquí. Fue Mr. P. T. Geach quien me señaló la importancia de McTaggart y el aspecto positivo de su trabajo; antes sólo lo consideré un enemigo. Estoy agradecido a Mr. Geach también y a Mr. E. J. Lemmon, por una copiosa correspondencia que me ha mantenido en contacto con el nuevo trabajo en la lógica del tiempo y de la modalidad cuando estaba de regreso en Nueva Zelanda; y en Nueva Zelanda al profesor J. M. Shorter por su acertada presentación de un punto de vista (discutido en el capítulo VII) al que debo hacer justicia.

Una deuda más reciente es con la Universidad de California en Los Ángeles por la oportunidad de dar clases allí sobre estos temas y muy vivamente a los lógicos del tiempo de California por tantas discusiones sobre sus resultados y el mío -notablemente Nino Cocchiarella en San Francisco, Dana Scott en Stanford, de nuevo, E. J. Lemmon, en Claremont. Estoy agradecido también a Ian Hacking y David Berg en Vancouver, a Nicholas Rescher y Storrs McCall en Pittsburgh, a G. H. von Wright y, especialmente, a Charles Hamblin en Sydney, por pasarme algunos de sus recientes resultados. He aprendido mucho de mis estudiantes en Los Ángeles, particularmente, Hans Kamp, Patricia Kribs, John Clifford y Richard Harschman. Supongo que California es el lugar más maduro en lógica del mundo y ahora que la lógica de los tiempos es seguida tan bien allí, sus tiempos duros han terminado. Los artículos en este campo son pocos en número y espero que este libro pueda ser una introducción al enorme volumen de material.

Finalmente, me gustaría agradecer al Dr. A. J. Kenny por tantas sugerencias después de leer el libro mecanografiado y a Miss P. Horney y Mrs. M. Heywood por mecanografiarlo. Me gustaría dedicar *Past, Present and Future* a mis colegas y estudiantes de la Universidad de Manchester.

Manchester, 1966. A. N. PRIOR

I. PRECURSORES DE LA LÓGICA TEMPORAL

1. La serie-A de McTaggart (pasado, presente y futuro) y la serie-B (antes, después). La disciplina que ahora es ampliamente denominada "lógica temporal" es relativamente nueva y merece la pena decir algo sobre su inicio mientras sea lo suficientemente joven como para ser recordada con precisión. En cierto modo, el padre fundador de la moderna lógica temporal fue J. N. Findlay quién dijo, en un artículo publicado en 1941, que "nuestras convenciones con respecto a los tiempos están suficientemente claras pues, prácticamente, tenemos los materiales en ellos para un cálculo formal" y "el cálculo de los tiempos debió ser incluido en el desarrollo contemporáneo de la lógicas modales[1]". Pero la advertencia de Findlay, como todo lo que se ha escrito sobre el tiempo en el siglo XX, fue inducido, en primer lugar, por la célebre demostración de la irrealidad del tiempo de McTaggart[2], comenzaremos considerando de nuevo este tema. A pesar de su polémica conclusión y la falacia implícita, McTaggart presenta con éxito lo que podemos llamar fenomenología del tiempo y llamó la atención sobre un conjunto de hechos sobre el tiempo que revisaremos. Efectivamente, uno podría decir que hay, en sí misma, una lógica temporal, en McTaggart aunque fue Findlay el primero que la vio como tal.

"Posiciones en el tiempo", dice McTaggart[3] *"prima facie* el tiempo aparece de dos formas, ante nosotros". En primer lugar, "cada posición es antes y después de algo u otro" y, en segundo lugar, "cada posición es pasado, presente o futuro. Las distinciones de la primera clase son permanentes, las de la segunda no. Si *M* está siempre antes que *N,* es siempre anterior. Pero un suceso, es ahora presente, fue futuro y será pasado". Introduce, pues, el término "serie-A" para las "series de

---

[1] J. N. Findlay, "Time: A Treatment of some Puzzles", *Australasian Journal of Philosophy,* Dic. 1944, reimpreso en el libro *Logic and Language* de A. G. N. Flews (first series, 1951).

[2] La primera aparición como artículo ("The Unreality of Time") en *Mind* (1908, pp. 457-74), reimpreso en *Philosophical Studies* de McTaggart (London, 1934). Reeditado, además, de forma más extensa en ch. xxxiii de *The Nature of Existence* (vol. i. Cambridge, 1927).

[3] *The nature of Existence,* ch. xxxiii, § 305.

posiciones que van del pasado remoto a través del pasado reciente al presente y, del presente, al futuro próximo hacia el futuro lejano" y "serie-B" para las "series de posiciones que van de antes a después". Subraya que "el movimiento del tiempo consiste en el hecho de que los términos antes y después están en el presente, o –lo mismo expresado de otra manera- que el presente atraviesa el porvenir. Si adoptamos el primer sentido, decimos que la serie-B se desliza por una serie-A fija. Si adoptamos el segundo sentido, decimos que la serie-A se desliza a lo largo de la fija serie-B[1]".

McTaggart sugiere, entonces, que la serie-B presupone la serie-A y no viceversa. Su argumento comienza con el hecho de que "el tiempo incluye el cambio" y que el sentido en que los sucesos *pueden* cambiar concierne a sus características-A. Si el tiempo consistiera sólo de serie-B, el cambio no consistiría en un suceso "que ya no es" mientras que otro ocupa su lugar, ya que el lugar de los sucesos en las series-B es permanente así como todas las demás características y relaciones exceptuando su lugar en la serie-A. "Dado cualquier suceso –por ejemplo, la muerte de la reina Ana- consideremos qué ocurre. Es decir, una muerte, que es la muerte de Ana Stuart, que tiene tales causas, que tiene tales efectos – ninguno de los cuales cambia. 'Antes de que las estrellas dispusieran otra cosa', el suceso en cuestión fue la muerte de la Reina. En el último momento –si el tiempo tuviera un último instante-, éste sería la muerte de la Reina. Y en todo respecto, excepto en uno, es inmutable. Pero sólo en un sentido cambia. Una vez fue una posibilidad en la distancia. Se convirtió en el inmediato futuro. Al final, fue presente. Entonces, tornó pasado y siempre quedará en el pasado aunque cada momento pase a la posteridad". A esta última expresión añade un comentario. "El pasado, por tanto, está siempre cambiando, si la serie-A es real, en cada instante, un suceso pasado, es más pasado de lo que fue... lo destacaremos, pues la mayoría de la gente combina la idea de que la serie-A es real con la idea de que el pasado no cambia[2]".

McTaggart quiere considerar las objeciones a este argumento que quizás derivan de la idea de Russell del tiempo, de acuerdo con la cual "una aserción de que N es presente" no significa nada más que "es simultáneo con esa aserción, una aserción que es pasada o futura significa que es antes o después que tal afirmación... Si no fuéramos conscientes de esto, habría sucesos que estarían antes o después que otros, pero nada sería en ningún sentido pasado, presente, o futuro. Y si hubiera sucesos antes que cualquier

---

[1] § 306 y n.
[2] § 311 y n.

conciencia, esos sucesos no serían futuros, o presentes, aunque podrían ser pasado". Igual que el cambio, Russell lo define como "la diferencia, respecto a la verdad y la falsedad, entre una proposición refiriendo una entidad en el tiempo T y una proposición refiriéndose a la misma entidad en el tiempo T', con la condición de que estas proposiciones difieran sólo en el hecho de que T ocurre en uno, donde T' ocurre en otro". McTaggart pone el ejemplo de que "en T mi atizador está caliente" que puede diferir tanto en su verdad o falsedad de "en T' mi atizador está caliente" y, en tal caso, decimos que hay un cambio[1].

McTaggart no tiene dificultad en mostrar que la traducción de Russell de las proposiciones de la serie-A a las proposiciones sobre las posiciones relativas de la serie-B de los sucesos descritos y el tiempo de aserción (o de juicio), no servirá. Apunta que "La batalla de Waterloo está en el pasado", es algo que una vez fue falso y que ahora es verdadero. Pero "la batalla de Waterloo es antes que este juicio" es algo que es, "o siempre verdadero, o siempre falso[2]".

En contra de la explicación del cambio de Russell, McTaggart tiene dos argumentos de los cuales sólo uno da en el clavo, veremos si convence o no: la serie-B no es sólo la serie de posiciones "en" que las proposiciones pueden ser verdaderas o falsas. Por ejemplo, "El meridiano Greenwich pasa por una serie de grados de latitud y podemos encontrar dos puntos en esta serie, S y S' tal que 'en S el meridiano Greenwich está dentro del Reino Unido' es verdadero mientras que la proposición 'en S' el meridiano Greenwich está dentro del Reino Unido' es falsa. Pero nadie diría que esto nos produjo cambio. ¿Por qué debemos decir tal cosa en el caso de las otras series?" Creo que responderíamos que la palabra "cambio" es definida precisamente en términos de diferencias entre los valores de verdad de las proposiciones que se refieren a las distintas posiciones en la serie B y no en términos de diferencias en los valores de verdad entre proposiciones que mencionan distintas posiciones en otra serie. Pero McTaggart sugiere que no hay nada tan arbitrario como esto. *Estas* diferencias constituyen cambio porque hacen que algo sea primero una cosa y después otra –porque la serie-B es simplemente una reflexión de la serie-A[3]. "Anterior" y "posterior" son, de hecho, definidos en términos de pasado, presente y futuro. "El término P es antes que el término Q, si es siempre pasado mientras Q es presente, o presente mientras Q es futuro". Esta definición,

---

[1] § 313.
[2] § 317-318.
[3] § 316.

aunque es dada en un capítulo muy posterior de *The Nature of Existence*, que aquél del que procede el principal argumento[1], es importante aquí. En efecto, significa que cualquier cosa que queramos decir en el lenguaje de la serie-B, puede traducirse al lenguaje de las serie-A, mientras que al revés no se cumple (como hemos visto en el ejemplo de la batalla de Waterloo).

2. El argumento de McTaggart contra la realidad de la serie-A. Satisfecho con que nada merece el nombre de tiempo sin la serie-A, McTaggart sugiere que la serie-A y, por tanto, el tiempo en sí mismo, implica una contradicción. La contradicción, presentada al principio[2] consiste, simplemente, en que (PASO 1º) las características de lo pretérito, lo presente y la futuridad son mutuamente exclusivas e, incluso, (si la serie-A es real), "cualquier suceso las tiene todas". Esto, tal y como se presenta, no es tan convincente, como McTaggart pretende. "Si nunca es cierto, la respuesta será que *M es* presente, pasado y futuro. *Es* presente, *será* pasado y *ha sido* futuro. O *es* pasado, y *ha sido* futuro y presente o, de nuevo, es futuro, *será* presente y pasado. Las características son sólo incompatibles cuando son simultáneas y no hay contradicción en el hecho de que cada término las tenga todas sucesivamente"[3]. Estos tiempos verbales, no obstante, merecen explicación y la explicación, de acuerdo con McTaggart es (PASO 2) que "cuando decimos que X ha sido Y, estamos afirmando X es Y en un momento del pasado. Cuando decimos que X será Y, estamos afirmando que X será Y en un instante futuro. Cuando decimos que X es Y (en el sentido temporal de "es"), afirmamos que X es Y en el presente". A partir de este último enunciado, está claro que podemos entender el "es Y en" sea de la clase que sea el instante en que es, como un "ser *a*-temporal". Presumiblemente, debemos entender el último "es" como sigue: "Nuestro primer enunciado sobre M –que es presente, será pasado y ha sido futuro- significa que M es presente en un instante del presente, pasado en un instante del futuro y futuro en un instante del pasado". Pero ¿qué es en un "instante del presente", un "instante del pasado" y un "instante del futuro"? Lo pretérito, lo presente y la futuridad no pueden caracterizar *siempre* "momentos", no más que sucesos. "Si M es presente, no hay ningún instante del pasado en el cual sea pasado. Pero" (PASO 3) "los instantes del *futuro*, en el cual *es* pasado, son igualmente instantes del *pasado* en el

---

[1] § ch. li § 610.
[2] § 329.
[3] § 330.

que *no puede* ser pasado" (itálicas mías)[1]. De forma que la contradicción cobra un nuevo matiz. "Si intentamos evitarla al decir que estos instantes que, anteriormente, se han dicho de *M* en sí misma –que, por ejemplo, en algún instante es futuro, será presente y pasado- entonces 'es' y 'será' tienen el mismo significado que antes. Así que nuestro enunciado significa que el instante en cuestión es futuro en el presente y será presente y pasado en distintas fases del futuro". Como indica McTaggart, esta "es la misma dificultad de antes y así hasta el infinito[2]".

Ésta parece una conclusión perversa. Hemos comenzado (en el PASO 1) con un enunciado que es claramente erróneo (que todo suceso es pasado, presente y futuro). Esto es corregido en algo que es correcto (que todo suceso, o *es* futuro, o *será* presente y pasado, o *ha sido* futuro y *es* presente y *será* pasado, o *ha sido* futuro y presente y *es* pasado). Esto se extiende entonces (en el PASO 2) a algo que es deliberadamente erróneo. Entonces es corregido por algo un poco más complicado que es correcto. Después se extiende (en el PASO 3) a algo que es erróneo y que, si lo corregimos, obviamente, lo extenderemos a algo que es, de nuevo, equivocado y no contentos de parar aquí, o en un punto similar, habremos de ir *ad infinitum*. Incluso si nos viéramos obligados a seguir por esta vía, llegaríamos a sólo medias contradicciones y no es tan obvio porqué debemos considerar éstas en lugar de sus compañeros de viaje como el lugar correcto de parada. Pero ¿Por qué damos pasos en falso hagamos lo que hagamos? ¿por qué no pasamos inmediatamente a la versión corregida cuando vemos el problema, después de un breve lapso de tiempo?

El supuesto subyacente de McTaggart que genera cada uno de los movimientos que nos lleva a contradicción, parece ser que "ha sido", "será" y el estricto presente de indicativo "es" *debe* ser explicado en términos de un "es" *a*-temporal al añadir un suceso o un instante, a otro. Sin embargo, el mismo McTaggart, advierte que "las proposiciones que ocupan el lugar en las series-A", tales como "La batalla de Waterloo está en el pasado" y "llueve ahora" son del tipo que pueden ser "a veces verdaderas y, a veces, falsas". El "es" que ocurre en tales proposiciones no puede ser, por tanto, a-temporal". Quizás, podamos eliminar los tiempos oblicuos adjuntando frases como "es pasado" y "es futuro" a las descripciones de sucesos, tal que "X ha sido Y" se vuelve "el ser Y de X es pasado", "X será Y" se convierte en "el ser Y de X es futuro" y un ejemplo aún más complicado como "X habrá sido Y" se transforma en "el ser Y del

---

[1] § 331.
[2] § 332.

pasado de *X* es futuro"; pero en todos los ejemplos "el ser" en "el ser *Y*" y en "ser pasado" y el "es" en "es pasado" y "es futuro" debe ser en modo indicativo "ser" y "es", si estas extensiones son exactas. Esto significa que compuestos como el ser *Y* del pasado de *X* y el ser *Y* del futuro del pasado de *X* están sujetas a las mismas series de cambios como el ser *Y* de *X*, en sí mismo. No hay nada extraordinario o desastroso en esto; no debemos frenar en seco a toda costa; es, simplemente, la naturaleza de la serie-A como el mismo McTaggart la describe al comienzo de su discusión y sus contradicciones derivan del intento por reducirlas a la serie-B.

Debemos decir otra cosa. Dado que el ser pasado de un suceso es, en sí mismo, algo que puede darse en el pasado, presente, o futuro y dado que el pasado de algo no es una cuestión pasajera, sino que, al contrario, una vez que ha comenzado, es permanente, no es del todo correcto decir que pasado, presente y futuro son determinaciones "mutuamente exclusivas" de las cosas a las que se aplican. Un mismo estado de cosas puede darse, a veces, en el pasado, presente *y* futuro y está destinado a hacerlo, si persiste durante algún tiempo. Esto es cierto, no obstante, no sólo de tales estados de cosas abstractos como el pasado de un suceso sino también del estado caliente de un atizador. Incluso en tales casos, el ser presente del estado es una cosa y el ser pasado, o futuro, otra y, respecto a las "posiciones" en el tiempo (si hay tales cosas), la incompatibilidad de la tesis de McTaggart no alberga ninguna duda.

3. *La crítica de Broad a McTaggart; predicados temporales y tiempos.* Los problemas de McTaggart surgen al tratar de describir la serie-A sin usar los tiempos (ni siquiera el presente de indicativo "es") es subrayado en el análisis exhaustivo de Broad del argumento[1]. Broad sugiere que si admitimos una cópula temporal ("es"), como así debemos, deberíamos también admitir las otras ("ha sido" y "será") y omitir los predicados temporales "pasado", "presente" y "futuro". En efecto, las alternativas son: (1) analizar, "lloverá" y "ha llovido" como "un suceso caracterizado por la pluviosidad es ya futuro" y "_____ es ya pasado" que necesita una cópula temporal y, al menos, dos predicados temporales (tres si "llueve" es considerado, análogamente), o (2) analizarlos como "un suceso caracterizado por la pluviosidad será presente" y "_____ ha sido presente", que necesita un predicado temporal y (con el presente de indicativo en la forma "llueve", o en la forma "un suceso _____ es ya presente") las tres

---

[1] C. D. Broad, *Examination of McTaggart's Philosophy*, vol. ii (Cambridge, 1938), ch. xxxv, p. 315.

cópulas. Nada se gana con este análisis y conduce a error, pues cuando decimos ha llovido, entonces además de la pluviosidad que "ha sido pero no ahora", *se da* un "suceso lluvioso" (a-temporal) que posee, "momentáneamente, la cualidad del presente y una vez perdida, adquiere... la preteridad[1]".

Broad pretende incluso encontrar un defecto *lógico* al hablar de los sucesos, o como el los llama "sucesos-partículas" como "adquiriendo presencia" y perdiéndola después. Si esto sucedió, indica "la adquisición y la pérdida de presencia de este suceso-partícula es, en sí misma, un suceso-partícula de segundo orden que ocurre siempre en el suceso-partícula de primer orden. Por lo tanto, cada suceso-partícula de primer-orden tiene una *historia* sin extensión..., por definición, el suceso-partícula de primer-orden... no tiene duración y, por consiguiente, no tiene historia, en la serie-temporal en la que se mueve el presente". Broad considera un mérito de J. W. Dunne haber visto que el desarrollo completo de tales ideas requiere una infinidad de órdenes de series temporales cada vez superior. Él mismo bloquea esta progresión al distinguir entre "auténtico cambio cualitativo" y lo que llama "devenir absoluto". La expresión "hacerse presente" sólo es gramaticalmente similar a expresiones como "subir el volumen" y no tiene el sentido del "cambio" que cubre a ambas, "ser presente" es sólo "llegar a ser" ...; esto es "pasar" o, más simplemente, "suceder". Tal "devenir absoluto" es presupuesto en todo cambio y, en consecuencia, no puede tratarse como un caso de éste; probablemente, ni siquiera sea, en absoluto, analizable[2].

Diremos algo más después, pero advertiremos que el problema que Broad ve, si es tal, podría surgir incluso *sin* tener en cuenta los sucesos-partículas como "ser presente", "convertirse en pasado" y así, sucesivamente. En consecuencia, lo que suceda, habrá sucedido y lo hará largo y tendido; aterrizamos con esta "historia" a lo que se pone en marcha tan pronto como usamos un tiempo, tan poco complicado, como el futuro perfecto.

4. Las leyes de Findlay de lógica temporal. Findlay acusa a McTaggart en su artículo de 1941, igual que Broad, de intentar imponer las condiciones apropiadas para un lenguaje atemporal sobre otro temporal. Findlay insiste que no hay nada desordenado e ilógico en un lenguaje temporal como tal; al contrario, incluso el uso de los tiempos en el lenguaje natural es tan

---

[1] Ibid., pp. 315-16.
[2] pp. 227-81.

sistemático y seguro, como para contener (en palabras de nuestra primera cita de este ensayo) "prácticamente los materiales para un cálculo formal". Del "cálculo de los tiempos" que señala "debiera ser incluido en el desarrollo contemporáneo de la lógica modal", todo lo que Findlay dice es que "incluya proposiciones tan obvias como:

$$x \text{ presente} = (x \text{ presente}) \text{ presente}^1$$
$$x \text{ futuro} = (x \text{ futuro}) \text{ presente} = (x \text{ presente}) \text{ futuro}^2;$$

también, proposiciones profundas como

$$(x).(x \text{ pasado}) \text{ futuro}^3;$$

esto es, todos los sucesos pasados, presente y futuros *serán* pasado". La última ley no está bien simbolizada; la fórmula sugiere que *todo* habrá sido el caso (incluso las falsedades constantes); pero es corregida fácilmente con

"(x presente), o (x pasado), o (x futuro)→(x pasado) futuro"[4].

Sospechamos que todas estas leyes están inspiradas por la discusión de McTaggart. La última nos recuerda, por ejemplo, la representación inicial de sucesos que fueron futuro volviéndose presentes y entonces moviéndose más y más en el pasado y las dos primeras recuerdan las repetidas quejas que se encuentran en "el Argumento" –un suceso futuro es aquél que es futuro en el presente y presente en el futuro; un suceso presente es presente en un instante inmediato- sólo que Findlay, en lugar de quejarse de tales equivalencias e implicaciones e intentar bloquearlas (como Broad hace, en algún momento), las trata, exactamente, como deben ser tratadas, como leyes de la complicada pero en absoluto caótica serie-A.

Hay una pista de estas leyes en el largo pasaje de las *Confesiones* de Agustín que forma la base de la primera parte del artículo de Findlay, aunque las observaciones relevantes se encuentran en las secciones

---

[1] N. del T. en esta y las siguientes: J = presente; Fx = x futuro; Px = x pasado. Así: Jx = J(Jx).
[2] Fx = J(Fx) = F(Jx).
[3] x∧F(Px).
[4] JxVPxVFx⊃F(Px).

posteriores, en vez de éstas, en las que se centra Findlay. Desde que los hombres prevén el futuro y recuerdan el pasado y "lo que no es, no puede verse", Agustín está tentado a decir que incluso los sucesos pasados y futuros y los instantes, de algún modo, son y que hay un "lugar secreto" del que vienen y van. Pero esto, continúa, no ayudará mucho porque dondequiera que el "pasado y el porvenir" pueda "ser" "no están allí como futuro, o pasado, sino como presente. Pues, si son futuros, aún no están allí; si son pasados ya no lo son. Lo que es, lo es tan sólo como presente[1]". "x futuro", de hecho, "= (x presente) futuro"[2]. Lo mismo es afirmado, más directamente, en el dictum de Aquino comentando a Aristóteles, que *praeteritum vel futurum dicitur per respectum ad praesens* ("las cosas son pasadas y futuras con respecto al presente"), lo que explica al añadir *Est enim praeteritum quod fuit praesens, futurum autem quod erit praesens* ("porque es pasado, lo que fue presente y futuro lo que será presente")[3]. El dictum está, igualmente, bien dilucidado por su inversa, que lo que se dice que es futuro, se dice que es futuro *ahora* (y deja de serlo, posteriormente) y lo que se dice que es pasado, también se dice que es *ahora* (aunque no siempre haya sido así); es decir, "x futuro = (x futuro) presente" y "x pasado = (x pasado) presente"[4].

5. *El argumento de Smart respecto a la inmutabilidad de los sucesos.* Por lo que sé, el primer intento para producir un cálculo del tipo que Findlay quiso ver fue el mío propio, en los primeros 1950. En el intervalo de diez años, se escribieron muchas cosas relevantes para esta tarea, señalaremos, en especial, dos publicaciones. Una fue el artículo de J. J. C. Smart "The River of Time"[5], que fue especialmente hostil a cualquier iniciativa, pero que ayudó, no obstante, a tener más claro lo que debía hacerse. Smart, como Broad, al menos en la forma, evitó hablar de "sucesos" o "cambio". "Las *cosas* cambian, los sucesos, *suceden*". Los sucesos, se dice efectivamente, están presentes y se vuelven pasado pero estos cambios son espurios. Smart demuestra que esto es así, adoptando el método de análisis russelliano de las expresiones temporales y mostrando que este análisis no

---

[1] Agustín, *Confesiones*, bk. xi, chs. xvii, xviii.
[2] N. del T: $Fx = F(Jx)$.
[3] Aquino, *In Aristotelis Libros Peri Hermeneias et Posteriorum Analyticorum Expositio* (Marietti, Turín, 1955), comentario a *De interpretatione*, $16^b 17\text{-}19$.
[4] N. del T: $Fx = J(Fx)$ y $Px = J(Px)$, respectivamente.
[5] En *Mind*, Oct. 1949, pp. 483-94, reproducido en Flew's *Essays in Conceptual Analysis* (1956).

da el mismo significado a los tiempos del "ser pasado" y del "ser futuro" como lo dan los verbos simples como "ser rojo" o "ser verde". Decir que (1) "un bote *fue* río arriba, *está* nivelado y que *descenderá*", significa "que las ocasiones en las que el bote va contracorriente son *antes que* esta expresión, que la ocasión en la que va nivelado es *simultánea con* esta expresión y que las ocasiones en las que va río abajo son *después que* esta expresión". Smart advierte, que "fue", "es" y "será" están correlacionadas con "antes que" y "simultáneo con" y "después que" aplicadas a la misma oración. Por otra parte, la traducción de (2) "El comienzo de la guerra fue futuro, es presente y será pasado" es "El comienzo de la guerra es después que cierta expresión antes que ésta, es simultánea con esta expresión y es antes que cierta expresión después que ésta". Aquí la tríada de relaciones se añade a las *distintas* expresiones. "Esto", apunta Smart, "muestra lo confuso de pensar lo pretérito, el presente y la futuridad de los sucesos como propiedades... Muestra cuán distinto es 'este suceso fue futuro y se tornó en pasado' de 'esta luz fue roja y se tornó verde'".

Este argumento, no obstante, es un poco sofisticado. En primer lugar, al aplicar, literalmente, el análisis de Smart del ejemplo (1) al ejemplo (2) no obtenemos lo que él dice que obtenemos sino: "las ocasiones en la que el inicio de la guerra es futuro son antes que esta expresión, la ocasión en la que es presente, es simultánea con esta expresión y las ocasiones en las que es pasado, son después que esta expresión"; en el que la triada de relaciones *se* añade a la misma expresión, exactamente, como en el ejemplo (1). Smart sólo obtiene su resultado cuando intenta eliminar no sólo los tres tiempos verbales sino los adjetivos "futuro", "presente" y "pasado". Ha equiparado (2) con (3) "La guerra iba a comenzar, está ya comenzando y habrá comenzado" y aplicó su análisis tanto a las inflexiones secundarias como a las primarias de los modos verbales. Su equiparación de (2) con (3) me parece muy razonable y sugiere que los verbos "es pasado", etc., en general, pueden ser evitados a favor de unos tiempos más complicados de las formas sencillas. Esto no significa que, en la versión más abstracta, los tiempos simples deban ser tratados diferentemente, de otros tiempos simples (como vimos antes, no pueden). Ni puede significar que los sucesos son realmente inmutables; sólo significa que cambios de los sucesos con respecto a su pasado, etc., son reducibles a cambios más complicados de entidades menos abstractas con respecto a propiedades más concretas.

Incluso, cuando hemos reducido (2) a (3), es cierto que el interior de los futuros y los pasados (el "va a" en "fue" y el "tiene" en "tendrá") no nos conecta con la misma expresión ("*esta* expresión"), tanto como pueden el futuro y el pasado exterior. Pero ¿para quienes es *este* supuesto complicado? El análisis del contenido de las expresiones temporales, en términos de las relaciones de la serie-B para la expresión misma, es inadmisible incluso con los tiempos simples, como McTaggart y Broad mostraron. Pero cuando es aplicado a tiempos como el futuro perfecto, se convierte en algo realmente fantástico. Donde la relación de la serie-B es sólo supuesta, para ser la expresión real que está siendo analizada, tal expresión, al menos, garantiza, en un sentido, su propia existencia, tal que es *cierto* que lo que el suceso pasado, indica, es antes que la aserción en cuestión, incluso, si el hecho *no es* (como la teoría señala que es) lo que la expresión quiere decir. Pero cuando el análisis nos obliga a relacionar los hechos con *otras* expresiones de las cuales no hemos convenido nada (o no va a ser convenido nada) en el tiempo que son requeridas, se convierte en un error muy claro. ¿Cómo analizar, por ejemplo, "Con el tiempo todo el discurso finalizará"? Lo que la solución de Smart proporciona es "El final de todas las expresiones es antes que cierta expresión después de ésta", que traduce algo empíricamente posible en autocontradicción. Esto es, en todo caso, inverosímil –como el mismo Smart insiste cuando presenta este material en el contexto de su propia tesis que los sucesos no cambian- que los mismos tiempos, usados dentro de la misma expresión, nos lleven de una parte del enunciado a una expresión y de otra, a otra muy distinta. La única conclusión del artículo de Smart es que el análisis russelliano de los tiempos se viene abajo, tal como muchas teorías falsas en esta área colapsan tan pronto recordamos que existe un tiempo tal como el futuro perfecto.

6. Reichenbach sobre el tiempo de habla y el tiempo de referencia; la naturaleza del presente. Alguien que no pudo olvidar esto, en los últimos 1940, fue Hans Reichenbach, en la sección de "The Tenses of Verbs" de su *Elements of Symbolic Logic* (1947). Reichenbach aprendió de Jespersen para ver cómo funcionan los verbos hay que considerar no sólo el instante de la expresión, por un lado, y el instante en el que el suceso expresado ocurre, por otro, sino además el "punto de referencia" que puede ser, aunque no necesita serlo, distinto de ambos. Cuando decimos, por ejemplo, "habré visto a John", el comentario nos lleva, no al tiempo en que mi visión ocurre, en primer lugar, sino a un tiempo después de ésta, con referencia al cual mi visión de John es pasado. Reichenbach muestra las características de este caso a través del siguiente diagrama (donde S es el "punto de habla", R "el punto de referencia" y E "el punto del suceso"):

―――――― *S/* ―――― *E/* ― *R/* ――▶

El pretérito, "Pude ver a John" sigue, análogamente, como

―――――― *E/* ―――― *R/* ― *S/* ――▶

Jespersen sólo usó esta "estructura de tres puntos" para explicar estos dos tiempos, pero Reichenbach lo extendió para cubrir muchos otros, tales como el pasado simple, "vi a John" que se presenta como

―――――― *R,E/* ―――――――― *S/* ――▶

y el pretérito perfecto, "He visto a John" que se representa como sigue

―――――― *E/* ―――――――― *S,R/* ――▶

Esta nueva distinción arroja alguna luz a las dificultades de Smart con el futuro perfecto y, efectivamente, podría usarse para una defensa parcial de este punto de vista. En efecto, mientras que con el pretérito perfecto, el pasado expresado por "ha" representa la precedencia del punto de referencia del suceso con el que coincide el punto de habla, con el futuro perfecto, el pasado expresado por "habré" representa la precedencia del suceso en un punto de referencia distinto (incluso, si no representa su precedencia en una expresión distinta). El esquema de Reichenbach, no obstante, no puede representarlo; es, a la vez, tan simple como complicado.

Es muy simple porque, aunque no podemos usarlo ordinariamente, podemos construir fácilmente tiempos más complicados que el futuro perfecto, por ejemplo, "habré ido a ver a John". Aquí, hay, en efecto, dos puntos de referencia, que podrían ser representados (aunque hay otras formas):

―――――― *S/* ―― *R2/* ―― *E/* ―― *R1/* ――▶

Pero, dada la posibilidad, es innecesario y confuso establecer tal aguda distinción entre el punto o puntos de referencia y el punto del habla; el punto del habla es sólo el *primer* punto de referencia. (Éste, sin duda, destruye la forma en que Reichenbach distingue el pasado simple y el pretérito perfecto; pero esa distinción necesita, en todo caso, una maquinaria más sutil). Ésta hace del pasado y de la futuridad *siempre* relativos a *algún* punto de referencia –quizás el primer punto (es decir, el punto del habla), o quizás algún otro. Como consecuencia, el análisis de Reichenbach se queda corto, en esta generalización, y fue más un obstáculo que una ayuda para la construcción de la lógica de los tiempos; sea como sea, ninguna lógica puede darse sin esta generalización. Findlay y sus precursores fueron delante de Reichenbach aquí. Su ley "x (futuro) = (x futuro) presente = (x presente) futuro"[1] y *Est futurum quod erit praesens* de Aquino, muestra una percepción que la esencia del "presente" *no* concuerda con el punto de habla; además, hay un futuro y un pasado presentes. Broad está más cerca de la verdad (aunque extrae la conclusión equivocada) cuando dice que ser (o convertirse) presente es simplemente suceder. Es un tipo de inflexión temporal cero; el presente de un suceso es, simplemente, su ocurrencia; "x presente = (x presente) presente"[2] de Findlay es, de hecho, sólo una instancia de algo más general, a saber, "x = x presente" o "x presente = x", desde la que se sigue su ley sobre el futuro (que el futuro del presente de un suceso es sólo la futuridad de su eventualidad).

Los anglófonos encuentran difícil ver estas cosas tan claramente; en efecto, las oraciones en inglés del punto de vista del hablante dominan incluso a las cláusulas subordinadas. Cuando un inglés quiere decir el martes que alguien se quejó el lunes de una afección que tuvo ese día, la expresión correcta será: "dijo que *estaba* enfermo", aunque el hombre no se quejaba de una enfermedad del pasado inmediato sino del presente inmediato y sus propias palabras habrían sido "*estoy* enfermo". Me han dicho que en griego contemporáneo es de otro modo, aunque se da el mismo cambio del pronombre que con nosotros; esto es, su expresión sería "dijo que *está* enfermo". Y, efectivamente, en el latín clásico, aunque la oración subordinada es prestada con un acusativo e infinitivo, es el *presente* de indicativo el que se usa, *Dixit se esse aegrum* (no *Dixit se fuisse aegrum*). Similarmente, en las pocas ocasiones en las que usamos frases como "fue el caso que", en inglés, no van seguidas del presente sino por el pasado; decimos, "fue el caso que *estaba* enfermo", no "fue el caso que *está* enfermo", de modo que ocultamos el hecho que es *la actualidad pasada* de su enfermedad, no su preteridad, lo que aludimos. Es decir, *no* es tanto el pretérito indefinido lo que está tan claro para los lingüistas sino la *actualidad pretérita*, que *no* es *tan* obvia y que nos tienta a pensar que lo que constituye ahora el pasado es quizás un "contenido" proposicional atemporal.

---

[1] N. del T: Fx = J(Fx) = F(Jx).
[2] N. del T: Jx = J(Jx).

La importancia *formal* de esta concepción de la actualidad ('x presente = x') es que subyace a, y es solicitada por la definición sistemática de los tiempos compuestos en términos de los simples. Supongamos que podemos adoptar el punto de vista que las expresiones temporales pueden formarse adjuntando algún tipo de modificador a los contenidos proposicionales atemporales, es decir, que "veré a John" equivale a algo como "(mi visión de John) futura" donde el elemento entre paréntesis es supuesto para ser un "contenido" caracterizado atemporalmente. Pero, si añadimos el "futuro" a tal contenido forma una oración en tiempo futuro "(yo mirando a John) futuro" que no será, en sí misma, la clase en modo "futuro" o "pasado" que se le pueda añadir pues no es un contenido sino una oración temporal. La construcción de compuestos como "(x pasado) futuro"[1] de Findlay requiere que los tiempos sean una operación en la que los sujetos son ellos mismos oraciones temporales y cuando del interior de los otros tiempos vayamos al "núcleo" de los compuestos *su* tiempo habrá de ser el presente.

Estas consideraciones establecen de inmediato la categoría semántica a la que tales operadores temporales debe pertenecer. Serán expresiones que formen oraciones a partir de oraciones y proceder de la misma caja que el "no" o "no es el caso que" de la lógica proposicional ordinaria y la "Necesidad" o "Es necesario que" de la lógica modal ordinaria. Findlay puso el dedo en la llaga de lo que hacía falta cuando dijo que un cálculo de los tiempos debiera surgir con "el desarrollo contemporáneo de la lógica modal". De hecho, supuso una nueva visión de un desarrollo *anticuado* de la lógica modal que provocó que el cálculo cristalizara.

7. Tiempo y verdad en la lógica antigua y medieval. En 1949, P. T. Geach hizo el siguiente comentario en una nota crítica[2] de *Nicolaus of Autricourt: A Study in 14th Century Thought* de Julius Weinberg: "Tales expresiones como 'en el tiempo *t*' están fuera de lugar en las exposiciones escolásticas de las ideas del tiempo y el movimiento. Para un escolástico 'Sócrates está sentado' es una proposición completa, *enuntiabile,* que es, a veces, verdadera, a veces, falsa; *no* una expresión incompleta que requiere una nueva frase como 'en el tiempo *t*' dentro de una oración". Esto es un tópico en la historia de la lógica, pero en 1949 fue muy instructivo, incluso para mí mismo; di por sentado que era no sólo correcto sino "tradicional" pensar en las proposiciones como incompletas y aún no listas para un tratamiento

---

[1] N. del T: F(Px).
[2] En *Mind*, vol. 58, no. 30 (Abril 1949), pp. 238-45.

lógico exacto hasta que todas las referencias temporales encajaran, teníamos algo que era inalterablemente verdadero o falso. La observación de Geach me remitió a las fuentes. El ejemplo de "Sócrates está sentado" no está sólo en los escolásticos sino en Aristóteles, quien dice que las "oraciones y opiniones" varían en su verdad y falsedad con los tiempos en que se forman o mantienen, de la misma manera en que las cosas concretas tienen cualidades diferentes en distintos tiempos; aunque los casos son diferentes porque los cambios en el valor de verdad de las oraciones y opiniones no son, propiamente, cambios en estas oraciones y opiniones en sí mismas sino reflexiones de cambios en los objetos a los cuales se refieren (una enunciado es verdadero cuando lo que dice es tal y deja de ser verdadero cuando deja de serlo). Esto me pareció arrojar una pequeña luz a la tan conocida opinión de Aristóteles que "habrá mañana una batalla naval" quizás sea (debido a la indeterminación de la situación) "no ya", definitivamente, verdadera, o definitivamente, falsa. Que las cosas puedan cambiar de verdaderas a falsas a no ser ninguna de las dos es una idea tan radical como la de que cambien de verdaderas a falsas y viceversa pero no tanto como la idea de que el paso del tiempo es irrelevante para la verdad o la falsedad de las proposiciones y, en ambas teorías, se piensa que los cambios respecto a la verdad y la falsedad están condicionados por los cambios del hecho referido a –de su ser a su no ser (o viceversa) en el caso más simple y de un ser indefinido a un ser definido en otro[1].

En 1949, apareció[2] un artículo de Benson Mates sobre "la implicación diodoriana", después incorporado a su libro *Stoic Logic* (1953)[3]. Este incluyó algún material sobre las ideas de Diodoro Cronos en la definición de lo posible y lo necesario. Diodoro parece haber sido un W. V. Quine griego, quién consideró la lógica aristotélica de la posibilidad y la necesidad con cierto escepticismo, pero ofreció, no obstante, algunas ideas "inofensivas" que pueden ser añadidas a sus formas modales. Lo posible, sugirió Diodoro, puede ser definido como lo que es o será verdadero, lo necesario como lo que es y siempre será verdadero y lo imposible como lo que es y siempre será falso (ninguna de estas tesis da la talla, según Quine).

---

[1] Cf. A. N. Prior, "Three-Valued Logic and Future Contingents", *Philosophical Quarterly*, Oct. 1953. Pensé entonces que la lógica de las proposiciones temporales podría ser trivalente y que las proposiciones sin referencias temporales bivalente.
[2] En *Philosophical Review*, vol. 58 (1949), pp. 234-42.
[3] N. del T: Hay traducción al castellano: Benson Mates, *Lógica de los estoicos*. Traducción de Miguel García Baró, Tecnos, Madrid, 1985.

Éste dio un argumento, que veremos más adelante, para mostrar que incluso las premisas que los aristotélicos esperaban garantizar, esto es, que lo que no es ni será verdadero, no puede ser. Mates, en un intento de formalizar el pensamiento de Diodoro, hace un uso libre de las expresiones como "*p* en el tiempo *t*" (posteriormente, Geach, revisando *Stoic Logic*[1], no pudo ignorar esto y amplió sus comentarios sobre Weinberg); me pregunté, si podía hacerse, e intenté escribir *Fp* por "será que *p*", por analogía con el operador modal típico *Mp* "posiblemente *p*". Además de intentar rellenar los huecos del "Argumento Maestro", me intrigó otro problema. La lógica modal contemporánea está llena de *dubia* (es decir, ¿puede lo posible de lo posible implicar lo posible?) y presenté una serie de sistemas alternativos, preguntándome cuál de ellos podía encajar con las definiciones diodorianas. Las definiciones por sí solas, no producen nada en absoluto; adoptando una *lógica* de lo posible desde su definición en términos de futuro, debemos obtener una lógica de la futuridad. La construcción o, al menos, la revelación de un cálculo de los tiempos no podía esperar mucho más.

8. *Simbolismo y metafísica.* La simbolización de "será *p*", de una forma similar a la simbolización "posiblemente *p*" y "no es el caso que *p*" podía, en sí misma, tener una significación metafísica, o si lo prefieres antimetafísica. Yo mismo no pude representar esto hasta que hice muchos "cálculos", pero estaba allí aguardando. Findlay escribió su ensayo "Time" influido por Wittgenstein, y Wittgenstein lo dijo en el *Blue Book* (dictado entre 1933-4): "Es el sustantivo 'tiempo' lo que nos mistifica. Si miramos su gramática, nos parece no menos asombroso que el hombre concibiera una deidad del tiempo más que una deidad sobre la negación o disyunción[2]". Tampoco es el único sustantivo que nos desconcierta enviándonos a buscar la sustancia correspondiente. El "Suceso" es también problemático, como Broad vio, aunque él se equivocó en el problema y en el remedio.

La dificultad de Broad para que los "sucesos-partículas" instantáneos, tengan una historia larga e indefinida, fue advertida también por G. E. More. "Un suceso que *fue* presente, *es* pasado". Y "cada suceso tiene, *cuando* es presente, una característica que no posee en ningún otro

---

[1] En la *Philosophical Review*, vol. 64, no. I (Jan. 1955), pp. 143-5.
[2] Wittgenstein, *The blue and Brown Books* (Blackwells, 1958), p. 6. N. del T: Hay traducción al castellano: *Los cuadernos azul y marrón*. Traducción de Francisco Gracia Guillén, 2ª edc., Tecnos, Madrid, 1993.

momento –un rasgo que decimos está presente en ese momento y no, en otro". En contra, diremos que "ningún suceso tiene *otra* característica en otro momento exceptuando el tiempo en el que es… esto, ciertamente, no es, como el lenguaje sugiere, que el mismo suceso esté *en todos* los tiempos y posea en uno una característica que no posea en otros. Eso vincularía un suceso a una cosa que persiste y a tener en un tiempo una cualidad que no tendría en otros". El tiempo en el que un suceso "es presente, *significa*, el tiempo en el que es. ¿Cómo puede un suceso tener una característica en un tiempo en el cual no es?"[1] Broad y Moore dan demasiada importancia al carácter *transitorio* de sus "sucesos-partículas"; la diferencia entre los sucesos y "las cosas que persisten" es más simple; la clave, no es que los sucesos "sean" sólo momentáneos, sino que no "sean" en absoluto. "Es presente" "es pasado", etc., son sólo cuasi-predicados y los sucesos son sólo cuasi-sujetos. "X deviene Y es pasado" sólo significa "ha sido que X devino Y" el sujeto no es aquí "X deviene Y" sino X. En "será siempre que ha sido que X deviene Y", el sujeto es todavía X; no necesitamos pensar, en absoluto, en *otro* sujeto, X que deviene Y en "presente" y después en "pasado"; y no discutiremos si "si X deviene Y "es" sólo en presente, o, a través del largo período, cuando pueda ser otra cosa. Es el caso que X deviene Y y de X que es siempre el caso que una vez devino Y; las otras entidades son superfluas y vemos cómo nos las arreglamos sin ellas, cómo dejar de tratarlas como sujetos cuando vemos cómo dejar de tratar sus calificaciones temporales ("pasado", etc.) como predicados, mediante reformulaciones que las sustituyan con prefijos proposicionales ("ha sido el caso que"), análogos a la negación[2].

Este movimiento pone fin al espectro, estilo Dunne, de una infinidad de series temporales una dentro de otra. Nada queda al margen excepto el caso en el que un prefijo proposicional rija a otro, como "será el caso que el año próximo, que fue el caso hace 53 años que nací" (es decir, cumpliré 53 el año que viene). No necesitamos aquí ningún "será" especial o extraordinario (ningún "será" de una nueva serie-temporal), sino sólo el mismo y anticuado "será" que tenemos en, digamos, "será el caso el próximo año que estoy en Inglaterra". Puedo "Estar en Inglaterra" y "cumplir 53" *al mismo tiempo*. (Esta es la verdad, con respecto al tiempo,

---

[1] *The Commonplace Book of G. E. Moore* (ed. C. Lewy; Allen § Unwin, 1962). Notebook II (c. 1926), entry 8 (p. 97).
[2] Cf., con esto y con lo que sigue, A. N. Prior, "Time after Time", *Mind*, April 1958, pp. 244-6 y *Changes in Events and Changes in Things* (University of Kansas, 1962).

tras la frase newtoniana "Tiempos y espacios son, como si fueran, los lugares tanto de sí mismos como de las otras cosas"). Ni es tan especial, en este caso, el interior "haber sido". Hay, por lo tanto, una diferencia entre el simple "haber-sido" (haber vivido 53 años) y ser en la forma de haber sido, igual que la diferencia entre sentarse y estar a punto de sentarse; pero sentarse o estar a punto, en sentido ordinario, es sentarse o estar a punto, no sentarse de aquella manera o estar a punto en una serie temporal especial. Cumplir 53 el año que viene, esto es, haber existido 53 años, no tiene nada especial salvo que *haré* exactamente lo que mis viejos amigos ya *hicieron*. No nada distinto que implique una serie temporal especial por el mero hecho de estar regida por el "será"[1].

No necesitamos ir más lejos en las series-temporales para registrar "los cumpleaños de cumpleaños" como cuando decimos "el año próximo serán tres años que cumplí cincuenta". Una vez más apilamos prefijos –"será el caso el próximo año que (fue el caso hace tres años que (fue el caso hace 50 años que (nací)))". Y, una vez más, estos prefijos lo son en sentido ordinario. Serán tres años desde que cumplí cincuenta, en el mismo sentido que serán tres años desde que Wilson se convirtió en Primer Ministro. Estas cosas sucedieron *el mismo año* –no la elección en un tiempo ordinario y mi cumpleaños en un super-tiempo- y si conservamos nuestra sintaxis, no encontraremos ninguna razón para que no sea así. Las reglas de formación del cálculo de los tiempos no son sólo un preludio de la deducción sino un freno a la superstición metafísica.

---

[1] N. del T: Prior tiene 52 años al expresar esta idea.

II. LA BÚSQUEDA DEL SISTEMA MODAL DIODORIANO

1. La base lógico-temporal de la lógica modal diodoriana. La sencilla lógica temporal empleada en mi primer intento de analizar el "Argumento Maestro" de Diodoro[1] se aproximaba a los sistemas modales de *Essay in Modal Logic* de von Wright, publicado poco antes (en 1951), aunque mi notación fue la de Łukasiewicz (*Nα* por "no α; *Cαβ* por "si α entonces *β*"; *Kαβ* por "ambos α y *β*"; *Aαβ* por "o α, o *β*"; *Eαβ* por "si, y sólo si, α entonces *β*"; *Mα* por "posible α"; y *Lα* por "Necesaria α"). Von Wright añadió al cálculo proposicional (con las reglas de sustitución y separación) la definición de "Necesariamente α" (*Lα*) como "no es posible no α" (~*M*~α); la regla de la necesidad RL, que si α es cualquier teorema tal que es necesariamente-α (⊢α → ⊢ *Lα*); la regla de extensionalidad modal RE que, si es un teorema que α es equivalente a *β*, es un teorema que "posiblemente α", es equivalente a "posiblemente *β*" (⊢α≡*β*, → ⊢ *M*α≡*M*β); y los axiomas "si *p* es verdad, es posible", *p*⊃*Mp*, y que la posibilidad de *p*, o *q* si, y sólo si, es posible *p*, o es posible *q*, *M*(*p*∨*q*) ≡ (*Mp*∨*Mq*). Estos postulados son suficientes para el sistema M; para su sistema M', equivalente al S4 de Lewis, añadió el axioma que lo que podría ser posible, es posible (*MMp*⊃*Mp*); y para su sistema M'', equivalente al sistema más fuerte de Lewis S5, añadió el axioma que lo que podría ser imposible, es imposible $M\sim Mp \supset \sim Mp^2$.

---

[1] "Diodoran Modalities", *Philosophical Quaterly*, July 1955, pp. 205-13.
[2] N. del T: El sistema de Von Wright M (= T)
A1. *p*⊃*Mp*
A2. *M(p*∨*q)* ≡ *(Mp* ∨ *Mq)*
D1. *Lα = Def* ~*M*~α
R1. ⊢ α → ⊢ *Lα*
R2. ⊢ α≡*β* → ⊢ *M*α≡*M*β
El sistema de von Wright M' (= S4)
A3. *MMp*⊃*Mp*
El sistema de von Wright M'' (= S5)
A4. *M*~*Mp*⊃~*Mp*

Todos los postulados de von Wright son admisibles excepto el último (el único de S5), si definimos "Posiblemente α" ($M\alpha$) como "es o será el caso que α" ($\alpha \vee F\alpha$). Por ejemplo, "si es el caso que p, es, o será el caso que p" ($p \supset Mp$) y "si es, o será el caso que es, o será el caso que p, entonces es, o será el caso que p" ($MMp \supset Mp$). No obstante, sus postulados no son sólo intuitivamente admisibles sino formalmente demostrables, si adoptamos una "lógica de la futuridad" que sea exacta a su segundo sistema M' (equivalente a S4) con F por su M, excepto la ausencia de $p \supset Fp$. Éste último ("lo que es, será") es inadmisible pero no necesario para obtener $p \supset Mp$ ya que "si p, entonces p, o será que p", $p \supset (p \vee Fp)$, sólo se sigue del cálculo proposicional, $p \supset (p \vee q)$. El axioma S5 de von Wright $M\sim Mp \supset \sim Mp$, no sólo es inadmisible intuitivamente ("si es, o será, que no es, ni será que p, entonces tampoco es, ni será que p" (es decir, si es, o será que algo será siempre falso, entonces tal cosa); se puede ver formalmente el error de deducirla de la formula lógico-temporal todavía más inadmisible $F\sim Fp \supset \sim Fp$ ("si será que p, nunca será el caso, entonces p-ahora mismo, nunca será el caso").

Para que el paralelismo con el sistema de Von Wright sea exacto, se definió un prefijo temporal G que significa "Será siempre el caso que __", definido como $\sim F\sim$ ("no será el caso que no __") igual que "Necesariamente" (L) es definido "No es posible no" ($\sim M\sim$). Usando esto, se formuló, por ejemplo, la regla que, si α es un teorema, tal es que, "siempre será que α". No es típico de los gramáticos contar con "será siempre" como un tiempo especial aunque, desde un punto de vista lógico, surge de la misma caja que "tarde o temprano será" ("será en un momento") que es lo que el "futuro", sin más, significa; pero es crucial para la lógica de las oraciones temporales, si lo consideramos, o no, un tiempo y, originariamente, tuvo sentido con la analogía modal y desde Diodoro, quien vio que pudo ser usado para explicar la "necesidad" que correspondería con su sentido de lo "posible".

Los postulados que acabamos de nombrar fueron suficientes para mostrar que el sistema modal diodoriano era, al menos, tan fuerte como el S4 de Lewis, pero no contenía su S5. Destacábamos, no obstante, que todo en S5 (incluyendo el $M\sim Mp \supset \sim Mp$) sería admisible, lógico-temporalmente, si el pasado y el futuro fueran incluidos en la definición de M, es decir, si $M\alpha$ se leyera "α es, o será, o ha sido el caso". (El S5, $M\sim Mp \supset \sim Mp$, equivale a "si es el caso en algún tiempo que nunca será el caso que p, entonces, efectivamente, nunca es el caso que p). La demostración formal de éste requirió una lógica del pasado y del futuro que no estaba en este artículo.

2. Una matriz para la modalidad diodoriana. En las conferencias John Locke de 1956 de *Time and Modality* (preparadas al detalle en 1955 y publicadas en 1957), los conceptos diodorianos de posibilidad y necesidad se representaron mediante una matriz infinita o tabla de verdad en la que 1 y 0 representaban la verdad y falsedad en un instante dado y los "valores" asignados a las variables proposicionales fueron no 1 y 0, sino todas las secuencias infinitas de éstos. La secuencia "No p" ($\sim p$) fue dada para tener 0, donde sea que p tuviera 1, y 1, donde quiera que p tuviera 0; y para "p y q" ($p \wedge q$), tener 1 en todos los casos donde ambos la secuencia-p y la secuencia-q tuviera 1 y, en los demás casos, 0. La secuencia para "Posiblemente p" (Mp) fue dada para tener 1 en un punto con tal de que la secuencia-p tuviera un 1, o allí, o más a la derecha, y después la secuencia Mp daría 0 (representando la idea de que "posiblemente p" es verdadera siempre que p, en sí misma, sea, o vaya a ser tal) -por ejemplo, si la secuencia de p es

$$010001011100 \text{ (y después todo 0)}$$

Mp es

$$111111111100 \text{ (y después todo 0).}$$

La secuencia para "necesariamente p" (Lp) daría 1 en un punto si, y sólo si, p tuvo un 1 desde ese punto en adelante y, en otra parte, Lp tendría 0 (representando la idea que "necesariamente p" no es verdad hasta que p lo sea y siempre lo será). Por ejemplo, con la secuencia-p anterior, Lp es 0 en todo momento, y con ésta para p

$$0100010111001 \text{ (y después todo 1)}$$

la secuencia Lp es

$$0000000000001 \text{ (y después todo 1).}$$

Consideramos que una fórmula modal era "verificada" por la matriz si, y sólo si, todas las asignaciones de secuencia de sus variables daban 1 a la fórmula en toda ella (tal secuencia fue "designada").

Se puede demostrar fácilmente que esta matriz verifica todas las tesis del sistema S4 de Lewis, pero no todas las de S5. Era de esperar, teniendo en cuenta el primer análisis del sistema diodorano pero la prudencia del primer artículo no se tuvo en cuenta en *Time and Modality* donde afirmamos[1] que el sistema verificado para la matriz "diodoriana" era *precisamente* S4, es decir, que la matriz era característica de S4, comprobando todas sus tesis y ninguna más. En aquel momento, con perspectiva, tal afirmación sin probar no fue tan imprudente. El sistema que había sido propuesto entonces era más débil que S5 y más fuerte que S4, el que que W. T. Parry[2] llamó S4.5, al añadir al S4 la tesis, *LMLp⊃Lp*, "Lo que es necesariamente posible necesario, es necesario". En términos diodorianos, esto significa que "si es y siempre será que, o es, o será que es y siempre será que *p*, entonces ahora es y siempre será que *p*". Esto es complicado, pero una pequeña reflexión aclara que podría ser falsa por cualquier *p* que, al final, sea verdadera para siempre pero todavía no lo es. La matriz pudo refutar S4.5 así como también S5. De todos modos, la afirmación de *Time and Modality* era errónea; y para ver uno de los puntos equivocados, diremos algo más sobre el S4.5 de Parry.

3. Sistemas modales entre S4 y S5. En todos los sistemas modales de Lewis usaremos compuestos de *L* y *M* para construir enunciados modales de extensión indefinida, es decir, *LMLLMLMp*. Pero en S4, debido a tesis como *Lp⊃LLp* y *MMp⊃Mp*, cualquier de ellas, muestra ser equivalente a una u otra de las siguientes siete, con las implicaciones:

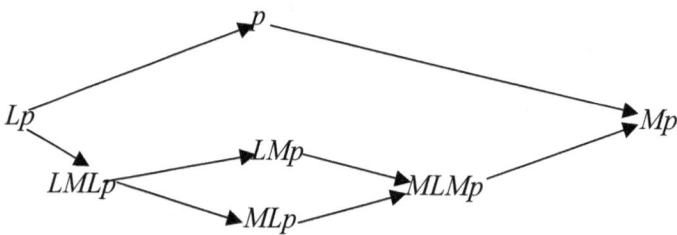

Contando las negaciones de éstas como nuevas "modalidades", tenemos 14 modalidades distintas para S4. Pero si la tesis S4.5 de Parry *LMLp⊃Lp* es añadida, *LMLp* es equivalente (por esta y otras leyes) a *Lp*, y *MLMp* a

---

[1] pp. 23; véase, además, p. 121, n. 1.
[2] W. T. Parry, "Modalities in the *Survey* System of Strict Implication", *Journal of Symbolic Logic*, vol, 4, no. 4 (Dec. 1939), p. 150.

Mp, reduciendo el número de las modalidades distintas, al menos, a 10, a saber, las siguientes 5 con sus negaciones: *Lp, MLp, LMp, p* y *Mp*. Esto podría suceder, si colapsamos *LMLp*, no ascendiendo a *Lp* sino hacia abajo a *MLp*, y *MLMp* no descendiendo a *Mp* sino ascendiendo a *LMp*; tendríamos el esquema simple:

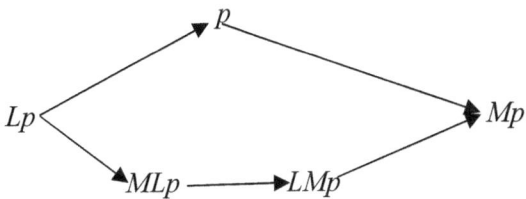

El colapso ocurrirá, si añadimos a S4 la tesis *MLp⊃LMLp*, que no puede estar en S4, sabiendo que las 14 modalidades de ese sistema no pueden reducirse más. Anuncié a principios de 1957 que esta tesis *MLp⊃LMLp* es la única que encajaría con la concepción diodoriana de la modalidad. Tal cuestión está más clara con la tesis abreviada *MLp⊃LMp* desde la cual, dado el S4, la mía es deducible. (Se debe a Geach esta simplificación en 1957). En términos diodorianos *MLp⊃LMp* significa que "si es, o será que es y siempre será que *p*, entonces es y siempre será, que es, o será que *p*". Esto se sigue, fácilmente, de la verdad lógico-temporal que, "si será que siempre será que *p*, entonces siempre será, que será que *p*", *FGp⊃GFp*. Cabe observar que lo contrario, no es el caso; *Gp* significa "lo que será siempre *ininterrumpidamente*" ("jamás no será") y, si *p* es algo cuya verdad y falsedad alternarán siempre, será cierto decir, "siempre será, que será que *p*" (*GFp*), pero no decir "será, que siempre será" (*FGp*) pues *p* nunca viene a ser *ininterrumpidamente* verdadera. Geach llamó al principio modal *MLp⊃LMp* la ley del "cuantificador del cambio" por su parecido estructural a la ley de lógica de predicados que, si existe algo que se da en todo *Φ*, entonces todo tiene algo que es *Φ* (de nuevo, no viceversa –"Todos afeitan a alguien" no implica que existe un individuo al que todos afeitan).

Otra prueba que el sistema diodoriano es más fuerte que S4 fue descubierta poco antes en 1957 por E. J. Lemmon. Su contraejemplo fue la fórmula *L(Lp⊃Lq)∨L(Lq⊃Lp)* ("una de dos, o necesariamente, la necesidad de *p* implica la necesidad de *q*, o la necesidad de *q* implica la necesidad de *p*, necesariamente"). Tampoco es fácil demostrar, intuitivamente, que esta fórmula es diodoriana[1], o demostrar que no pertenece a S4. Pero lo que primero encontré equivale[2] a otro contraejemplo descubierto en el mismo período por Hintikka, a saber, *(Mp∧Mq)⊃M(p∧Mq)∨M(q∧Mp)*[3] y, aunque parece complicado, es fácil ver su justificación lógico-temporal. Dada la definición diodoriana de *M*, se sigue de la fórmula lógico-temporal

(Fp∧Fq)⊃F(p∧q)∨F(p∧Fq)∨F(Fp∧q),

es decir, si *p* será verdad *(Fp)* y *q* también *(Fq)*, entonces una u otra de las tres alternativas debe obtenerse: o (1) *p* y *q* las dos serán verdad, *F(p∧q)*, o (2) *p* será verdad y después *q*, es decir, *(p,* y será verdad que *q), F(p∧Fq)*, o (3) *q* será verdad y después *p, F(Fp∧q)*. Lo que la fórmula de Hintikka expresa, en términos diodorianos, es que si es, o será que *p (Mp)* y es, o será verdad que *q (Mq)*, entonces, o (i) es, o será que *(p,* y es, o será que *q)*, o (ii) es o será que *(q,* y es, o será que *p)*. Extraídas las alternativas inscritas en (i) y (ii), sirven para cubrir exactamente (1), (2) y (3) de la fórmula con *F,* junto con los casos que obtenemos cuando cualquiera de las dos, *p* y *q*, son presentes en lugar de futuro.

Es más fácil demostrar la fórmula de Lemmon *L(Lp⊃Lq)∨L(Lq⊃Lp)*, que la de Hintikka, que no pertenece a S4. La demostración de Lemmon depende de ciertas relaciones entre S4 y el intuicionismo de Heyting que fue descubierto por Gödel y probado por McKinsey y Tarski[4]. Supongamos que "traducimos" las fórmulas intuicionistas en modales, como sigue: teniendo todas las variables proposicionales, la negación intuicionista y los signos de implicación, inmediatamente precedidos por una *L* y dejamos los signos de conjunción y disyunción como están. Por ejemplo, tal traducción de *~p∨~~p* podría ser *L~Lp∨L~L~Lp,* o (dado que en lógica modal ∨ =

---

[1] Tal demostración intuitiva es dada en A. N. Prior's "Diodorus and Modal Logic: A Correction", in the *Philosophical Quarterly,* July 1958, pp. 226-30. La conjetura al final de este artículo es, no obstante, falsa.

[2] Una prueba de la equivalencia es dada en A. N. Prior "K1, K2 and Related Modal Systems", *Notre Dame Journal of Formal Logic,* vol., 5, no. 4 (Oct. 1964) pp. 229-304 (Estrictamente, el axioma de Hintikka probado aquí es equivalente tanto al axioma de Lemmon como al abreviado de Geach).

[3] Hintikka da una variante de esta fórmula en su reseña de *Time and Modality* en *The Philosophical Review,* vol. 67 (1958), pp. 401-4.

[4] J. C. C. McKinsey y Alfred Tarski, "Some Theorems about the Sentential Calculi of Lewis and Heyting", *Journal of Symbolic Logic,* vol. 13, no. 1 (Jan. 1948), pp. 1-15.

⊃ ~), ~L~Lp⊃L~L~Lp que, dada la equivalencia de M y ~L~, contrae a *MLp⊃LMLp* (mi fórmula del parágrafo anterior). De nuevo, tal "traducción" del intuicionismo *(p⊃q)∨(q⊃p)* podría ser *L(Lp⊃Lq)∨L(Lq⊃Lp)*, la fórmula de Lemmon. El teorema de Gödel-Tarski-McKinsey es que una fórmula intuicionista es una *tesis* intuicionista si, y sólo si, su "traducción" modal es una tesis de S4. De hecho, ni ~p∨~~p, ni *(p⊃q)∨(q⊃p)* son tesis intuicionistas, de las que se sigue que ni mi fórmula ni la de Lemmon son de S4. Son, además, -la de Lemmon y la mía como alternativa- excluidas de S4, por una consideración más general. En la lógica intuicionista, nada de la forma *"α o β"*, es demostrable a menos que, o el componente α sea, en sí mismo, probado, o lo sea β. De esto se sigue (dado el teorema de Gödel-McKinsey-Tarski) que una alternancia de fórmulas modales que "traduzcan" una alternancia intuicionista, no estará en S4 a menos que uno de sus miembros lo esté. Pero ni *L(Lp⊃Lq)* ni *L(Lq⊃Lp)* es un teorema de S4 (que podemos refutar colocando una fórmula lógicamente verdadera para el antecedente y una lógicamente falsa para el consecuente; tal que no *L(Lp⊃Lq)∨L(Lq⊃Lp)*).

La relación de la fórmula ~p∨~~p y *(p⊃q)∨(q⊃p)* con el cálculo intuicionista está siendo estudiada en estos momentos por M. A. E. Dummett. El resultado de añadir el primero al cálculo de Heyting lo llamó *KC*, y el resultado de añadir el segundo, *LC*. Dummett fue capaz, al final, de demostrar que el cálculo proposicional completo contiene *LC* pero no es contenido en él y la misma relación es válida entre *LC* y *KC* y entre el *KC* y el cálculo de Heyting[1]. Este resultado cobra mayor interés para los sistemas modales formados al añadir *MLp⊃LMp* (equivalente en S4 a la traducción del axioma *KC* ~p∨~~p) y *L(Lp⊃Lq)∨L(Lq⊃Lp)* (la traducción del axioma *LC*, *(p⊃q)∨(q⊃p)*), respectivamente, a S4. Dummett y Lemmon llamaron al primer sistema S4.2, y al segundo S4.3[2] y demostraron que estaban entre S4 y S5, el segundo por encima del primero, exactamente, igual que el *KC* y el *LC* se encuentran entre el cálculo de Heyting y la lógica clásica de dos valores[3]. Otros resultados

---

[1] Michael Dummett, "A Propositional Calculus with Denumerable Matrix", *Journal of Symbolic Logic*, vol. 24, no. 2 (June 1959), pp. 97-106. (Dummett obtuvo estos resultados en 1957).
[2] N. del T. S4.2: S4+ *MLp⊃LMp;* S4.3: S4+ Lemmon/Hintikka.
[3] M. A. E. Dummett and E. J. Lemmon, "Modal Logics between S4 y S5, *Zeitschrift für Mathematische Logik und Grundlagen der Mathematik*, vol, 5 (1959), pp. 250-64. Lemmon obtuvo los resultados aquí mencionados al final de 1957.

menores de este período fueron que, dado S4, el axioma de Lemmon para S4.3 puede ser sustituido por el más corto $L(Lp \supset q) \vee L(Lq \supset p)$ (Geach) y que el S4.5. de W. T. Parry no está entre el S4 y el S5, sino que es equivalente a S5 (la fórmula S5, $MLp \supset Lp$, es demostrada en él).

4. La matriz S4 de Kripke para el tiempo ramificado y para el S4.2 de Lemmon. Para hacer un claro en esta jungla, llegó otra contribución en 1958. Saul A. Kripke comunicó, independientemente, una prueba de que el sistema diodoriano no era S4. Las fórmulas refutadas fueron $LMp \vee LM\sim p$ (una variante de la fórmula del "cuantificador del cambio") y la de Hintikka; Y, además, obtuvo una matriz que *era* característica de S4. Kripke adoptó una serie *bifurcada* o "arbórea" para los "valores" de las variables proposicionales, en lugar de una serie lineal de valores de verdad momentáneos y observó que las diferentes ramas podían pensarse como distintos futuros alternativos que *podían* expedirse desde cada instante. Esto es, propuso traducir Lp de S4 no como "*p* es verdad ahora y será durante todo el futuro *real*" sino como "*p* es verdad ahora y lo será en todos los futuros *posibles*" y su Mp no como "*p* es ahora, o lo será en algún instante del futuro real" sino como "*p* es verdad ahora, o lo será en algún instante del futuro posible". (Esto, subrayó, convirtió a S4 en relevante para la discusión del indeterminismo, que fue el tema de los últimos capítulos de *Time and Modality,* que veremos después). Es fácil ver como este modelo puede proporcionar excepciones al axioma S4.3 de Hintikka $(Mp \wedge Mq) \supset M(p \wedge Mq) \vee M(q \wedge Mp)$. Supongamos que *p* es cierta sólo en algún futuro posible, y *q* sólo en otro posible futuro. Tendremos ambos Mp y Mq en sus dos futuros, pero ni ahora, ni en ningún posible futuro podemos tener *p* acompañada o seguida de *q*, es decir, no tenemos $M(p \wedge Mq)$ y tampoco tenemos ahora, ni en ningún posible futuro *q* acompañada o seguida de *p*, es decir, no tenemos $M(q \wedge Mp)$.

Lemmon produjo una modificación del modelo de Kripke para S4 que distingue S4.2 de S4.3. Si usamos una serie de valores de verdad momentáneos que, efectivamente, pueden bifurcar, como en el modelo S4 de Kripke, pero en el que tales divergencias son seguidas por posteriores convergencias, tal que podemos tener una línea recta al final, podemos construir el contraejemplo anterior para el axioma de Hintikka, pero ya no podemos construir contraejemplos para el axioma S4.2, $MLp \supset LMp$. Podemos pensarlo como una serie temporal en la que existen posibles e *inmediatos* futuros alternativos pero sólo un futuro *único*. Algunos teólogos, por ejemplo, y algunos marxistas, escriben dando por hecho estas cosas. Añadiré, no obstante, que existe una dificultad sobre el uso del modelo S4.2 de Lemmon para representar este punto de vista. Una serie temporal que podríamos representar como sigue:

bifurcada hacia el pasado, pero también hacia el futuro, si existe, realmente, un futuro posible después de la bifurcación, entonces lo que sea que el futuro incluya *lo que habrá sido el caso* en el futuro, dependerá sólo de los "pasados posibles" -podríamos decir que una vez que pasamos la bifurcación no hay un pasado real sino sólo dos únicos pasados. Algunos filósofos, efectivamente, han aceptado esta consecuencia. Łukasiewicz, por ejemplo, escribió una vez: "Si del futuro sólo la parte determinada causalmente por el presente es real hoy; … entonces del pasado sólo la parte que sigue activa en sus efectos es real hoy. Hechos, cuyos efectos, son los que son, tal que incluso una mente omnisciente no podría inferirlos de los actuales, pertenecientes al ámbito de la posibilidad. No diremos de ellos que *eran,* sino que fueron *posibles.* Y así también. En la vida de cada uno de nosotros ocurren tiempos graves de sufrimiento y de culpa. Deberíamos contentarnos de liquidar estos tiempos no sólo de nuestra memoria sino también de la realidad. Ahora somos libres de creer que cuando las consecuencias de esos tiempos fatales hayan desaparecido, incluso si esto sucedió *después* de muertos, entonces también serán borrados del mundo de lo real y sobrevolarán el dominio de la posibilidad"[1]. Pero, en general, sospecho que la gente está menos inclinada a hablar así del pasado que a de decir que no existe el futuro real sino sólo los futuros posibles hasta que hemos pasado el punto de división. Así que, si no decimos que *el* pasado (en contra de los pasados posibles) desaparece justo al final del día, entonces tampoco decimos que *todo* será igual dentro de cien años, no importa lo que suceda entretanto; pues cosa distinta será lo que para entonces *haya sido.* No obstante, mitigaremos esta conclusión en el capítulo VII, sección 5.

---

[1] Łukasiewicz, *Z Zagadnien Logiki i Filozofii* (Problems of Logic and Philosophy): *O Determinizmie,* p. 126. Este pasaje ha llamado mi atención y ha sido traducido por P. T. Geach. Además, se incluyó en la recopilación disponible de Storrs McCall *Polish Logic* (Clarendon Press), pp. 38-39. N. del T: Debe mencionarse que estas palabras fueron recitadas, por petición de Mary Prior, en el Servicio Memorial de Prior en el Balliol College (citado por Jack Copeland en la Enciclopedia Stanford de Filosofía, entrada "Arthur Prior", 1ª publicación el 7 de octubre de 1996, última modificación el 29 de noviembre de 1999).

5. *La fórmula de Dummett en D, no en S4.3 y su presuposición de la discreción.* Volviendo al comentario de Kripke de 1958, sugería que una axiomatización correcta del sistema diodoriano que llamaremos D a partir de ahora, se obtenía añadiendo el axioma de Hintikka para S4. Como este axioma expresaba perspicazmente la linealidad del tiempo, parecía correcto. De hecho, no lo era, al menos si D era adoptado por el sistema de la matriz característica de *Time and Modality*. Pues Dummett descubrió en 1958 una fórmula que la matriz verificaba pero que no podía estar en S4.3 (es decir, el sistema dado por la suma de los axiomas de Kripke, Lemmon e Hintikka a S4[1]). Esta larga fórmula fue abreviada por Geach a

$$L[L(p \supset Lp) \supset p] \supset (MLp \supset p)[2].$$

Tal fórmula no es fácil de interpretar, pero en 1961, conseguí distinguir su sentido, su justificación y porqué la matriz de *Time and Modality* la verificaba[3].

Mediante la lógica modal ordinaria, la fórmula en cuestión es equivalente a *[MLp∧L[~p⊃M(p∧M~p)]]⊃p* por

$L[L(p \supset Lp) \supset p] \supset (MLp \supset p)$
$= MLp \supset [L[L(p \supset Lp) \supset p] \supset p]$ por $p \supset (q \supset r) \equiv q \supset (p \supset r)$
$= MLp \supset [L[\sim p \supset \sim L(p \supset Lp)] \supset p]$ por $L(p \supset q) \equiv L(\sim q \supset \sim p)$
$= MLp \supset [L[\sim p \supset M(p \land \sim Lp)] \supset p]$ por $\sim L(p \supset q) \equiv M(p \land \sim q)$
$= MLp \supset [L[\sim p \supset M(p \land M \sim p)] \supset p]$ por $\sim Lp \equiv M \sim p$
$= [MLp \land L[\sim p \supset M(p \land M \sim p)]] \supset p$ por $p \supset (q \supset r) \equiv (p \land q) \supset r$

Aquí, el componente *p∧M~p*, si *Mα* es definida con Diodoro como *α∨Fα*, es equivalente a *p∧F~p*. Respecto a *"p y es, o será, que no p"*, el *"es"* alternativo no es auténtico pues *"p y es el caso que no p"* sería autocontradictorio. Si la fórmula larga (modificada) es falsa, puede haber casos en que los dos antecedentes *MLp* y *L[~p⊃M(p∧F~p)]* sean verdaderos y su consecuente (*p*) falso. Supongamos que tenemos tal caso, es decir, *p* para la que tenemos

---

[1] Dummett and Lemmon, *op. cit.*, pp. 263-264.
[2] N. del T. S4.3+D = nuestro sistema modal diodoriano.
[3] Ver A. N. Prior, "Tense Logic and the Continuity of Time", *Studia Logica*, vol 13 (1962), pp. 133-48.

(1) MLp,
(2) $L[\sim p \supset M(p \wedge F \sim p)]$, y
(3) $\sim p$.

Dado que tenemos (1) MLp, es decir, $Lp \vee FLp$, entonces, o

(1.1) Lp ya, en el caso en que p sea; pero esto es excluido por (3);

o (lo que queda)

(1.2.) todavía no Lp, pero tarde o temprano Lp (es decir, p para siempre); luego, tarde o temprano p-falsa en el último momento.

Consideremos ahora qué sucede cuando alcanzamos el momento en que p es falsa. En este instante, tendremos $\sim p$ y, por tanto, por (2) tendremos $M(p \wedge F \sim p)$, es decir, "(es) o será el caso que p es verdadera y después falsa"; por tanto, este *no es* el último momento de la falsedad de p. Así, el caso (1.2.) es irrealizable como el caso (1.1) y, por consiguiente, la combinación (1), (2) y (3) es imposible y la fórmula Dummett es una ley.

No obstante, en este argumento, damos un paso dudoso en (1.2). Porque si el tiempo es denso, es decir, si entre cualesquiera instantes hay un tercero, p podría ser falsa un lapso y después verdadera siempre, *sin* que haya ningún momento *p-falso*, al final. En efecto, éste será el primer punto de la verdad permanente de p y p ser falsa *hasta* entonces, ya que, por muy cerca que esté cualquier instante de la falsedad de p, quizás sea el primero de su verdad necesaria, siempre encontraremos un instante más próximo en el que todavía no sea, finalmente, cierta. La fórmula de Dummett es verificada por la matriz de *Time and Modality*, simplemente, porque esta posibilidad no se permite allí, las "historias de los valores de verdad" están representadas en la matriz por secuencias *discretas* de momentáneos valores de verdad. Descartando este rasgo, fue posible reabrir la cuestión de si S4.3 bastaba (como Kripke e Hintikka dijeron que así era) para la lógica de tal "posibilidad" que es sólo presentaneidad-o-futuridad y que "necesidad" es esto "presentaneidad-y-permanente-futuridad.

Kripke en 1963 y Bull en 1964 demostraron por distintos métodos que S4.3 no era suficiente y que S4.3 más la fórmula Dummett bastaba para el sistema caracterizado por la matriz discreta[1]. El problema de la axiomatización de la lógica modal diodoriana fue, por tanto, resuelto y, a pesar de muchos pasos en falso, aprendimos mucho por el camino sobre tiempo y modalidad.

Dejaremos, ahora la modalidad y consideraremos lo que sucedía entretanto con la lógica temporal en sí misma.

---

[1] R. A. Bull, "An Algebraic Study of Diodorean Modal Systems", *Journal of Symbolic Logic*, vol. 30, no. 1 (March 1965), pp. 58-64.

III. LA TOPOLOGÍA DEL TIEMPO

1. Análisis del Argumento-Maestro de Diodoro. La modalidad diodoriana es definida sólo en términos de futuro, pero la defensa de Diodoro de ésta, el "Argumento Maestro", requería, además, alguna referencia al pasado. Tal y como registraron los escritores antiguos, el argumento consiste en que las siguientes tres proposiciones no pueden ser verdaderas:

1. Toda proposición verdadera concerniente al pasado es necesaria.
2. Lo imposible no se sigue de lo posible.
3. Algo que ni es, ni será, es posible.

Las dos primeras son, generalmente, admitidas; luego, debemos negar la tercera y admitir que lo que ni es, ni será el caso, no es posible, es decir, que lo posible es, simplemente, lo que es, o será verdadero. Simbólicamente, introduciremos las contrapartidas para el pasado de $F\alpha$ y $G\alpha$:

$P\alpha$ por "ha sido el caso que α"
$H\alpha$ por "siempre ha sido el caso que α".

Las dos primeras proposiciones de la tríada anterior, supuestamente inconsistente, pueden ser reformuladas como sigue:

1. Lo que sea que haya sido el caso no puede ahora no haber sido el caso $Pp \supset \sim M \sim Pp$.
2. Si p necesariamente implica q, entonces, si q no es posible, p no es posible $L(p \supset q) \supset (\sim Mq \supset \sim Mp)$.

Y la negación de la tercera, que es lo que Diodoro deduce de las otras dos, se representaría como sigue:

3′. Si nada es ni será verdad, no es posible $\sim p \wedge \sim Fp \supset \sim Mp$.

En esta demostración están implícitas algunas premisas y en la segunda parte de mi primer artículo sobre Diodoro, lo amplié con unas tesis razonables que validaran el argumento. Tales premisas no pueden incluirse en la definición diodoriana de lo posible como lo que es, o será verdad; podríamos adoptar 3′sin más, pero no sería convincente, pues es precisamente su fantástica definición de lo posible lo que el argumento pretende defender. Y el paso de 1 y 2 a 3′, aparentemente, *convenció* a los antiguos, desde que el estoico Crisipo llevado por éste (sumó su desagrado por 3′) negó 2, y Cleantes (quién tuvo el mismo desagrado) negó 1.
Las nuevas premisas que sugerí fueron las dos siguientes:

4. Si una cosa es el caso, necesariamente se sigue que, ha sido siempre el caso que será $L(p \supset HFp)$ o, sea como sea, nunca ha sido que que no será $L(p \supset \sim P \sim Fp)$ (la precedente extendida por Df. *H*);

y

5. De lo que es y será siempre falso (es decir, que ni es ni será verdadero), ha sido ya el caso que siempre será falso $\sim p \wedge \sim Fp \supset P \sim Fp$,

ya que ahora es falsa y siempre lo será en adelante, fue el caso justo en el último instante que sería falsa en adelante. Dadas estas premisas, el argumento puede darnos la conclusión diodoriana. Esquemáticamente, tenemos

$\sim p \wedge \sim Fp, \to P \sim Fp$ (por 5)
    $\to \sim M \sim P \sim Fp$ (por 1), $p/\sim Fp$, esto es, $P \sim Fp \supset \sim M \sim P \sim Fp$
    $\to \sim Mp$ (por 4 y $L(p \supset \sim P \sim Fp) \supset (\sim M \sim P \sim Fp \supset \sim Mp)$), es decir, 2 $q/\sim P \sim Fp$.

Una cuestión difícil, a la que O. Becker prestó atención desde que apareció este artículo[1], es si las premisas (4) y (5) no sólo son razonables y consecuentes sino si también pueden encontrarse en los autores antiguos. Está claro que, al menos 4 es enunciado y discutido en *De interpretatione* ch. 9, de Aristóteles y en *De Fato* de Cicerón. Cicerón pregunta *Potest*...

---

[1] O. Becker, "Zur Rekonstruktion des 'Kyrieuon Logos' des Diodoros Kronos", in *Erkenntnis und Verantwortung* (Festschrift für Theodor Litt, Düsseldorf, 1961), pp. 250-263.

quicquam esse, quod non verum fuerit futurum esse? ("¿Puede ser que lo que no fuera verdad, lo sea?"). De la proposición 5, diremos algo después.

2. *Primeros postulados para el pasado y para el futuro.* La lógica del pasado y del pasado y el futuro juntos, fue tratada más sistemáticamente que en "Diodoran Modalities", en una presentación titulada "The Syntax of Time Distinctions" que leí en 1954, y que fue publicada en 1958[1]. Este último artículo, contenía ya una optimización de la axiomatización formulada que fue posible por la demostración de Sobociński de 1953 de la equivalencia del más débil sistema modal M de von Wright con el sistema T de R. Feys que toma L como indefinido, define M como $\sim L\sim$ y añade al cálculo proposicional una nueva regla RL: $\vdash\alpha, \rightarrow \vdash L\alpha$ y los axiomas, "Si necesariamente p, entonces p" $Lp\supset p$ y "Si p necesariamente implica q, entonces, si p es necesario también lo es q", $L(p\supset q)\supset(Lp\supset Lq)$[2]. Éste sugirió la re-axiomatización del sistema de "Diodoran Modalities" adoptando G ("siempre será el caso que") como indefinido, definiendo F como $\sim G\sim$ ("será verdad que" = "no será siempre falso que") y añadiendo al cálculo proposicional la regla RG: $\vdash\alpha, \rightarrow \vdash G\alpha$, y el único axioma "Si p siempre implica q, entonces si p siempre será el caso, también lo será q" $G(p\supset q)\supset(Gp\supset Gq)$. Las pruebas de Sobociński de T desde M, se adaptaron, fácilmente, a las pruebas de los postulados anteriores de lógica temporal desde éstos. Pero no produjeron para el área ningún conjunto completo.

En la "lógica de la futuridad", aunque $Gp\supset p$ ("Lo que será siempre, ya es") y $p\supset Fp$ ("lo que es, será") son contraintuitivos, sí es admisible su resultado silogístico $Gp\supset Fp$ ("Lo que siempre será, será") y, también, ciertos casos especiales de $p\supset Fp$, a saber, $Fp\supset FFp$ ("Si p será, entonces será entremedio que será") y $\sim Fp\supset F\sim Fp$ ("si nunca será que p, entonces será que nunca será que p"). Estos son, por supuesto, las inversas de la tesis S4, $FFp\supset Fp$ y la tesis indeseable de S5, $F\sim Fp\supset \sim Fp$, respectivamente. En ausencia de $p\supset Fp$, el par $Gp\supset Fp$ y $Fp\supset FFp$ fueron añadidos a los postulados mencionados antes como nuevos axiomas y $\sim Fp\supset F\sim Fp$ se deriva de ellos[3].

---

[1] En *Franciscan Studies*, 1958, pp. 105-20. ("Diodoran Modalities" apareció en 1955, pero fue escrito a principios de 1954).
[2] B. Sobociński, "Note on a Modal System of Feys-von Wright", *Journal of Computing Systems*, July 1953.
[3] N. del T: El sistema T de Feys:

Una serie de postulados análogos fueron añadidos a la base de la "lógica de la futuridad", para obtener la lógica de lo pretérito, junto con dos axiomas especiales que incluyen ambos tiempos, a saber, $p \supset GPp$ ("Lo que es el caso, será siempre que ha sido el caso") y $p \supset HFp$ ("Cuando algo es el caso, siempre ha sido el caso que será el caso"). El primero de estos "principios mixtos" lo encontré en el *Tractatus de Praedestinatione* de Ockham, su reedición por el Franciscan Institute en 1945 ayudó a la concienciación, en esa década, de las opiniones de los escolásticos sobre la lógica y el tiempo. Ockham expresa en este trabajo: *Si haec propositio sit modo vera: Haec res est, quacumque re demonstrata, semper postea erit haec vera: Haec res fuit* ("Si esta proposición, *Tal cosa es*, es una vez verdadera, sea cual sea el objeto señalado, entonces, por siempre será verdadera: *Tal cosa fue*")[1]. El otro "principio mixto" $p \supset HFp$ fue la proposición 4 en mi reconstrucción del Argumento Maestro. Éste es derivable del principio de Ockham y el principio de Ockham de éste sustituyendo, sistemáticamente, los operadores de futuro (G y F) por sus correspondientes de pasado (H y P, respectivamente) y viceversa. Se indicó en "The Syntax" que una regla que nos permite hacer esto con cualquier tesis cortará los axiomas por la mitad. Hamblin, usando tal regla en 1958, la llamó "regla de la imagen especular".

Resumiendo, el sistema de este trabajo añade al cálculo proposicional la definición de F como $\sim G \sim$ y P como $\sim H \sim$, la regla RG para inferir $\vdash G\alpha$, de $\vdash \alpha$, la regla de la imagen especular, y los siguientes axiomas[2]:

A1. $G(p \supset q) \supset (Gp \supset Gq)$ A3. $FFp \supset Fp$
A2. $Gp \supset Fp$ A4. $Fp \supset FFp$
   A5. $p \supset GPp$

El uso de A3 y A4 con G indefinida está poco articulado, pues estas tesis equivalen, por definición, a $\sim G \sim \sim G \sim p \supset \sim G \sim p$ y su inversa; habría sido

---

A1. $Lp \supset p$
A2. $L(p \supset q) \supset (Lp \supset Lq)$
R1. $\vdash \alpha, \rightarrow \vdash L\alpha$
D1. $M\alpha = \sim L \sim \alpha$
El sistema S4: A3. $Lp \supset LLp$
El sistema S5: A4. $Mp \supset LMp$ (+ S4)
El sistema B: A3. $MLp \supset p$ (+ T).
[1] Franciscan Institute edición, p. 4.
[2] N. del T: El primer sistema temporal de Prior.

mejor el equivalente $Gp \supset GGp$ y $GGp \supset Gp$. Pero estos postulados y sus pequeñas variaciones son la base de la mayoría de las formalizaciones lógico-temporales dadas por otros y por mí. Ahora sabemos que son independientes y que sólo una adición basta para que sean completas en una serie-temporal infinita, densa y lineal. Ya mencionamos, en este artículo, que fueron incompletas, dejando claro, entonces, que algo que expresara *linealidad* bastaba para probar la ley $M \sim Mp \supset \sim Mp$ de S5, en el sentido lógico-temporal en que se cumple, es decir, con $M\alpha$ por $\alpha \vee F\alpha \vee P\alpha$ ("p en algún momento").

El ímpetu inicial de Findlay se reflejó en el artículo de 1954 por una prueba de su ley $p \vee Pp \vee Fp \supset FPp$ desde los postulados anteriores ("Cualquier cosa que es, o ha sido, o será el caso, entonces, habrá sido el caso"). No reproduciremos su demostración, pero algunas deducciones se derivan de estos postulados, sencillamente, para resaltar la estructura del sistema. En primer lugar, está claro que RG (inferir $\vdash G\alpha$, de $\vdash \alpha$) y A1 $G(p \supset q) \supset (Gp \supset Gq)$, nos permitirá pasar de cualquier implicación probada $\vdash \alpha \supset \beta$, a $\vdash G\alpha \supset G\beta$ (vamos de $\vdash \alpha \supset \beta$ a $\vdash G(\alpha \supset \beta)$ por RG y de ésta a $\vdash G\alpha \supset G\beta$ por sustitución de A1 y separación). Esta regla derivada (inferir $\vdash G\alpha \supset G\beta$ de $\vdash \alpha \supset \beta$) puede llamarse RGC y la usaremos para demostrar otras como éstas. En especial, tenemos

T1. $G(p \supset q) \supset G(\sim q \supset \sim p)$ $(p \supset q) \supset (\sim q \supset \sim p)$, RGC.
T2. $G(\sim q \supset \sim p) \supset (G \sim q \supset G \sim p)$ A1, $p/\sim q$, $q/\sim p$
T3. $(G \sim q \supset G \sim p) \supset (\sim G \sim p \supset \sim G \sim q)$ $(p \supset q) \supset (\sim q \supset \sim p)$ sust.
T4. $G(p \supset q) \supset (\sim G \sim p \supset \sim G \sim q)$ T1, T2, T3, S.H.
T5. $G(p \supset q) \supset (Fp \supset Fq)$ T4, Df. F.

Éste con RG, nos da la regla derivada para inferir $\vdash F\alpha \supset F\beta$ de $\vdash \alpha \supset \beta$ que podemos llamar RFC. De estos resultados, podemos además tener, usando la regla de imagen especular, las reglas RHC y RPC, para inferir $\vdash H\alpha \supset H\beta$ y $\vdash P\alpha \supset P\beta$ de $\vdash \alpha \supset \beta$. A partir de éstos (dado que $\alpha \equiv \beta$ es sólo la conjunción de $\alpha \supset \beta$ y $\beta \supset \alpha$) obtenemos las leyes análogas de equivalencia lógica, es decir, que de $\vdash \alpha \equiv \beta$, podemos inferir $\vdash G\alpha \equiv G\beta$, $\vdash F\alpha \equiv F\beta$, $\vdash H\alpha \equiv H\beta$ y $\vdash P\alpha \equiv P\beta$ (podemos llamar a estas reglas RGE, RFE, etc.). Con todo esto en nuestras manos, podemos demostrar lo siguiente:

T6. $Gp \equiv G \sim \sim p$ $p \equiv \sim \sim p$, RGE.
T7. $G \sim \sim p \equiv \sim \sim G \sim \sim p$ $p \equiv \sim \sim p$, sust.

T8. $Gp \equiv \sim\sim G \sim\sim p$ T6, T7, S.H.
T9. $Gp \equiv \sim F \sim p$ T8, Df. F.

T9 significa que, aunque G no es definida como $\sim F \sim$ en este sistema (sino más bien F como $\sim G \sim$) es, lógicamente, equivalente a ésta. Similarmente, H y $\sim P \sim$. Además, tenemos

T11. $\sim\sim G \sim p \equiv G \sim p$ $p \equiv \sim\sim p$, RGE
T12. $\sim Gp \equiv \sim G \sim\sim p$ T6, $(p \equiv q) \equiv (\sim p \equiv \sim q)$
T13. $\sim Fp \equiv G \sim p$ T11, Df. F.
T14. $\sim Gp \equiv F \sim p$ T12, Df. F.

Similarmente, $\sim P$ es lógicamente equivalente a $H\sim$ y $\sim H$ a $P\sim$. De nuevo, tenemos

T15. $G(p \supset q) \equiv G \sim (p \wedge \sim q)$ $(p \supset q) \equiv \sim(p \wedge \sim q)$, RGE.
T16. $G \sim p \equiv \sim Fp$ T13, $(p \supset q) \equiv (q \supset p)$.
T17. $G \sim (p \wedge \sim q) \equiv \sim F(p \wedge \sim q)$ T16, sust. $p/p \wedge \sim q$
T18. $G(p \supset q) \equiv \sim F(p \wedge \sim q)$ T15, T16, S.H.

es decir, siempre será el caso que p implica q, si, y sólo si, nunca será el caso que p sea verdadera y q falsa. Cabe decir, que en ninguna de estas pruebas ha sido usado otro axioma excepto el A1 (y su imagen especular), y estas leyes y fórmulas para G y F, por un lado, y para H y P, por otro, leyes y reglas estrechamente ligadas a L y M, que son deducidas, análogamente, en el sistema modal T (= al M de von Wright).

Otro teorema, usando la misma base restringida, que encontraremos útil después, es $(Gp \wedge Fq) \supset F(p \wedge q)$, "Si p es siempre verdad y q será antes o después, entonces p y q serán antes o después", y su imagen $(Hp \wedge Pq) \supset P(p \wedge q)$. Éstos corresponden a las tesis modales conocidas por Aristóteles, que si p está destinado a ser verdadero y q podría serlo, la conjunción de p y q sería, $(Lp \wedge Mq) \supset M(p \wedge q)$[1]. Demostramos, por tanto:

T19. $Gp \supset [G(p \supset q) \supset Gq]$ A1, Mutación de premisa.

---

[1] Estrictamente hablando, Aristóteles usa la forma relacionada $(Mq \wedge \sim Mp) \supset M(q \wedge \sim p)$, es decir, si q podría ser verdadera, aunque p está destinada a ser falsa, podríamos tener la conjunción de q-verdadera y p-falsa. (*An. Pr.* 34ª 10-11).

T20. $Gp \supset [\sim Gq \supset \sim G(p \supset q)]$
T21. $Gp \supset [\sim G \sim q \supset \sim G(p \supset \sim q)]$
T22. $\sim G(p \supset q) \equiv F(p \wedge \sim q)$
T23. $\sim G(p \supset \sim q) \equiv F(p \wedge q)$
T24. $Gp \supset [Fq \supset F(p \wedge q)]$
T25. $(Gp \wedge Fq) \supset F(p \wedge q)$

T19, $[p \supset (q \supset r)] \supset [p \supset (\sim r \supset \sim q)]$
T20, $q/\sim q$
T18, $(p \equiv \sim q) \supset (\sim q \equiv p)$
T22, $\sim \sim p = p$.
T21, Df. F, T23.
T24, Importación.

También, advertiremos que A5, $p \supset GPp$ y su imagen especular $p \supset HPp$, puede ser sustituido por $FHp \supset p$ y $PGp \supset p$, pues

$\vdash p \supset GPp =\ \vdash \sim p \supset GP \sim p$, uno por otro, $p/\sim p$, si necesariamente $\sim \sim p = p$.
$\quad =\ \vdash \sim GP \sim p \supset p$, por $(\sim p \supset q) \equiv (\sim q \supset p)$.
$\quad =\ \vdash \sim G \sim \sim P \sim p \supset p$, por $\sim \sim p = p$.
$\quad =\ \vdash FHp \supset p$, por $F = \sim G \sim$ y $H = \sim P \sim$.
$\vdash p \supset HPp =\ \vdash PGp \supset p$, similarmente.

3. Postulados correspondientes con la lógica de la serie B. "The Syntax of Time Distinctions" contiene además una correlación sistemática de la lógica que McTaggart llamó la serie A (el principal tema de la presentación) junto a la que denominó serie B. En la lógica de la serie-B, los proposiciones del sistema anterior son tratadas como predicados que expresan propiedades de *fechas*, representadas por las variables nominales *x, y, z*, etc., *px* leyéndose como "*p en x*" y la forma *lxy* por "*x* después que *y*". Una fecha arbitraria *z* usada para expresar el tiempo de la expresión, *Fp* es equiparada a $(\exists x)(lxz \wedge px)$ ("Para algún *x*, *x* es después que *z*, y *p* en *x*", es decir, "*p*, posteriormente, al instante de la expresión"), *Pp* con $(\exists x)(lzx \wedge px)$ (es decir, "*p* en algún instante en el que el tiempo de expresión es después que"), *Gp* como $(\forall x)(lxz \supset px)$, ("Para todo *x*, si *x* es después que *z*, entonces *p* en *x*", es decir, "*p* en todas las fechas después que la expresión") y *Hp* como $(\forall x)(lzx \supset px)$. Dadas estas "definiciones" de la serie B de los operadores de la serie A, la regla RG, los axiomas A1 y A5 y sus imágenes especulares, se siguen por la teoría de cuantificación ordinaria (dada la demostración, en el artículo, sólo para A5, es bastante simple para los demás). Los otros axiomas se obtienen imponiendo algunas condiciones sobre la relación *l*; A3 $FFp \supset Fp$, requiere la transitividad de *l*; A2, $Gp \supset Fp$, "la ley $(\exists x)lxz$, garantizando siempre una fecha posterior a la dada"; y A4 $Fp \supset FFp$, "la ley $lxz \supset (\exists y)(lxy \wedge lyz)$, afirmando que entre dos fechas hay una intermedia". La ley $M \sim Mp \supset \sim Mp$ (con $M\alpha$ por $\alpha \vee F\alpha \vee P\alpha$)

es requerida por la ley de la tricotomía $x=y \vee lxy \vee lyx$ "o x es igual a y, o x es después que y, o *antes*"[1]. La asimetría $lxy \supset \sim lyx$, es establecida para "después que" -es razonable- pero ninguna ley del sistema temporal depende de ella; y hoy, parece claro, que ninguna ley pueda depender de ella.

En principio, hay pruebas de independencia de A3, A2, A4 y $M\sim Mp \supset \sim Mp$, si eliminamos la condición sobre l que le corresponde, resaltando el rasgo especial del tiempo que cada axioma expresa -rasgos que en algunos casos podría cuestionarse, cada uno desaparecerá permaneciendo el resto. (Las pruebas de independencia para A1 y A5, que no expresan tales cualidades especiales, son más imprecisas, pero fueron encontradas por Hacking y Berg en 1955). Es difícil de imaginar la sucesión temporal no-transitiva pero C. L. Hamblin sugirió, recientemente (1965) una posibilidad. Supongamos que el tiempo es circular, pero que cambiara de dirección a media vuelta. En un ciclo que tarda de 3 "eones" en completarse, quizás será el caso de un eón en adelante, que será el caso un eón después que p, pero que llegaremos a un punto que no es, en sí mismo, después que p, sino un "eón" *antes* que ahora, tal que no es ningún intervalo "en adelante" sino desde hace un *eón*; es decir, aunque tenemos FFp, no tenemos Fp sino Pp. Y *sólo* A3, $FFp \supset Fp$, fallaría en tal esquema temporal[2].

Es evidente, la correlación del axioma inverso A4, $Fp \supset FFp$, con la densidad del tiempo; si el tiempo fuera discreto, entonces podría ser que algo fuera el caso en el último momento *justo* antes de llegar; no habrá, entonces, ningún momento en el que será el caso *que*, será el caso (los dos "futuros" nos dan, al menos, *dos* momentos en adelante y, por esta vez, *ex hypothesi*, p no será verdadera). No obstante, cabe añadir que si "después que" fuera reflexiva, es decir, si cada fecha fuera después que sí misma, lzz, la ley $lxz \supset (\exists y)(lxy \wedge lyz)$, sería verificable fácilmente (sustituyendo z por y), incluso, si el tiempo *no* fuera denso. Esto seguiría implicando la versión de la serie B de $Fp \supset FFp$, pero ahora, como un caso especial de

---

[1] N. del T: A2. $Gp \supset Fp$, requiere infinitud: $(\forall x)(\exists y)(x < y)$.
A3. $FFp \supset Fp$, requiere transitividad: $(\forall x)(\forall y)(\forall z)(x < y \wedge y < z \supset x < z)$.
A4. $Fp \supset FFp$, requiere densidad: $(\forall x)(\forall y)[x < y \supset (\exists z)(x < z \wedge z < y)]$.
A5. $M\sim Mp \supset \sim Mp$, requiere linealidad: $(\forall x)(\forall y)(x=y \vee x<y \vee y<x)$. Con $Mp = p \vee Pp \vee Fp$.
[2] N. del T: La transitividad puede fallar en un tiempo circular puesto que no garantiza la correspondencia si, a media vuelta, las agujas del reloj cambiaran de dirección.

$p \supset Fp$, que la reflexividad proporciona fácilmente. Si tenemos reflexividad y si suponemos el tiempo circular, pero adoptamos, no lo convenido del parágrafo anterior sino la condición más simple que cualquier punto que alcanzamos dando vueltas en una dirección es futuro (después que ahora) y cualquier punto que *hemos* alcanzado dando vueltas en la misma dirección es pasado (antes que ahora). Cada punto, automáticamente, se convierte en anterior y posterior de sí mismo y, cualquiera que sea verdadero, lo será ($p \supset Fp$) en la siguiente vuelta. Además, si el tiempo es atómico, "será que p" siempre implicará "será que, será que p", si el tiempo es circular. Pero, incluso, si p dejara de ser cierta justo después del siguiente instante, comenzará de nuevo en la siguiente vuelta.

En correlación A2, $Gp \supset Fp$, el tiempo infinito $(\forall z)(\exists x)lxz$, recordemos que Gp es equivalente a $\sim F \sim p$, aún si no lo es más que por definición. Es decir, si tenemos F o G como primitivas, las condiciones de verdad de Fp son que es verdad si, y sólo si, p es verdadera en algún instante siguiente y falsa, de otro modo y que Gp, es falsa si, y sólo si, p es falsa en algún instante siguiente, de otro modo, es verdadera. Si hay un final del tiempo, entonces *en* ese final, cuando *no* haya más instantes, Gp (= "no será el caso que no p") será verdadera vacuamente (entonces, *nada* "será" el caso) y Fp (= "será que p") falsa. Esta G es, de hecho, la versión Booleana de la forma aristotélica "Todo X es Y", que (dado que es equivalente a "Nada es, a la vez, X y no Y") es automáticamente verdadera, si nada es X. Es fácil ver que si el tiempo tiene un fin, nunca podemos tener y, en especial, no tenemos al final del tiempo la ley $\sim Fp \supset F \sim p$ ("Si no será que p, será que no p"); y si el uso actual de G es, en este punto, un poco contraintuitivo, el intuitivo Gp (por el cual Gp como también Fp es falso, al final del tiempo, tal que Gp podría implicar Fp) se definiría, fácilmente, en términos de $Gp \wedge Fp$ (Cf. la definición de un fuerte "Todo X es Y" con la definición booleana más débil "y algo es X").

Estas consideraciones aplicadas, *mutatis mutandis,* al pasado. Si el tiempo tuvo un comienzo, la imagen especular de A2, es decir, $Hp \supset Pp$, funcionaría; y si el tiempo tuvo un comienzo, pero no un final, o viceversa, la regla de la imagen-especular en sí misma, funcionaría, pues tendríamos uno de esto pares de reflejos especulares pero no el otro.

Cabe añadir que la prueba de la ley de Findlay depende del axioma 2 y que, si el tiempo tuviera un final, "Habrá sido que p" no es implicada por p, en sí misma, mediante "Ha sido que p", ni siquiera por "Será que p". Ya que tal vez, "será que p", sólo en el último momento y demasiado tarde para haber sido que p. Éste es otro extracto de la lógica temporal que

McTaggart conoció y resumió a su manera (con su imagen especular), al observar que "si la serie-temporal tiene un primer término, tal término nunca será futuro" ("jamás ha sido", sería mejor), "y si tiene un último término, tal término nunca será pasado"[1]

La demostración en "The Syntax of Time Distinctions" del tiempo no-lineal, es decir, tiempo para el cual no tenemos la ley de la tricotomía $x=y \lor lxy \lor lyx$ nos privaría de $M{\sim}Mp \supset {\sim}Mp$, es algo imprecisa e insegura. Es más obvio que la no-linealidad nos privaría de la ley $(Fp \land Fq) \supset F(p \land q) \lor F(p \land Fq) \lor F(q \land Fp)$ mencionada en el último capítulo y que fue usada como un axioma para expresar linealidad en los últimos conjuntos de postulados. La serie temporal "bifurcada" indeterminista usada por Kripke para S4 sería no-lineal; el contraejemplo usado en la presentación de 1954 fue la serie temporal de la teoría de la relatividad. "La teoría de la relatividad distingue entre un sentido absoluto y relativo del 'después' y si lxy significa 'x es absolutamente después que y', se cumple la ley de la asimetría (ningún tiempo es, a la vez, absolutamente anterior y absolutamente posterior a sí mismo) pero la ley de la tricotomía no (el tiempo x tampoco puede ser ni absolutamente anterior ni absolutamente posterior que el tiempo y sin ser idéntico a y); mientras que si lxy sólo significa 'x después que y desde *algún* punto de vista', lo contrario es el caso".

Las correlaciones del "Cálculo PF" con un "Cálculo-*l*" fueron sugeridas por el método russelliano de eliminación de los tiempos, pero no cumplen la misma finalidad y tuvimos, en el artículo, una reserva contra el tratamiento arbitrario de la fecha z del Cálculo-*l* como una explicación fiable del "ahora" que está implícita en las fórmulas del otro. La interpretación del segundo dentro del primero es, efectivamente, un "recurso de una considerable utilidad metalógica"; y, cabría añadir que es inofensivo aplicado a los *teoremas*, pues los teoremas-*l* son fórmulas que albergan cualquier fecha-z y los teoremas-PF son fórmulas que son ahora, siempre han sido y serán verdaderas. Pero "'ahora' no es el nombre de una fecha (tiene el mismo significado cuando es usado, pero no se refiere al mismo instante)". Una traducción inversa sería conveniente metafísicamente. "Ha sido ya investigado cómo se desarrollaría en detalle, pero un primer paso apuntamos a que 'La fecha de ocurrencia de p es después que la fecha de ocurrencia de q' parece equivalente a 'O es, o ha sido, o será el caso que es el caso que p y, simultáneamente, es el caso que p y no es, pero ha sido el caso que q'

---

[1] *The Nature of Existence*, ch. xxxiii, note to § 329.

$p \wedge (\sim q \wedge Pq) \vee P[p \wedge (\sim q \wedge Pq)] \vee F[p \wedge (\sim q \wedge Pq)]^{1}$". La parte negativa de ésta quizás no sea necesaria; sin ella, la fórmula es una variación de la definición de McTaggart de "anterior".

4. El Cálculo-U y las lógicas modales. La "utilidad metalógica" de asociar los sistemas de lógica temporal con los sistemas desarrollados dentro de la lógica predicativa y la teoría de las relaciones de orden es no sólo "considerable" sino enorme y algo parecido (los detalles varían) es ahora el procedimiento estándar en el manejo de cuestiones de independencia y completitud no sólo en lógica temporal sino además y, especialmente, en lógica modal. En algunas notas de 1956, C. A. Meredith relacionó la lógica modal con lo que llamó "Cálculo de propiedades" de la siguiente forma: supongamos que utilizamos *a, b, c,* etc., como variables-nominales y *U* como una constante diádica. No importa lo que represente la forma-proposicional *Uab*. Geach sugirió después que adoptemos *a, b, c,* etc., para nombrar mundos y *Uab* para representar que el mundo *b* es "accesible" desde el mundo *a*; y, de nuevo, independientemente de lo que la "accesibilidad" signifique. Trataremos los enunciados de lógica modal como si expresaran propiedades de estos objetos, es decir, podemos usarlos como predicados en las formas *pa, pb, qa, qb,* etc. Con la interpretación de Geach, podemos tener el espécimen *pa* para significar que *a* es un mundo en el que *p* es verdadera. Los enunciados de las modalidades compuestas expresan propiedades compuestas que se relacionan con oraciones compuestas del cálculo de propiedades como sigue:

$$(\sim p)a = \sim(pa)$$
$$(p \supset q)a = (pa) \supset (qa)$$

(donde $\sim$ y la $\supset$ de la izquierda forman propiedades compuestas y las de la derecha forman proposiciones compuestas).
Y

$$(Lp)a = (\forall b)(Uab \supset pb)$$
$$(Mp)a = (\exists b)(Uab \wedge pb)$$

(donde $\forall b$ significa "para todo *b*" y $\exists b$ significa "para algún *b*"); es decir, usando la interpretación de Geach, "*p* es necesariamente verdadera en el

---

[1] N. del T: $q < p$: $p \wedge (\sim q \wedge Pq) \vee P[p \wedge (\sim q \wedge Pq)] \vee F[p \wedge (\sim q \wedge Pq)]$.

mundo a'' significa "p es verdadera en todos los mundos accesibles desde a" (o, siguiendo la fórmula con más detalle, "para todo b, si Uab, pb") y "p es posiblemente verdadera en a" significa "p es verdadera en algún mundo accesible desde a" ("para algún b, Uab y pb"). Una proposición modal es un teorema si, y sólo si, se puede demostrar que es verdadera en cualquier elección arbitraria de mundo. Si se satisfacen distintas condiciones de la relación U, se surgen distintos sistemas modales. Si satisface la reflexividad, es decir, si nuestro axioma especial para U es Uaa, obtenemos el sistema de von Wright M, o el equivalente al sistema T de Feys. $[L(p{\supset}q){\supset}(Lp{\supset}Lq)]a$ y la regla de inferencia $\vdash(La)a$ de $\vdash(a)a$ se sigue, dada la teoría ordinaria de cuantificación, de la definición (cf. la posición de la regla RG y el axioma $G(p{\supset}q){\supset}(Gp{\supset}Gq)$ en el "Cálculo-1"). Para el axioma $Lp{\supset}p$, extendemos $(Lp{\supset}p)a$ primero a $(Lp)a{\supset}pa$ y después a

$$(\forall b)(Uab{\supset}pb){\supset}pa,$$

que demostramos como sigue:

(1) $(\forall b)(Uab{\supset}pb)$ Supuesto
(2) $Uaa{\supset}pa$ 1, $(\forall b)\phi b{\supset}\phi a$, b/a
(3) Uaa Axioma.
(4) pa MP, 2, 3.

(Aquí, suponemos el antecedente del teorema y deducimos, poco a poco, una conjunción de la que el consecuente buscado es último miembro)[1]. Si añadimos, además, que U es transitiva, es decir, si añadimos el axioma especial $Uab{\supset}(Ubc{\supset}Uac)$, obtenemos S4. El axioma S4 $Lp{\supset}LLp$, aplicado como un predicado a a, da una proposición que se extiende primero a $(Lp)a{\supset}(LLp)a$ y después a $(\forall b)(Uab{\supset}pb){\supset}(\forall c)[Uac{\supset}(Lp)c]$, evitando identificaciones innecesarias de variables, y después a

$$(\forall b)(Uab{\supset}pb){\supset}[(\forall c)(Uac{\supset}[(\forall d)(Ucd{\supset}pd)]].$$

---

[1] Para una nueva explicación de "demostraciones de supuestos" de este tipo ver A. N. Prior, *Formal Logic*, 2nd. ed. (Oxford, 1962), App. II, second part.

Ya que podemos introducir al principio de una fórmula implicacional los cuantificadores-consecuentes ligados a las variables, no en el antecedente, esto produce

$$(\forall c)(\forall d)[(\forall b)(Uab \supset pb) \supset [Uac \supset (Ucd \supset pd)]],$$

que demostramos como sigue:

(1) $(\forall b)(Uab \supset pb)$ Supuesto
(2) Uac Supuesto
(3) Ucd Supuesto
(4) Uad 2, 3, $Uac \supset (Ucd \supset Uad)$
(5) $Uad \supset pd$ 1, $(\forall b)\phi b \supset \phi d$, b/d
(6) pd 4, 5 MP.

Si añadimos la simetría a U, es decir, $Uab \supset Uba$, obtenemos el S5[1]. En la lógica modal diodoriana, los "mundos" son estados instantáneos del mundo y Uab significa que b es, o idéntica con a, o uno de sus sucesores temporales y consideraremos que las condiciones de U son apropiadas para esta interpretación. En mi análisis de 1961 de la fórmula Dummett aparentemente diodoriana

$$L[L(p \supset Lp) \supset p] \supset (MLp \supset p),$$

encontré que podíamos derivarla, al aplicarla a un objeto a en un "Cálculo de propiedades" al estilo-Meredith, suponiendo para U un principio *inductivo* que, junto con otros supuestos, convierte la serie temporal en discreta. El principio fue construido como sigue: $\sim Uba$, que significa que a ni es idéntica con b, ni la sucede, lo que equivale a decir que *a precede* a *b*. Y

$$\sim Uba \land (\forall c)(\sim Ubc \supset Uca),$$

es decir, "a precede a b, y cualquiera que preceda a b, o es idéntica con a, o la precede", que equivale (dadas las otras condiciones) a decir que a

---

[1] N. del T: El sistema T (= M): reflexividad; el sistema S4 (= M'): transitividad; el sistema S5 (= M'') = simetría.

inmediatamente precede a *b*. Si simplificamos esto en *Yab*, el principio inductivo es

$$(\forall b)[\phi b \supset (\forall c)(Ycb \supset \phi c)] \supset [\phi a \supset (\forall d)(Uda \supset \phi d)],$$

es decir, si es el caso con cada *b*, que si ϕ de *b*, entonces ϕ de cualquiera que le preceda inmediatamente, por tanto, para cualquier *a*, si ϕa, entonces ϕ de todos sus predecesores[1].

Hay conexiones entre esta técnica y, por un lado, las analogías entre los sistemas modales y las álgebras topológicas de Tarski y McKinsey y, por otro lado, los tratamientos semánticos de lógica modal de Hintikka, Kanger y Kripke[2] (Kanger ha señalado algo parecido entre las correlaciones en "The Syntax of Time-Distinctions" y su trabajo posterior)[3]; y los métodos han tenido quizás una más amplia cobertura en el reciente trabajo de Dana Scott y E. J. Lemmon en el enfoque "algebraico" de la semántica modal[4].

La mayoría de estos desarrollos van más allá del alcance del presente trabajo pero, cabe mencionar, uno o dos problemas que surgen. El "Cálculo-*U*", contiene, claramente, muchas fórmulas que no pueden ser de la forma *(α)a*, donde α es una fórmula de lógica temporal o de lógica modal. Las condiciones básicas que deben imponerse sobre la relación *U*, por ejemplo -*Uaa*, (reflexividad), *Uab⊃(Ubc⊃Uac)* (transitividad) y, sucesivamente, no son, en general, de esta forma. Y no es necesario que tales condiciones impliquen proposiciones de esta forma, es decir, que se reflejen en una lógica modal o temporal y cabe esperar que algunas de ellas no lo hagan. De hecho, parece que la irreflexividad ~*Uaa* y la asimetría *Uab⊃~Uba*, entre otras, no son reflejadas. Y todavía no hay una forma sistemática de clasificar las condiciones de *U* que están reflejadas y las que no. Es controvertido determinar qué supuestos de *U* adscribimos a las tesis modales o temporales, si tal o cual sistema modal o temporal que las

---

[1] La prueba de la fórmula de Dummett desde éste y otros supuestos se encuentra en "Tense-Logic and the Continuity of Time" (*Studia Logica*, vol. 13).
[2] Ver, especialmente, el artículo de Kripke "Semantical Considerations on Modal Logic", *Acta Philosophica Fennica*, Fasc. 16 (1963), pp. 83-96.
[3] Stig Kanger, reseña de "The Syntax of Time Distinctions", *Journal of Symbolic Logic*, vol. 27 (1962), p. 114.
[4] Ver E. J. Lemmon "Algebraic Semantics for Modal Logics", *Journal of Symbolic Logic*, vol. 31 (1966), pp. 46-65 y 191-218; y el libro disponible *Intensional Logics*, por E. J. Lemmon y Dana Scott.

contiene, es "completo" por el tipo de clasificación, en cuestión, aunque las técnicas de Scott y Lemmon han facilitado las cosas.

Desde estas investigaciones, la lógica temporal es una especie de lógica modal con dos operadores primitivos, en lugar de uno; aunque las lógicas temporales normales no son "modales" en el sentido de contener $\vdash Op \supset p$ o $\vdash p \supset Op$, para los operadores en cuestión. Hay, no obstante, sistemas débiles de lógica modal que no contienen estas tesis, que han sido estudiadas por su interés puramente formal[1] y algunos de éstos pueden equipararse con sus más débiles lógico temporales.

5. El teorema de los 15 tiempos de Hamblin y su base. Regresemos ahora a las consecuencias que se derivan de los postulados especiales de lógica temporal, en 1958, Charles Hamblin descubrió un metateorema interesante en Sydney. Era una contrapartida del teorema que indicaba que sólo hay cinco modalidades afirmativas no equivalentes en S4.3; para el efecto, si consideramos cualquier secuencia (incluyendo la secuencia-nula) de símbolos extraída de *G, H, F* como un "tiempo", cualquier posible "tiempo" (en este sentido) es equivalente (dados ciertos postulados admisibles) a uno u otro del grupo de 15, con las relaciones de implicación como sigue:

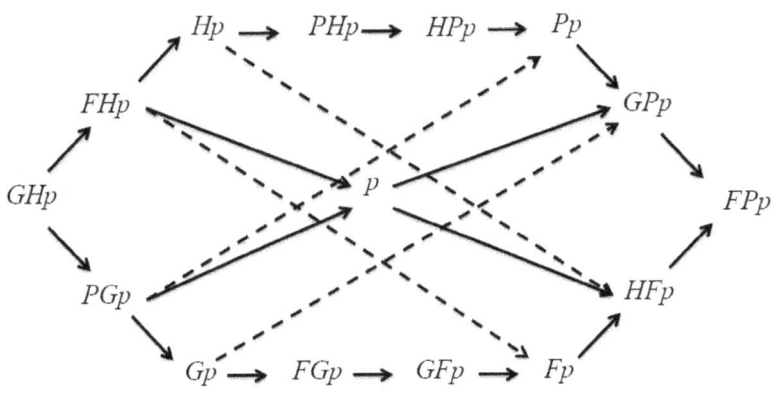

---

[1] Ver, e. g. Ivo Thomas, "Ten Modal Models", *Journal of Symbolic Logic*, vol. 29, no. 3 (Sept. 1965), pp. 125-8. Los resultados de Thomas se siguen más directamente de Meredith que de los otros ítems citados.

(Las implicaciones discontinuas no fueron indicadas por Hamblin hasta 1965). Es interesante seguirlas, intuitivamente. *GHp*, "Siempre será, que siempre ha sido el caso que *p"* es, claramente, verdadera si, y sólo si, *p* es omnitemporal, es decir, si es, siempre ha sido y siempre será el caso que *p*; y lo mismo para su imagen especular *HGp*[1]. *GHp* implica *FHp*, dado que *G* implica *F*. *FHp*, "Será que, siempre ha sido que *p*", es verdad sólo si es ya el caso que *p*, ha sido siempre verdadera, es decir, *FHp* implica *Hp*, aunque no viceversa. Similarmente, si ahora es cierto que siempre ha sido el caso que *p*, fue cierto que siempre sería el caso que *p*, $Hp \supset PHp$, aunque no viceversa. Estos tres casos pueden ser representados como sigue, con la línea vertical representando el momento actual y la banda superior el tiempo en el que *p* es cierta:

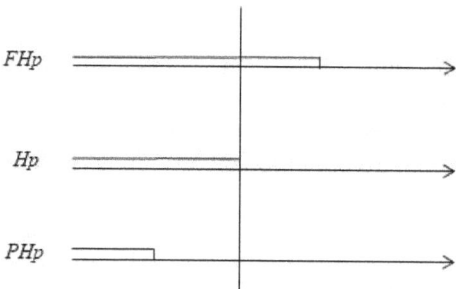

Si ha sido que, siempre ha sido, *PHp*, entonces siempre ha sido, que ha sido, *HPp*, pero no viceversa; *HPp* puede ser verdadera y *PHp* falsa, si *p* siempre ha sido verdadera *intermitentemente*, aunque no ininterrumpidamente (cf. la discusión de *MLp* y *LMp* del capítulo anterior). Si siempre ha sido, que *p* ha sido, entonces *p* ha sido, $HPp \supset Pp$. Si *p* ha sido (y, además, es), siempre habrá sido, $Pp \supset GPp$ y $p \supset GPp$ (cf. Ockham). Y, finalmente, lo que siempre habrá sido, será que ha sido, $GPp \supset FPp$. (*FPp*, como en la ley de Findlay, es el "depósito" dejado por el resto; es verdadera, si encontramos *p* verdadera en cualquier momento). Las 8 de abajo son imágenes especulares de las de arriba. Además, las 8 de la derecha son dobles de las 8 de la izquierda, es decir, si tenemos ϕp a la izquierda, tenemos el equivalente $\sim\phi\sim p$ a la derecha; es decir, *HPp* = $\sim PH \sim p$ (para *Hp* = $\sim P \sim \sim H \sim$ = $\sim PH \sim$), y *GPp* = $\sim FH \sim p$ (*Gp* = $\sim F \sim \sim H \sim = \sim FH \sim$). Si queremos probar que, en cada caso, el prefijo de

---

[1] N. del T: lo que equipara $HGp \equiv GHp$. Similarmente, tenemos $FPp \equiv PFp$ que Prior incluyó en el diagrama original.

un nuevo símbolo producirá un equivalente en la tabla, consideraremos un cuadrante, desde las correspondientes equivalencias con las imágenes especulares y dobles, como sigue. Con el cuadrante superior izquierdo, el efecto de tales prefijos funciona así:

	HG	PG	G	FG
P	HG	PG	PG	FG
H	HG	HG	HG	FG
F	HG	FG	FG	FG
G	HG	G	G	FG

es decir, $PHG = HG$, $PPG = PG$, $PG = PG$, etc. La primera columna es fácil; se sigue del hecho que, si p es verdadera siempre, entonces es verdad en algún momento *que* es verdadera siempre. Unos son más fáciles de establecer que otros; pero en todos los casos, las pruebas de las equivalencias deben depender, al final, de las reglas y los axiomas.

La base usada por Hamblin fue ajustada al uso de F y P como primitivos, con G y H definidos como $\sim F\sim$ y $\sim P\sim$, respectivamente. Añadió al cálculo proposicional tres reglas -para inferir $\vdash\sim F\sim\alpha$ de $\vdash\alpha$, inferir $\vdash F\alpha\equiv F\beta$ de $\vdash\alpha\equiv\beta$ y su reflejo especular; y para los axiomas, la implicación H1. $\sim F\sim p\supset Fp$ ($Gp\supset Fp$) y cuatro equivalencias que deduce semi-verbalmente como sigue:

H2. $F(p \text{ o } q) = Fp \text{ o } Fq$ H4. $(p \text{ o } Pp) = \sim F\sim Pp$
H3. $FFp = Fp$ H5. $(p \text{ o } Pp \text{ o } Fp) = FPp$.

H5, $(p\vee Pp\vee Fp)\equiv FPp$ es la ley de Findlay combinada con su inversa $FPp\supset p\vee Pp\vee Fp$; esta última podía haber sustituido a H5 y es una fórmula especialmente poderosa; refleja, en un sentido, la linealidad del tiempo[1]. Con este tipo de axiomatización tipo "von Wright", es fácil proceder desde las equivalencias hasta las implicaciones. Por ejemplo, tenemos la siguiente prueba (conservando la presentación "ecuacional" de Hamblin, pero condensando los ítems igualados):

---

[1] N. del T: El sistema temporal de Hamblin:
H1. $\sim F\sim p\supset Fp$ D1. $G\alpha$ = Df. $\sim F\sim\alpha$
H2. $F(p\vee q) \equiv (Fp\vee Fq)$ D2. $H\alpha$ = Df. $\sim P\sim\alpha$
H3. $FFp\equiv Fp$ R1. $\vdash\sim F\sim\alpha$, desde $\vdash\alpha$
H4. $(p\vee Pp)\equiv\sim F\sim Pp$ R2. $\vdash F\alpha\equiv F\beta$, desde $\vdash\alpha\equiv\beta$
H5. $p\vee Pp\vee Fp\equiv FPp$ R3. La regla de imagen especular.

(1) $\sim p \vee P \sim p \vee F \sim p = FP \sim p$ \hfill H5, $p/\sim p$
(2) $\sim[\sim p \vee P \sim p \vee F \sim p] = \sim FP \sim p$ \hfill 1, $(p \equiv q) \supset (\sim p \equiv \sim q)$
(3) $\sim \sim p \wedge \sim P \sim p \wedge \sim F \sim p = \sim FP \sim p$ \hfill 2, $\sim(p \vee q) = \sim p \wedge \sim q$, DM
(4) $p \wedge Hp \wedge Gp = \sim FP \sim p$ \hfill Df. H, Df. G, $\sim \sim = p$
(5) $P \sim p = \sim \sim P \sim p$ \hfill c.p.
(6) $FP \sim p = F \sim \sim P \sim p$ \hfill 5, R2. F en los dos lados
(7) $\sim FP \sim p = \sim F \sim \sim P \sim p$ \hfill 6, $(p \equiv q) \supset (\sim p \equiv \sim q)$
(8) $\sim FP \sim p = GHp$ \hfill 7, Df. G, Df. H.
(9) $p \wedge Hp \wedge Gp = GHp$ \hfill 4, 8, S.H.

Este, además, combina una implicación deducible fácilmente, esta vez $GHp \supset p \wedge Hp \wedge Gp$, con otra poderosa, $p \wedge Hp \wedge Gp \supset GHp$ que es útil como axioma en sistemas con G y H como primitivas.

El H4, $(p \vee Pp) \equiv GPp$ puede dividirse en las dos implicaciones $GPp \supset (p \vee Pp)$ y $(p \vee Pp) \supset GPp$, y la última división en dos nuevas $p \supset GPp$ (Ockham) y $Pp \supset GPp$. La última de éstas es superflua y la sustitución en la anterior produce $Pp \supset GPPp$[1], que puede ser condensada en $Pp \supset GPp$ por el uso adecuado de la imagen especular de H3 $PPp \equiv Pp$. El componente restante, $GPp \supset (p \vee Pp)$, es interesante. Nos dice que no sólo será "siempre verdad que ha sido que p", si p es, o ha sido verdadera, sino que "si será siempre verdad que p ha sido verdadera, entonces p, o es verdad, o ha sido". Contraponiendo éste, "si p ni es ni ha sido verdadera, nunca será verdad que p ha sido verdadera"; y dado su reflejo especular, "si p ni es ni será verdadera, nunca ha sido verdad que p será verdadera". La fuerza de este último $(\sim p \wedge \sim Fp) \supset \sim HFp$ puede darse reformulándolo un poco así: "Si p ni es ni nunca será verdadera, entonces nunca ha sido verdad hasta el último momento que p será verdadera". Y su justificación –"si p es ahora y siempre será falsa, entonces ya era cierto en el pasado, al menos, en el *inmediato* pasado, que p jamás sería cierta"- no ha sido verdad siempre, porque, al menos, en el inmediato pasado no fue cierto que p volvería a serlo, nuevamente.

Esta es, precisamente, la proposición 5 en la reconstrucción del Argumento Maestro de Diodoro[2]. Y es interesante poder demostrarlo desde una base lógico-temporal. Comencé a dudar de la Proposición 5 en 1960. Las tesis que apelan, intuitivamente, a lo que ocurría en el inmediato

---

[1] N. del T: Sustitución de p/Pp.
[2] N. del T: $\sim p \wedge \sim Fp \supset P \sim Fp$.

pasado, cuestionan la discrecionalidad del tiempo. ¿Qué sucede si *no* hay "un momento del inmediato pasado", pero hay otro instante pasado entre éste, cercano al presente y el presente mismo? De hecho, con esta suposición, la proposición 5 falla y sobre tal supuesto del futuro, H4 de Hamblin, falla también. Pudiera ser que *p* fuera falsa ahora por primera vez y nunca más fuera verdadera, de nuevo; en este caso, *ha* sido siempre verdad que *p* será verdadera; incluso en el pasado próximo, tan cerca como queramos al primer momento de su falsedad, "será verdad", debe tener un intervalo mínimo de verificación. Como en H4, "Siempre será que *p* ha sido cierta", implica que "*p* ha sido cierta", será verdad en el futuro inmediato; pero por muy cerca que pase, tal cosa es compatible con la falsedad de *p* ahora y en el pasado, es decir, con que sea falso que *p*, o sea, o haya sido verdadera.

No obstante, lo más difícil de la base de Hamblin no es esta tesis con su propuesta del tiempo discreto, sino su combinación con H3, $FFp \equiv Fp$, que sugiere rotundamente, que el tiempo *no* es discreto. El sistema no es, de hecho, inconsistente; como T. J. Smiley apuntó, sus postulados resultan verdaderos si tenemos $Fp = Pp = p$ (el tiempo instantáneo) y veremos que suponen una reinterpretación menos radical. Pero no es una base intuitiva muy buena para demostrar los teoremas de los 15 tiempos. Afortunadamente, resulta que el teorema puede ser igualmente demostrado, si la equivalencia de H4 es sustituida por la implicación correspondiente de una dirección *(p∨Pp)⊃GPp* o, (quitando lo superfluo) sencillamente, *p⊃GPp*. Sin embargo, *no puede*, demostrarse, si H3 $FFp \equiv Fp$, se cae o debilita. Si el tiempo es discreto y Fp no implica FFp, no hay 15 sino un número indefinido de tiempos distintos, incluso usando sólo *F*. En efecto, Fp sería verdadera y FFp falsa, si *p* fuera verdadera en el instante siguiente del último momento; FFp es verdadera y $FFFp$ es falsa, si *p* fuera verdadera la última vez del instante siguiente menos uno y así, sucesivamente.

6. La lógica temporal de Cocchiarella y las diferencias entre el tiempo lineal y el tiempo ramificado. Otra base para la lógica temporal con *P* y *F* como primitivos fue proporcionada por N. B. Cocchiarella en 1965[1]. Sin comprometernos con una *lógica* del tiempo discreta o densa, Cocchiarella omitió el axioma $Fp \supset FFp$; sin comprometernos con la infinitud del tiempo

---

[1] Las referencias para esta propuesta están en la tesis para la Universidad de California en Los Ángeles titulada "Tense and Modal Logic: A study in the topology of temporal reference".

en ambos sentidos, no más que su no existencia, también descartó el axioma $Gp \supset Fp$; y sin suponer que el tiempo es del todo igual (respecto de su infinitud) en ambas direcciones, se deshizo de la regla de la imagen especular y adoptó, sencillamente, las imágenes especulares de sus axiomas, por separado. Esto le dejó, en cuanto a la estricta lógica temporal proposicional (además tenía postulados para la lógica de predicados temporal y la teoría de la identidad), con las reglas de inferencia $\vdash \sim P \sim \alpha$ y $\vdash \sim F \sim \alpha$ de α y los axiomas

C1.1. $\sim P \sim (p \supset q) \supset (Pp \supset Pq)$ C1.2. $\sim F \sim (p \supset q) \supset (Fp \supset Fq)$
C2.1. $p \supset \sim F \sim Pp$ C2.2. $p \supset \sim P \sim Fp$
C3.1. $PPp \supset Pp$ C3.2. $FFp \supset Fp$
C4.1. $Pp \wedge Pq \supset P(p \wedge q) \vee P(p \wedge Pq) \vee P(q \wedge Pp)$
C4.2. $Fp \wedge Fq \supset F(p \wedge q) \vee F(p \wedge Fq) \vee F(q \wedge Fp)$
C5.1. $F(p \wedge Pq) \supset F(q \wedge Fp) \vee (q \wedge Fp) \vee (Pq \wedge Fp)$
C5.2. $P(p \wedge Fq) \supset P(q \wedge Pp) \vee (q \wedge Pp) \vee (Fq \wedge Pp)$

Aquí, los C1 son las variantes apropiadas de $G(p \supset q) \supset (Gp \supset Gq)$ y los C2 de $p \supset GPp$; los C3 son expresiones familiares de la transitividad de "antes" y "después" y los C4 de la linealidad del tiempo. Los C5 son como los últimos pero con ambos tiempos; C.5.2, por ejemplo, dice que si ha sido el caso que (p es verdadera y q será), entonces, o (1) ha sido el caso que (q es verdadera y p ha sido), o (2) q es verdadera ahora y p ha sido, o (3) q será y p ha sido.

La concepción de la "pureza" lógica subyacente a las escisiones de Cocchiarella es cuestionable. Se ha dicho a veces que la lógica temporal no es, realmente, lógica sino física, o que "incorpora" una buena cantidad de física. Quizás sea así; la línea entre la lógica y otras materias me parece, en todo caso, arbitraria y no es difícil pensar en esta arbitrariedad que excluiría los operadores P y F (aunque esto podría no ser *muy* arbitrario, después de todo). Pero es negativo trazar la línea, si sólo se admite un único lenguaje (por ejemplo, sin más constantes que P y F y las funciones de verdad) a ambos lados de la línea, tal que, algunas leyes expresables en uno y el mismo vocabulario técnico cuentan como verdades "lógicas" y otras no. Siendo así, quizás la física (si eso es lo que es) sea una mala física; y las verdades (si son lo que son), no son admitidas muy ampliamente, o no por los expertos; pero esto es más serio, si queremos asegurarnos es raro comenzar insistiendo en la linealidad y quizás sea mejor (como Lemmon ha sugerido) limitarnos a unas leyes "básicas" que no supongan nada especial de la relación anterior-posterior, es decir, las reglas de los C1 y los C2 (aunque podríamos discutirlo después). Lemmon llama este sistema "minimun" K_t.

El sistema limitado de Cocchiarella, cualquiera que sea la justificación para las limitaciones, tiene sus rasgos distintivos. Es demasiado débil para probar los 15 teoremas temporales, pero suficientemente fuerte para que su fragmento modal-diodoriano (es decir, la lógica de M y L con $Mp = p \lor Fp$ y $Lp = p \land Gp$) siga siendo S4.3. Es, además, suficientemente fuerte para que su fragmento modal con $Mp = p \lor Fp \lor Pp$ y $Lp = p \land Gp \land Hp$ siga siendo S5. Infinitud y densidad, en otras palabras, esto es, $Gp \supset Fp$ y $Fp \supset FFp$ y sus imágenes, no producen ningún teorema modal especial, en ninguno de los sentidos lógico-temporales de la modalidad. Y todos los supuestos usados por Cocchiarella, se necesitan -no obtendremos los resultados recién mencionados de nada más débil.

No obstante, no todos los *axiomas* son necesarios. Después de 1965, fui capaz de mostrar que los C5 podían ser sustituidos por un par abreviado C5.1. por $p \land Hp \land Gp \supset GHp$ y C5.2 por su imagen especular $p \land Hp \land Gp \supset HGp$[1]. O, alternativamente (y más exacto cuando P y F son los primitivos), por las equivalentes formas traspuestas $FPp \supset p \lor Pp \lor Fp$ y $PFp \supset p \lor Pp \lor Fp$. La prueba de C5.2, desde el último, es como sigue:

1. $PFp \supset p \lor Pp \lor Fp$ Axioma de la linealidad futura
2. $(p \land Fq) \supset (Fq \land GPp)$ $p \supset GPp$
3. $(Fq \land GPp) \supset F(q \land Pp)$ $(Fp \land Gq) \supset F(p \land q)$, p/q y q/Pp
4. $(p \land Fq) \supset F(q \land Pp)$ 2, 3, S.H.
5. $P(p \land Fq) \supset PF(q \land Pp)$ 4, RPC. P en los dos lados
6. $P(p \land Fq) \supset P(q \land Pp) \lor (q \land Pp) \lor F(q \land Pp)$
     5, 1. S.H.
7. $F(q \land Pp) \supset Fq$ c.p. $(q \land p) \supset q$ RFC, en los dos lados
8. $P(p \land Fq) \supset Pp$ c.p. $(q \land p) \supset p$ RPC, en los dos lados
9. $P(p \land Fq) \supset [F(q \land Pp) \supset (Fq \land Pp)]$
     7, 8 c.p $[(p \supset q) \land (r \supset s)] \supset [(p \land r) \supset (q \land s)]$
10. $P(p \land Fq) \supset P(q \land Pp) \lor (q \land Pp) \lor (Fq \land Pp)$
     6, 9, c.p

---

[1] N. del T: C5.1, $p \land Hp \land Gp \supset GHp$ expresa linealidad del pasado y C5.2. $p \land Hp \land Gp \supset HGp$ expresa linealidad del futuro.

(10 es sólo C5.2 con las dos primeras alternancias intercambiadas). Lemmon demostró después que mis simplificaciones fueron, respectivamente, derivables de C4.1 y C4.2, tal que los C5 eran superfluos. (Esto dejaba a los C2 como los únicos axiomas "mixtos" y, de hecho, el resto de los axiomas en F eran completos para la linealidad y para la transitividad futura, y los P para el pasado- otro resultado de Lemmon). La prueba de Lemmon de $Hp \land p \land Gp \supset HGp$ desde C4.2 es como sigue (usando Lp por $p \land Gp \land Hp$):

1. $(F\sim p \land FLp) \supset F(\sim p \land Lp) \lor F(\sim p \land FLp) \lor F(Lp \land F\sim p)$
   C4.2, $p/\sim p$ y q/Lp
2. $(F\sim p \land FLp) \supset F[(\sim p \land Lp) \lor (\sim p \land FLp) \lor (Lp \land F\sim p)]$
   1, $Fp \lor Fq \supset F(p \lor q)$
3. $P(F\sim p \land FLp) \supset PF[(\sim p \land Lp) \lor (\sim p \land FLp) \lor (Lp \land F\sim p)]$
   2, RPC. P en los dos lados
4. $(Lp \land PF\sim p) \supset (HFLp \land PF\sim p)$ $p \supset HFp$, $p/Lp \land PF\sim p$
5. $(Lp \land PF\sim p) \supset P(F\sim p \land FLp)$ 4, $Hp \land Pq \supset P(p \land q)$, p/FLp, $q/F\sim p$, en el consecuente
6. $(Lp \land PF\sim p) \supset PF[(\sim p \land Lp) \lor (\sim p \land FLp) \lor (Lp \land F\sim p)]$
   5, 3, S.H.
7. $(\sim p \land FLp) \supset (\sim p \land FHp)$ $Lp \supset Hp$, de Df. L; RFC.
8. $(\sim p \land FLp) \supset (\sim p \land p)$ 7, $FHp \supset p$, en el consecuente
9. $\sim (\sim p \land FLp)$ 8, $\sim (\sim p \land p)$, la contradicción niega el antecedente por MT
10. $\sim (Lp \land F\sim p)$ $Lp \supset Gp = \sim (Lp \land \sim Gp) = \sim (Lp \land F\sim p)$, $\sim Gp = F\sim$ de Df. L
11. $\sim (\sim p \land Lp)$ $Lp \supset p = \sim (\sim p \land Lp)$
12. $\sim [(\sim p \land Lp) \lor (\sim p \land FLp) \lor (Lp \land F\sim p)]$
    11, 9, 10.
13. $HG \sim [(\sim p \land Lp) \lor (\sim p \land FLp) \lor (Lp \land F\sim p)]$
    12, RG, RH.
14. $\sim PF[(\sim p \land Lp) \lor (\sim p \land FLp) \lor (Lp \land F\sim p)]$
    13, $HG \sim = H \sim F = \sim PF$
15. $\sim (Lp \land PF\sim p)$ 14, 6, MT.
16. $Lp \supset \sim PF\sim p$ 15, c.p. $\sim (p \land q) \supset (p \supset \sim q)$
17. $Lp \supset HGp$ 16, Df. $\sim PF\sim = HG$

Es interesante agrupar los axiomas que van juntos en estas deducciones. Son:

$$\text{I} \begin{cases} \text{C4.1. } Pp \wedge Pq \supset P(p \wedge q) \vee P(p \wedge Pq) \vee P(q \wedge Pp) \\ p \wedge Hp \wedge Gp \supset GHp \\ \text{C5.1. } F(p \wedge Pq) \supset F(q \wedge Fp) \vee (q \wedge Fp) \vee (Pq \wedge Fp) \end{cases}$$

$$\text{II}^1 \begin{cases} \text{C4.2. } Fp \wedge Fq \supset F(p \wedge q) \vee F(p \wedge Fq) \vee F(q \wedge Fp) \\ p \wedge Hp \wedge Gp \supset HGp \\ \text{C5.2. } P(p \wedge Fq) \supset P(q \wedge Pp) \vee (q \wedge Pp) \vee (Fq \wedge Pp) \end{cases}$$

Si el tiempo está verdaderamente representado por el futuro ramificado del modelo S4 de Kripke, tal que hay rutas alternativas en el futuro, pero sólo una que procede desde un punto en el pasado, todas las leyes del Grupo I permanecen, pero todas las del Grupo II se cancelan. Como vimos antes, si encontramos *p* y *q* en distintos futuros posibles y en ningún otro sitio, tanto "será" que *p* como "será" que *q* pero en ningún futuro posible tenemos *p* y *q* simultáneamente, entonces, o *p* y luego *q*, o *q* y luego *p* (refutando C4.2). De nuevo, supóngase que *p* es verdadera ahora, y siempre lo ha sido, pero tuvo la posibilidad de ser falsa en el pasado que no se ha dado; ya no queda nada de esta posibilidad, no obstante, (se ha "obstinado" en ser verdadera) y será verdadera en todos los futuros posibles (verificando, por tanto, *Gp*, *Hp* y *p*). Bajo estas condiciones *GHp* será cierta -ya en todos los posibles futuros, uno recordará tener que decir que *p* ha sido siempre cierta-y, así, $p \wedge Hp \wedge Gp \supset GHp$ será verificada. Pero *HGp* *no* será verdadera -*no* siempre ha sido el caso que *p* sea verdadera en todos los futuros posibles; hubo una posibilidad en los futuros posibles que pudo ser falsa. Por lo tanto, $p \wedge Hp \wedge Gp \supset HGp$ no es aquí una ley. Finalmente, C5.2 supone que una vez fue el caso que *p* fue verdadera y que, además, *q* sería verdad en un futurible; esta posibilidad, no obstante, no se materializó y no encontramos a ninguno de los dos verdaderos en la representación. Entonces *"p* es verdadera y *q* 'será'" (es decir, en algún futurible) fue una vez el caso $P(p \wedge Fq)$; pero tampoco es verdad que haya sido el caso que *q* y *p* antes que $P(q \wedge Pp)$, o que *q* sea ya verdadera y *p* haya sido el caso $q \wedge Pp$, o que *q* "será" verdadera y *p* haya sido (ya que *q no será* ahora, ni en un futuro meramente posible).

El mismo Cocchiarella considera una serie-temporal en la que hay rutas divergentes en ambas direcciones, tal que no tenemos ni las fórmulas del Grupo II, ni las del Grupo I. Identifica esto con el "tiempo causal" de la

---

[1] N. del T: I expresa la linealidad del futuro y II expresa la linealidad del futuro.

física relativista y apunta que si la necesidad diodoriana es definida en términos de *esta* serie-temporal sus postulados no son los de S4.3. sino los de S4[1]. Cabe añadir, que con el tiempo no lineal, la definición de $L\alpha$ como $\alpha \land G\alpha \land H\alpha$ no produce ni S5, ni S4 -esta definición requiere un axioma lineal incluso para la prueba de $Lp \supset LLp$. Por otro lado, incluso el sistema mínimo de Lemmon K_t (y *a fortiori*, el sistema "causal" de Cocchiarella, que tiene $Gp \supset GGp$) produce, con esta definición de L, la fórmula $p \supset LMp$, que no está en S4. La prueba es como sigue:

(1) p — Supuesto
(2) $p \lor Pp \lor Fp$ — 1, $p \supset (p \lor q)$
(3) GPp — 1, $p \supset GPp$ de K_t
(4) $G(p \lor Pp \lor Fp)$ — 3; $q \supset (p \lor q)$, $p \supset (p \lor q)$, RGC. Con G
(5) HFp — 1, $p \supset HFp$
(6) $H(p \lor Pp \lor Fp)$ — 5; $q \supset (p \lor q)$, RHC. Introducimos H
(7) $(2) \land (4) \land (6)$ — I$\land$
(8) LMp — 7, Df. M, Df. L.

$p \supset LMp$ es una tesis característica del llamado, a veces, sistema modal brouweriano que está entre T y S5, independiente de S4. Ha sido estudiado por Hintikka y Kripke y corresponde a una lógica-U en la que las únicas condiciones de U son la reflexividad y la simetría. Con $L\alpha$ para $\alpha \land G\alpha \land H\alpha$, el fragmento-$L$ del sistema K_t es exactamente el sistema brouweriano (Lemmon, 1966). No sabemos, si, con esta L, el fragmento-L del sistema de Cocchiarella es además el sistema brouweriano o algo entre éste y S5; pero, ciertamente, la definición diodoriana de $L\alpha$ como $\alpha \land G\alpha$ da distintos fragmentos-L con las dos lógicas-temporales -con K_t no, S4, sino solo el sistema T (Lemmon).

Que $L\alpha = \alpha \land G\alpha \land H\alpha$ no da S5 en un tiempo no-lineal fue ya destacado en "The Syntax of Time Distinctions"; ni siquiera S4 es un resultado nuevo, pero hay un resultado muy afín en el desarrollo de Carnap que llama "topología espaciotemporal"[2]. Carnap proporciona los axiomas para la

---

[1] Cf. J. Hintikka, en "The Modes of Modality", *Acta Philosophica Fennica*, Fasc. 16 (1963), p. 76. Cocchiarella discute el punto, no en la versión final de su tesis sino en un resumen, "Modality within Tense Logic", disponible en *Journal of Symbolic Logic*.
[2] R. Carnap, *Introduction to Mathematical Logic* (1954; translation 1958), Part II, ch. 9. Los principales resultados de este capítulo están ya en Abriss der Logistik (1929).

relación "antes-después" en el "tiempo local propio" de la física relativista, dejando claro que esta relación es transitiva, irreflexiva, densa, infinita en ambos sentidos y no ramificada en ninguna dirección. Define, entonces, la "genidentidad" como la suma lógica de la identidad, antes-que y después-que (es decir, x e y son puntos-instantes genidénticos si $x = y$, o x es antes que y, o x es después que y); y sólo es capaz de probar que la genidentidad es transitiva (la propiedad correspondiente al enunciado $Lp \supset LLp$ para la definición-anterior de L) usando los axiomas que excluyen la ramificación. Por otro lado, para demostrar que la genidentidad es simétrica (la propiedad correspondiente al enunciado de la tesis "brouweriana" $p \supset LMp$) y reflexiva (la propiedad correspondiente a $Lp \supset p$) sólo apela a la definición de esta relación.

7. *Nuevas simplificaciones por Scott y Lemmon.* Un sistema lógico-temporal, menos prudente pero más compacto que el de Cocchiarella ha sido presentado por Dana Scott[1]. Scott adopta G y H como primitivos (con F definida como $\sim G \sim$ y P como $\sim H \sim$) y (añadiendo lo de siempre al cálculo proposicional con sustitución y separación) tiene, las reglas para inferir $\vdash G\alpha$ y $\vdash H\alpha$ de $\vdash \alpha$ y los axiomas $G(p \supset q) \supset (Gp \supset Gq)$, $p \supset GPp$, $Gp \supset Fp$, $Gp \supset GGp$ y $p \wedge Hp \wedge Gp \supset HGp$, con sus reflejos especulares[2]. El sistema está, por tanto, comprometido con la infinitud del tiempo (por $Gp \supset Fp$) pero no con su densidad (careciendo de $GGp \supset Gp$). Su rasgo distintivo es la representación de la linealidad por el más corto, en comparación, $p \wedge Hp \wedge Gp \supset HGp$ y su pareja; Scott ha demostrado los axiomas más largos estilo Hintikka desde éstos. Uno obtiene un sistema equivalente al de Hamblin (corregido) añadiendo $GGp \supset Gp$.

Ciertamente, en otro punto son posibles nuevas reducciones. Si omitimos la regla del reflejo especular, no es necesario suponerla en *todos* los axiomas. En especial, si tenemos el K_t de Lemmon completo (es decir, las reglas de RG y RH; los C1 y C2 de Cocchiarella o mis propios A1 y A5 con sus imágenes), y $Gp \supset GGp$ (= $FFp \supset Fp$), podemos probar su imagen como un teorema (este resultado es debido a Lemmon); similarmente, con el axioma de "densidad" $GGp \supset Gp$ (= $Fp \supset FFp$). En el último caso, la prueba es como sigue:

---

[1] En una charla de la Hume Society (con un resumen fotocopiado de la Stanford University) titulado "The Logic of Tenses" (Dec. 1965).
[2] N. del T: El sistema temporal de Scott.

1. $GGPp \supset GPp$ $GGp \supset Gp$, p/Pp
2. $Gp \supset GPp$ $p \supset GPp$, RGC; 1, $Gp \supset GGPp$; S.H. 2, 1
3. $FHp \supset Fp$ 2, $p/\sim p$, $(p \supset q) \supset (\sim q \supset \sim p)$, $p = \sim \sim p$,
         $\sim G \sim = F$, $\sim P \sim = H$[1]
4. $FHHp \supset FHp$ 3, p/Hp
5. $FHHp \supset p$ 4, $FHp \supset p$
6. $HFHHp \supset Hp$ 6, RHC, H en antecedente y consecuente.
7. $HHp \supset Hp$ $p \supset HFp$, p/HHp;
         7, 6, S.H. paso previo, $HHp \supset HFHHp$

Por otro lado, los axiomas para el tiempo infinito y la linealidad son independientes de sus imágenes especulares y viceversa.

En conjunto, estos últimos resultados son aquéllos que debemos esperar; si la relación es transitiva, por ejemplo, se sigue que su inversa es transitiva, y si una serie ordenada por una cierta relación es densa, igualmente, su inversa; pero si la serie ordenada por una relación tiene un primer término, no se sigue la inversa. La linealidad, sin embargo, presenta un pequeño problema. En "The Syntax of Time-Distinctions", la linealidad del tiempo fue adoptada para ser expresada por la "ley de la tricotomía" mediante la relación antes-después, $a=b \vee Uab \vee Uba$, y desde ésta adoptamos su inversa. Esta ley, no obstante, es más fuerte de lo que necesitamos para expresar la no-ramificación del antes al después; para tal fin sólo necesitamos el principio condicional

$$Uab \supset [Uac \supset (b=c \vee Ubc \vee Ucb)],$$

y éste puede no implicar la no-ramificación retrospectiva que sería

$$Uba \supset [Uca \supset (b=c \vee Ubc \vee Ucb)].$$

Otro descubrimiento de los lógicos temporales californianos es que es distinto para una lógica temporal, si el tiempo es concebido sólo como denso (con la serie de los números racionales) o, estrictamente, continuo (como los reales). Esto fue destacado, en primer lugar, por Richard Montague trabajando con Cocchiarella. La diferencia entre la lógica de la densidad y la continuidad del tiempo será discutida en el siguiente capítulo.

---

[1] N. del T: $G\sim p \supset GP\sim p = \sim GP\sim p \supset \sim G\sim p = FHp \supset Fp$, que es (3).

8. *Corrección de Hume sobre el pasado y el futuro.* Antes de seguir adelante cabe abordar una cuestión filosófica. J. F. Bennett, recientemente, describió a Leibniz como descubridor y a Hume como redescubridor del principio que "si Q es una consecuencia inmediata de P, entonces no puede haber una referencia-temporal en Q después que la ultimísima referencia-temporal en P"[1]. Si una cosa está clara en el desarrollo de la lógica temporal -si no lo fue antes- es que este supuesto "descubrimiento" es, de hecho, una falsedad (consideremos, por ejemplo, la ley $p \supset GPp$, "Lo que es, siempre ha sido así"). Y *estuvo* claro antes -así como para McTaggart. La cuestión aparece cuando McTaggart discute una temprana teoría de C. D. Broad que el paso del tiempo, o el "devenir absoluto", consiste en la suma de más y más capas a la totalidad del "hecho". El pasado y el presente pertenecen a esta totalidad, pero no el futuro; y desde aquí, Broad deduce que no hay hechos referidos a las proposiciones o los juicios sobre el futuro con los que estemos de acuerdo, o en desacuerdo, tales proposiciones o juicios, no son, estrictamente hablando, ni verdaderos ni falsos. "La teoría del Dr. Broad debe ser falsa", McTaggart comenta, "si el pasado siempre determina, intrínsecamente, el futuro", es decir, implica verdades sobre el mismo. "Si X determina, intrínsecamente, un consecuente y, entonces (en todo caso, tan pronto como X sea presente o pasado y, por tanto, la teoría del Dr. Broad, real) debe haber un consecuente y ... Y, si este y no es, en sí mismo, presente o pasado, entonces, es cierto que será un futuro y y, por lo tanto, algo es verdadero sobre el futuro". Que el pasado *puede,* a veces, "determinar intrínsecamente" el futuro, lo muestra McTaggart con algunos ejemplos, de los cuales el más simple es que "Si Smith ha muerto sin niños, esto, intrínsecamente, determina que ningún futuro evento será el matrimonio del nieto de Smith"[2]. La referencia de Bennett a Hume es, por supuesto, de esos pasajes[3] en los que niega que tengamos una base racional para suponer "que el futuro se parecerá al pasado". "Supongamos que el curso de las cosas sea, hasta la fecha, siempre tan regular; esto, por sí solo, ... no prueba que el futuro lo será". [Hume] quizás esté más cerca del principio enunciado por Bennett cuando afirma que "la *Experiencia* pasada puede darnos información *directa* y *cierta* sólo de esos precisos objetos, en el tiempo exacto de que depende su cognoscencia", y que no hay una

---

[1] Jonathan Bennett, "A Myth about Necessity", *Analysis,* vol. 21, no. 3 (Jan. 1961), pp. 59-63.
[2] *The Nature of Existence,* ch. xxxiii, § 337-8.
[3] La mayoría pueden encontrarse en *Enquiry concerning Human Understanding,* Section IV.

justificación racional para extender esta experiencia al "futuro" u "otros objetos". Y uno sospecha que [Hume] *habría* asentido con el principio de Bennet, si se le hubiera propuesto; pero todo lo que su argumento requiere realmente es algo de menos alcance, a saber, que $Pp \supset Fp$ e, incluso, $HPp \supset Fp$, no son leyes de ninguna lógica-temporal normal.

IV. LÓGICA TEMPORAL NO-ESTÁNDAR

1. Tesis que asumen que el tiempo es discreto o circular. La puridad lógica, al menos, si uno ha partido de ésta hasta tener una lógica temporal, es un fuego fatuo. El lógico debe ser más bien como un abogado -no en el sentido de Toulmin[1], de razonamiento menos riguroso que un matemático -sino en el sentido que está allí para dar al metafísico e, incluso, al físico la lógica temporal que desean, con la condición de que sea consistente. Debe decirles a sus clientes qué consecuencias se derivan de una elección determinada (por ejemplo, sin densidad, infinitud, y linealidad no tienes las reducciones de Hamblin) y que todas las puertas están abiertas; pero dudo si [el lógico] puede *qua* lógico hacer más. Debemos desarrollar, de hecho, alternativas lógico-temporales más bien como alternativas geométricas[2]; aunque esto no es negar que la cuestión de qué clase de tiempo vivimos, como la cuestión de qué clase de espacio habitamos, sea lícita y que la exploración lógica de las alternativas puede ayudar a decidirla. Merece la pena, advertir que la lógica del tiempo discreto, del tiempo finito, del tiempo ramificado, del tiempo circular etc., nos lleva tan lejos como podamos ir sin comprometernos con una cuestión u otra. Esta es la dirección que nos ofrecen las investigaciones de Hamblin, Scott y Lemmon.

Comencemos, echándole un vistazo al tiempo discreto. Una tesis que ha sido asociada con el tiempo discreto es la diodoriana *(p∧Gp)⊃GPp,* o *p⊃(Gp⊃GPp),* discutida en el capítulo anterior. Otra es *(F~p∧FGp)⊃F(~p∧Gp),* "Si en ambas, será que no *p* y será que (siempre será que *p*), entonces será que ambas (no-*p* ya y *p* para siempre)", es decir, si *p* todavía es falsa pero tarde o temprano resulta ser, tal será la última vez de su falsedad. Ya usamos esto, en la demostración informal de la fórmula de Dummett *L[L(p⊃Lp)⊃p]⊃(MLp⊃p)* del capítulo 2; si la forma simbólica es

---

[1] S. E. Toulmin, *The Uses of Argument.*
[2] N. del T: Como *Ética more geometrico* de Spinoza, final de 1677.

añadida a, digamos, la lógica temporal de Cocchiarella (de la que $Fp \supset FFp$ está ausente) y M y L son definidos en el sentido diodoriano, deducimos la fórmula de Dummett. Como primer paso, demostramos

$$FGp \supset [L[\sim p \supset M(p \wedge F \sim p)] \supset p].$$

Si queremos, podemos usar el hecho de que las leyes para la L y M diodoriana definidas en el sistema de Cocchiarella son las de S4.3 y será útil introducir la forma Yp ("p es verdad por última vez") como abreviatura de $p \wedge \sim Fp$. Esto da

$$Y \sim p = \sim p \wedge Gp^1$$
$$\sim Y \sim p = \sim (\sim p \wedge Gp) = \sim p \supset \sim Gp = \sim p \supset F \sim p \ (= Gp \supset p)^2.$$

La prueba (muy parecida a la nuestra informal) es como sigue:

(1) FGp Supuesto
(2) $L[\sim p \supset M(p \wedge F \sim p)]$ Supuesto
(3) $L(\sim p \supset MF \sim p)$ 2, $L[M(p \wedge q) \supset Mq]$
(4) $L(\sim p \supset F \sim p \vee FF \sim p)$ 3, Df. M
(5) $L(\sim p \supset F \sim p)$ 4, $L(FFp \supset Fp)$
(6) $\sim p \supset F \sim p$ 5, $Lp \supset p$
(7) $\sim p \supset F \sim p \wedge FGp$ 1, 6, I$\wedge$
(8) $\sim p \supset F(\sim p \wedge Gp)$ $= \sim p \supset FY \sim p^3$, de 7 y tesis discreción, en el consecuente $(F \sim p \wedge FGp) \supset F(\sim p \wedge Gp)$
(9) $G(\sim p \supset F \sim p) = G \sim Y \sim p$ 5, $Lp \supset Gp$; sust. $p/\sim p \supset F \sim p$
(10) $\sim FY \sim p$ 9, $G \sim = \sim F$
(11) p 8, 10 $(\sim p \supset q) \supset (\sim q \supset p)$, y MP.

De éste, procedemos como sigue:

---

[1] N. del T y siguientes: sustitución de $p/\sim p$ y definición de $\sim F \sim = G$.
[2] Negamos la línea de anterior; def. de implicación y conjunción; def. de $\sim G = F \sim$ y contraposición.
[3] $Y \sim p = \sim p \wedge Gp$.

(1) $FGp\supset[L[\sim p\supset M(p\wedge F\sim p)]\supset p]$ recién demostrado
(2) $F(p\wedge Gp)\supset[L[\sim p\supset M(p\wedge F\sim p)]\supset p]$ 1, $F(p\wedge q)\supset Fq$,
   sust. q/Gp, en el antecedente
(3) $(p\wedge Gp)\supset[L[\sim p\supset M(p\wedge F\sim p)]\supset p]$ $(p\wedge q)\supset(r\supset p)$,
   sust. q/Gp, $r/L[\sim p\supset M(p\wedge F\sim p)$
(4) $[(p\wedge Gp)\vee F(p\wedge Gp)]\supset[L[\sim p\supset M(p\wedge F\sim p)]\supset p]$
   3, 2, $[(p\supset r)\supset(q\supset r)]\supset[(p\vee q)\supset r]$
(5) $MLp\supset[L[\sim p\supset M(p\wedge F\sim p)]\supset p]$ 4, Df. M, Df. L.

Éste, como fue apuntado en el capítulo II, es equivalente a la fórmula de Dummett. El sistema de Cocchiarella más $(F\sim p\wedge FGp)\supset F(\sim p\wedge Gp)$, produce, como su fragmento modal diodoriano, el sistema que Bull mostró ser completo para la modalidad discreta diodoriana.

Esto último es más de lo que se puede decir de la fórmula $p\supset(Gp\supset PGp)$. En efecto, ésta (con Dff. M, L) sólo produce el S4.3 incluso con la extraña combinación de $Pp\supset PPp$, como en el sistema original de Hamblin. En este sistema podemos desarrollar la siguiente derivación:

(1) $p\supset(Gp\supset PGp)$ Supuesto asociado con el tiempo discreto
(2) $p\supset(Gp\supset PPGp)$ 1, $Pp\supset PPp$, sust. p/Gp, en el consecuente
(3) $p\supset(Gp\supset Pp)$ 2, $PGp\supset p$, RPC
(4) $p\supset(GGp\supset PGp)$ 3, sust. p/Gp, en el consecuente
(5) $Gp\supset PGp$ 4, $Gp\supset GGp, [p\supset(q\supset r)]\supset[(p\supset q)\supset(p\supset r)]$,
                                       p/Gp, q/GGp, r/PGp
(6) $Gp\supset p$ 5, $PGp\supset p$.

Dado que $\vdash p\supset Fp$ es fácilmente deducible de $\vdash Gp\supset p$ ($\vdash Gp\supset p \to \vdash G\sim p\supset\sim p$ = $\vdash p\supset\sim G\sim p$) y $\vdash Gp\supset Fp$ se sigue de ambos, esta deducción muestra que el axioma H1 es superfluo en el sistema original de Hamblin. No obstante, $Gp\supset p$, o el equivalente $p\supset Fp$ puede *sustituir* $p\supset(Gp\supset PGp)$, o el equivalente $GPp\supset(p\vee Pp)$, en este sistema, ya que podemos desarrollar la siguiente demostración:

(1) $p\supset Fp$ Supuesto

(2) $p\supset Pp$ 　　　　　　　　1, M1
(3) $Gp\supset PGp$ 　　　　　　　2, sust. p/Gp
(4) $p\supset(Gp\supset PGp)$ 　　　　3, $q\supset(p\supset q)$, Pdja. de la implicación material.

Éste sugiere la axiomatización más compacta de un sistema equivalente al de Hamblin: adoptando G y H como primitivos, definimos F como $\sim G\sim$ y P como $\sim H\sim$, más el cálculo proposicional (con sustitución y separación) la regla RG para inferir $\vdash G\alpha$ de $\vdash\alpha$, la regla de imagen especular y los siguientes axiomas:

A1. $G(p\supset q)\supset(Gp\supset Gq)$
A2. $Gp\supset p$
A3. $Gp\supset GGp$ 　　　la inversa se sigue de A2, sustituyendo p/Gp
A4. $p\supset GPp$
A5. $Gp\supset(Hp\supset GHp)$ 　　la implicación inicial de p, superflua por A2.

Si omitimos la regla de la imagen especular y establecemos las imágenes de espejo separadamente, no necesitamos molestarnos en hacerlo con A2 y A3. Ya hemos mencionado que A3 (junto a RG, A1 y A4 y sus imágenes) implica su propia imagen; también el A2, así, demostramos:

(1) $GPp\supset Pp$ 　　　　A2, p/Pp
(2) $p\supset Pp$ 　　　　　A4, $p\supset GPp$ 1, S.H.
(3) $Hp\supset p$ 　　　　　2, $p/\sim p$; $(\sim p\supset q)\supset(\sim q\supset p)$; Df. P

Las fórmulas $Gp\supset p$ ("Lo que será siempre, es ahora") y $p\supset Fp$, ("Lo que es, será") y sus imágenes, podrían valer, si el tiempo fuera circular. Expresan la reflexividad de la relación anterior-posterior en el tiempo circular (es decir, todo es anterior a sí mismo); y la reflexividad de cualquier relación implica su inversa (la *contraparte-U* de la prueba de $Hp\supset p$ desde $Gp\supset p$). Pero no todas las tesis que se cumplirían en el tiempo circular son demostrables en este sistema; es decir $Gp\supset Hp$ y $Fp\supset Pp$ no se deducen. Ya que todos los postulados de este sistema son satisfechos si, leemos G como "Es y siempre será" y H como "Es y siempre ha sido", es decir, la "necesidad" diodoriana y su imagen especular, pero es fácil encontrar contraejemplos para $Gp\supset Hp$ en *este* sentido, es decir, para "Lo que sea que es y siempre será, es y siempre habrá sido". Sospecho que el sistema es completo para esta interpretación; al menos, contiene todas las leyes de S4.3 con G por L (pues el resultado de Scott demuestra que podemos obtener *(Fp∧Fq)⊃F(p∧q)∨F(p∧Fq)∨F(q∧Fp)* y éste con *p⊃Fp*, da *(Fp∧Fq)⊃F(p∧Fq)∨F(q∧Fp)*, es decir, la ley de Hintikka); y, similarmente, para H. Destacamos que con G y H, tenemos, los mismos 15 "tiempos" o "modalidades" afirmativas como con G y con H interpretadas normalmente -ni más ni menos, y con las mismas líneas de implicación excepto que las principales diagonales van de $Hp \to p \to Fp$ y $Gp \to p \to Pp$ en lugar de $FHp \to p \to HFp$ y $PGp \to p \to GPp$ y, este cambio, convierte las líneas punteadas en superfluas. Con la nueva interpretación, sin embargo, el resultado no depende del tiempo denso, pues aquí $GGp \supset Gp$ no conduce a esa implicación; aunque tampoco, con esta interpretación puede $p \supset (Gp \supset PGp)$ conducir a la implicación opuesta. Con esta nueva interpretación de G y H, no podemos expresar la diferencia entre el tiempo discreto y el tiempo denso.

En este cálculo, Gp y $p \wedge Gp$ son equivalentes (de alguna forma, ⊢$p \wedge Gp \supset Gp$ y ⊢$Gp \supset p \to$ ⊢$Gp \supset p \wedge Gp$ por *(p⊃q)⊃[p⊃(q∧p)]*). Por lo tanto, la lógica de una L diodoriana definida en este sistema será, precisamente, G, es decir, S4.3 y, desde éste, la fórmula de Dummett para la modalidad discreta diodoriana no es deducible.

Si regresamos a los postulados originales de Hamblin, tomamos su equivalencia H4. *(p∨Pp)≡GPp* descompuesta en dos implicaciones y conservamos *(p∨Pp)⊃GPp*, pero si sustituimos la inversa por la otra fórmula que es asociada normalmente con la discreción del tiempo, *(F~p∧FGp)⊃F(~p∧Gp)*, obtenemos un sistema más fuerte. No sólo podemos deducir la fórmula de Dummett, sino que también deducimos (recordemos que el sistema además contiene *Fp≡FFp*) todo lo que significa la idea del tiempo circular. Para lo que tenemos la siguiente derivación:

1. *(F~p∧FGp)⊃F(~p∧Gp)*   Supuesto de la discreción
2. *~F(~p∧Gp)⊃~(F~p∧FGp)* 1, contraposición.
3. *G~(Gp∧~p)⊃~(FGp∧~Gp)* 2, $p \wedge q = q \wedge p$, $\sim F = G\sim$, $F\sim = \sim G$
4. *G(Gp⊃p)⊃(FGp⊃Gp)* 3, $\sim(p \wedge \sim q) = p \supset q$
5. *GGp⊃Gp*   Axioma de la densidad
6. *FGGp⊃GGp*   5, RG; 4,

7. $FGp \supset Gp$ 6. $GG = G$
8. $HFGp \supset HGp$ 7, RHC, H en los dos lados
9. $HGp \supset HPGp$ $Hp \supset Pp$, sust. p/Gp, RHC, $HH=H$
10. $HGp \supset Hp$ $PGp \supset p$, RHC, $HPGp \supset Hp$; 9, S.H. $HGp \supset Hp$
11. $Gp \supset HGp$ 8, $p \supset HFp$, sust. p/Gp, $Gp \supset HFGp$, S.H. 8
                             $Gp \supset HGp$
12. $Gp \supset Hp$ 11, 10, S.H.

Y, por la otra consecuencia de la circularidad del tiempo, tenemos

13. $Gp \supset PGp$ 11, $Hp \supset Pp$, sust. p/Gp, $HGp \supset PGp$,
                             por tanto, $Gp \supset PGp$
14. $Gp \supset p$ 13, $PGp \supset p$, S.H.

12 hace a G y H lógicamente equivalentes y las leyes de ambos son las del sistema modal S5 de Lewis; los tiempos distintos son Gp $(= Hp)$, p, y Fp $(= Pp)$.

2. Postulados para el tiempo circular. El sistema anterior tiene la regla del espejo entre sus postulados, pero E. J. Lemmon observó que no necesitamos esta regla con el fin de convertir $Gp \supset Hp$ en una equivalencia. Su propio K_t mínimo es suficiente para esto y, efectivamente, desde tal sistema, podemos deducir cualquiera de las siguientes fórmulas del resto: $Gp \supset Hp$, $Hp \supset Gp$, $Fp \supset Pp$, $Pp \supset Fp$, $FGp \supset p$, $PHp \supset p$, $p \supset GFp$, $p \supset HPp$. Tenemos, por ejemplo,

1. $Gp \supset Hp$ Axioma de la circularidad
2. $FGp \supset FHp$ 1, RFC, introducimos F
3. $FGp \supset p$ 2, $FHp \supset p$
4. $FGPp \supset Pp$ 3, p/Pp
5. $Fp \supset Pp$ $p \supset GPp$, RFC; 4
6. $Hp \supset Gp$ 5, $p/\sim p$; $(p \supset q) \supset (\sim q \supset \sim p)$; $\sim P \sim = H$, $\sim F \sim = G$
7. $PHp \supset PGp$ 6, RPC, P, en antecedente y consecuente
8. $PHp \supset p$ 7, $PGp \supset p$
9. $PHFp \supset Fp$ 8, p/Fp

10. $Pp \supset Fp$ $p \supset HFp$, RPC, $Pp \supset PHFp$; y en 9, por S.H. $Pp \supset Fp$
11. $Gp \supset Hp$ 10, $p/\sim p$; $(p \supset q) \supset (\sim q \supset \sim p)$; $\sim P \sim = H$, $\sim F \sim = G$.

Hubiéramos comenzado esta prueba circular, igualmente, en 3, 5, 6, 8 o 10. El K_t con uno solo de estos axiomas, no nos da S5 para G (= H), necesitamos $Gp \supset GGp$ y $Gp \supset Fp$ (o $Gp \supset p$). En el Cálculo-U asociado, la simetría de U (en el tiempo circular, si a es antes que b, entonces b es antes que a) basta para dar 1, 3, 5, etc., pero para $Gp \supset GGp$, necesitamos la transitividad, y para $Gp \supset p$ la reflexividad (en el tiempo circular, todo es anterior a sí mismo).

Pero el modo más simple para axiomatizar el tiempo circular es definir G como H, o ambas como L, y usar los postulados conocidos de S5 (es decir, RL, $L(p \supset q) \supset (Lp \supset Lq)$, $Lp \supset p$, $\sim Lp \supset L \sim Lp$). Esto sería un artificio pues, incluso en el tiempo circular, distinguimos el pasado del futuro, pero es sólo la clase de artificialidad que está, igualmente, presente, por ejemplo, en los sistemas de cálculo proposicional en los que "No p" es definida en términos de un primitivo "ni" como "ni p ni p". Las circulares Gp y Hp son funciones equivalentes en el sentido de que cualquier proposición que satisfaga una de ellas, satisface a la otra y, además, en el sentido de ser completamente intercambiables *con el cálculo actual*, es decir, tenemos $\sim Gp$ y $p \wedge \sim Gp$ donde, y sólo donde, tenemos $\sim Hp$ y $p \wedge \sim Hp$. Pero, si enriquecimos el cálculo con funciones como "x conoce que p", no desearemos igualar "x conoce que no sucedió" con "x conoce que no sucederá" (pues, el tiempo puede *ser* circular sin que nadie lo sepa); igual como no desearíamos equiparar "x conoce que no p" con "x conoce que ni p, ni p" (x puede no dar esta equivalencia). Más aún, si enriquecemos nuestro cálculo sólo con nuevos tipos de operadores temporales, a saber, que contengan una referencia específica a intervalos, distinguimos, incluso, en el tiempo circular, entre lo que sucederá en adelante de lo *que* sucedió (volveremos a este punto en el capítulo VI).

Además, también, distinguiremos P y F incluso en el tiempo circular, si adoptamos la nueva convención del capítulo anterior referida a la no-transitividad de la relación antes-después; es decir, la convención, de acuerdo con la cual, *no podemos* llamar a una cosa futuro o pasado, si está tan lejos en el círculo como tan cerca de nosotros por la otra dirección. Hamblin llama a esto una lógica temporal "este-oeste", "en el sentido en que California está al Este pero no al Oeste de Sydney, y al oeste pero no al este de Manchester". Hamblin subraya que tenemos aquí nuevas opciones sobre cómo tratar los momentos "antípodas", si es que existen. Si hay, por ejemplo, tres momentos, procederemos así:

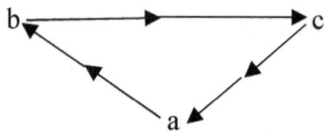

Podemos adoptar el futuro de *a* tan lejos de *c* como pueda estar, o sólo tan lejos de *b*; si fueran cuatro:

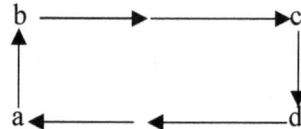

Podemos considerar *c* como el pasado y el futuro de *a*, o no (aunque, desde ambas perspectivas está en el futuro del futuro de *a*). Igualmente, con una infinidad densa de momentos, aunque más complicado. En general, si *no* permitimos a los momentos "antípodas" ser, al mismo tiempo, pasado y futuro, tendremos como ley $FGp \supset Pp$; mientras que, si lo permitimos, tendremos $Gp \supset Pp$. Dado el sistema K_t mínimo de Lemmon, $FGp \supset Pp$ es deductivamente equivalente a cada una de las tesis $GGp \supset Hp$, $FGGp \supset p$ y a cada una de sus imágenes especulares, los dobles y la suya propia. Obtenemos, por ejemplo:

1. $FGp \supset Pp$ — Tesis, los momentos antípodas no son al mismo tiempo pasado y futuro
2. $FGGp \supset PGp$ — 1, p/Gp
3. $FGGp \supset p$ — 2, $PGp \supset p$
4. $HFGGp \supset Hp$ — 3, RHC, introducimos H en antecedente y consecuente
5. $GGp \supset Hp$ — 4, $p \supset HFp$, sust. p/GGp, $GGp \supset HFGGp$ y S.H. $GGp \supset Hp$
6. $Pp \supset FFp$ — 5, $p/\sim p$, $(p \supset q) \supset (\sim q \supset \sim p)$, $\sim\sim p = p$, $\sim H \sim = P$, $\sim G \sim = F$, esto es, $GG \sim p \supset H \sim p$, $\sim H \sim p \supset \sim GG \sim p$, $Pp \supset FFp$

7. $PHp \supset FFHp$ 6, p/Hp
8. $PHp \supset Fp$ 7, $FHp \supset p$.

8 es la imagen especular de 1 y, desde éste, volvemos hasta 1 por las imágenes de 2-7. El axioma $Gp \supset Pp$ del otro sistema[1] es, deductivamente, equivalente a $GGp \supset p$ y para la imagen especular y el doble de ése y su propia imagen y dualidad (cf. los axiomas interdeducibles para la circularidad adoptados en sentido opuesto). Con respecto a K_t, $FGp \supset Pp$ y $Gp \supset Pp$ son mutuamente independientes (como muestra el ejemplo triangular), y podemos deducir $Gp \supset Fp$ del segundo pero no del primero -no desde el primero, porque K_t + $FGp \supset Pp$ es consistente con la lectura de Gp y Hp como $p \supset p$, una interpretación que rechaza $Gp \supset \sim G \sim p$ (es decir, $(p \supset p) \supset (\sim p \supset \sim p)$); pero desde el segundo, se sigue:

1. $(Gp \wedge Gq) \supset G(p \wedge q)$ probado en K_t
2. $(Gp \wedge G \sim p) \supset G(p \wedge \sim p)$ 1, $q/\sim p$
3. $G(p \wedge \sim p) \supset P(p \wedge \sim p)$ $Gp \supset Pp$, $p/p \wedge \sim p$
4. $P(p \wedge \sim p) \supset \sim H \sim (p \wedge \sim p)$ Df. P
5. $(Gp \wedge G \sim p) \supset \sim H \sim (p \wedge \sim p)$ 2, 3, 4, S.H.
6. $H \sim (p \wedge \sim p)$ $\sim (p \wedge \sim p)$, RH
7. $\sim (Gp \wedge G \sim p)$ 5, 6, $(p \supset \sim q) \supset (q \supset \sim p)$, y MP.
8. $Gp \supset \sim G \sim p$ 7, $\sim (p \wedge q) \supset (p \supset \sim q)$.

3. Postulados para el siguiente y el último momento en el tiempo discreto. Para una lógica del tiempo discreto, *no* necesariamente circular, necesitamos añadir algún axioma apropiado a una forma de lógica temporal, por ejemplo, de Scott o Cocchiarella, que no garantiza $GGp \supset Gp$. Quizás $(F \sim p \wedge FGp) \supset F(\sim p \wedge Gp)$ podría bastar, pero no lo sabemos. Scott demostró la completitud de un sistema algo diferente para el tiempo discreto, en el que G y H no son los únicos símbolos-temporales indefinidos, sino que son suplementados por otros dos para "Será verdad en el instante siguiente que *p*" y "Fue verdad en el último instante que *p*". Podemos escribir Tp y Yp para estas nuevas formas (pasado

---

[1] N. de. T: si permitimos a los momentos antípodas ser, al mismo tiempo, pasado y futuro.

"mañana" y "ayer"). No son definibles en términos de G y H. Podemos, efectivamente, definir "*p será verdad en el instante siguiente desde la última vez*" como $Fp \wedge {\sim}FFp$, "*p será verdad en el instante siguiente menos uno, desde la última vez*" como $FFp \wedge {\sim}FFFp$, etc.; pero la simple "*p será verdad en el instante siguiente*", "___ en el siguiente excepto uno", etc. (es decir, Tp, TTp, etc.) no se puede obtener de esta manera. Inversamente, no podemos componer G, H, F, o P desde T e Y; sólo las formas específicas de Fp como Tp, $Tp \vee TTp$, $Tp \vee TTp \vee TTTp$, etc., y las aproximaciones finitas a Gp como Tp, $Tp \wedge TTp$, etc. Por tanto, Scott adopta ambos pares (G, H, y T, Y) como primitivos y demostró la completitud para el sistema en los que sus postulados GH son enriquecidos por los siguientes axiomas:

T1. $Gp \supset Tp$
T2. ${\sim}T{\sim}p \equiv Tp$
T3. $T(p \supset q) \supset (Tp \supset Tq)$
T4. $p \supset YTp$
T5. $Tp \supset [G(p \supset Tp) \supset Gp]$

Y1. $Hp \supset Yp$
Y2. ${\sim}Y{\sim}p \equiv Yp$
Y3. $Y(p \supset q) \supset (Yp \supset Yq)$
Y4. $p \supset TYp$
Y5. $Yp \supset [H(p \supset Yp) \supset Hp]$

El último par son axiomas "inductivos"; el primero afirma "si p será verdad en el instante siguiente, entonces, si será siempre que, si p es verdadera, es verdadera en el instante siguiente, entonces será verdadera para siempre"; *ídem* para "ha sido", en el otro.

La utilidad de los sistemas de esta clase no depende de ningún supuesto metafísico serio de que el tiempo sea discreto; son aplicables a campos limitados del discurso en los que sólo nos preocupa lo que sucede en la próxima secuencia de estados discretos, por ejemplo, de una computadora digital[1].

El sistema de Scott para G, H, Y, T parece haber sido desarrollado de uno inventado en 1964 (probada su completitud) en los que los siguientes postulados para T e Y fueron añadidos a la axiomatización de Gödel de S5 para L ("en todos los tiempos"):

1. $Lp \equiv TLp$
2. $Lp \equiv LTp$
3. $T{\sim}p \equiv {\sim}Tp$
4. $T(p \supset q) \equiv (Tp \supset Tq)$

---

[1] Cf. H. Greniewski, K. Bochenek, R. Marczyńsky, "Aplication of Bi-elemental Booleana Algebra to Electronic Circuits", *Studia Lógica,* ii (1955), pp. 7-74.

5. $TYp \equiv p$
6. $L(p \supset Tp) \supset [L(q \supset Yq) \supset [M(p \land q) \supset L(p \lor q)]]$

El último axioma "inductivo" dice "si p-ahora siempre implica *p*-siguiente y *q*-ahora siempre implica *q*-en el inmediato pasado y en algún tiempo, ambos *p* y *q*, entonces en todos los tiempos, o *p*, o *q*" (pues si ambos, entonces tendremos *p* en lo sucesivo, paso a paso y *q* en el pasado, paso a paso). De los otros axiomas, al menos 4 puede ser sustituido por la correspondiente implicación. En efecto, primero, la regla de inferencia, $\vdash T\alpha$ de α, se establece como sigue:

$$\vdash \alpha \to \vdash L\alpha \qquad \text{RL, desde S5}$$
$$\to \vdash LT\alpha \qquad \text{por 2}$$
$$\to \vdash T\alpha \qquad \text{por } Lp \supset p, \text{ desde S5, } p/T\alpha.$$

Ésta, con $T(p \supset q) \supset (Tp \supset Tq)$, produce la regla

$$\text{RTC: } \vdash \alpha \supset \beta \to \vdash T\alpha \supset T\beta.$$

Tenemos, entonces

7. $T(p \land \sim q) \supset Tp$ — c. p., RTC, T en antecedente y consecuente
8. $T(p \land \sim q) \supset T \sim q$ — c. p., RTC, T en ambos lados
9. $T(p \land \sim q) \supset (Tp \land T \sim q)$ — 7, 8, c. p.
10. $T \sim (p \supset q) \supset T(p \land \sim q)$ — c. p., RTC $\sim(p \supset q) \supset (p \land \sim q)$ y T en dos lados
11. $(Tp \land T \sim q) \supset (Tp \land \sim Tq)$ — c. p., 3, $T(p \land \sim q) = Tp \land T \sim q = Tp \land \sim Tq$
12. $T \sim (p \supset q) \supset (Tp \land \sim Tq)$ — 10, 9, 11, S.H.
13. $T \sim (p \supset q) \supset \sim (Tp \supset Tq)$ — 12, c. p. $(Tp \land \sim Tq) = \sim(Tp \supset Tq)$
14. $\sim T(p \supset q) \supset \sim (Tp \supset Tq)$ — 13, 3, en el antecedente
15. $(Tp \supset Tq) \supset T(p \supset q)$ — 14, c. p. Contraposición.

Esta es la implicación inversa que forma el resto de 4. (Ésta adapta una prueba dada por Rescher en otra conexión). De 4, por su parte, obtenemos

16. $T(p \equiv q) \equiv (Tp \equiv Tq)$,

y de éste, la regla que si $\vdash T\alpha \equiv T\beta$, entonces $\vdash \alpha \equiv \beta$, por tanto:

$$
\begin{array}{lll}
\vdash T\alpha \equiv T\beta \rightarrow & \vdash T(\alpha \equiv \beta) & \text{por 16} \\
& \vdash LT(\alpha \equiv \beta) & \text{por RL} \\
& \vdash L(\alpha \equiv \beta) & \text{por 2} \\
& \vdash \alpha \equiv \beta & \text{por } Lp \supset p.
\end{array}
$$

Esta regla -que podemos llamar RET- es útil para probar la imagen especular de los axiomas; por ejemplo:

17. $TYTp \equiv Tp$ 5, p/Tp
18. $YTp \equiv p$ 17, RET.

Este sistema sugirió a Lemmon (en 1964) el siguiente sólo para el futuro, con G leído como "es y siempre será" (la necesidad diodoriana):

$$\text{RG: } \vdash \alpha \rightarrow \vdash G\alpha$$

A1. $Gp \supset p$
A2. $G(p \supset q) \supset (Gp \supset Gq)$
A3. $T\sim p \equiv \sim Tp$
A4. $T(p \supset q) \supset (Tp \supset Tq)$
A5. $TGp \equiv GTp$
A6. $Gp \supset TGp$
A7. $G(p \supset Tp) \supset (p \supset Gp)$.

Con éstos dedujo S4.3 más la fórmula de Dummett de la discreción en G; y desde éstos para G y T, más un conjunto análogo para H e Y, los axiomas mixtos $TYp \equiv p$ y $YTp \equiv p$ y la definición de L de Scott como $Gp \land Hp$, demostró los postulados L-Y-T de Scott. Como la simple Gp es equivalente en este sistema a TGp, el sistema de Scott de 1965 debería ser capaz de desarrollarse dentro de éste.

El sistema de Scott de 1965 no puede separar las tesis en G y H que suponen el tiempo discreto. Ni puede ninguno de estos sistemas dejar fuera la lógica pura de T e Y. La axiomatización de la lógica de T ha sido resuelta por G. H. von Wright y J. Clifford[1]. Los postulados para los que von Wright establece la

---

[1] G. H. von Wright, " 'And Next' ", *Acta Philosophica Fennica*, Fasc. 18 (1965), pp. 293-304; J. Clifford, "Tense logic and the logic of change" (revisión of the Rudolf

completitud no son directamente formulados en los términos de la T de Scott sino en términos de otra T, un operador diádico tal que la forma pTq puede ser leída como "p ahora y q siguiente" (es decir, en el siguiente estado e instante). Pero como Clifford subraya, la T de von Wright es definible en términos de la de Scott, por $pT_wq \equiv p \wedge T_sq$; y la de Scott puede ser definida en términos de la de von Wright, por $T_sp \equiv (p \supset p)T_wp$ ("p-siguiente"= "Si p-entonces-p ahora y p siguiente"); tal que cubren, precisamente, la misma área. Von Wright añade el cálculo proposicional con la sustitución y la separación, la regla de la extensionalidad de T (de $\vdash \alpha \equiv \beta$ para inferir $\vdash f\alpha \equiv f\beta$, donde f es cualquier función proposicional en el sistema) y los cuatro axiomas siguientes:

A1. $(p \vee q)T(r \vee s) \equiv [pTr \vee pTs] \vee [qTr \vee qTs)]$ (Distributiva)
A2. $(pTq \wedge rTs) \equiv (p \wedge r)T(q \wedge s)$ (Coordinación)
A3. $p \equiv pT(q \vee \sim q)$ (Redundancia; cf. con la definición de Scott de T anterior)[1].
A4. $\sim[pT(q \wedge \sim q)]$ ("Imposibilidad")[2].

La regla de la extensionalidad podría sustituirse por algo menos comprehensivo, por ejemplo, el par $\vdash \alpha \equiv \beta \rightarrow \vdash \alpha T\gamma \equiv \beta T\gamma$ y $\vdash \alpha \equiv \beta \rightarrow \vdash \gamma T\alpha \equiv \gamma T\beta$. Clifford muestra que el sistema de von Wright es derivable, dada la definición de su T, de los axiomas 1. $T \sim p \supset \sim Tp$, 2. $\sim Tp \supset T \sim p$ y 3. $T(p \supset q) \supset (Tp \supset Tq)$ y la regla de inferencia $\vdash T\alpha$, de $\vdash \alpha$. Aquí 1 y 2 son equivalentes al T2 de Scott, y el 3, al T3 de Scott, por tanto, los axiomas de Clifford equivalen a los dos de Scott en los que T es el único operador temporal (su regla sigue de la RG y T1 de Scott). Y puede ser axiomatizada del mismo modo; Clifford demostró además que la lógica de los dos juntos no necesita ir más allá de sus postulados separados excepto $p \supset YTp$ y $p \supset TYp$[3].

Carnap Prize essay at the University of California in Los Angeles, 1965), *Logique et Analyse*, No. 34 (June 1966), pp. 219-30.
[1] N. del T y siguientes: $q \vee \sim q$ representa una tautología cualquiera. Prior lo llama "redundancia" Von Wright "tautología". "Una tautología será verdadera en el instante siguiente".
[2] En el instante siguiente, las contradicciones o antilogías como $p \wedge \sim p$ no comenzarán, de repente, a ser verdaderas.
[3] El sistema de Clifford:
A1. $T \sim p \supset \sim Tp$

4. La lógica del "y después". El sistema "y el siguiente" de von Wright es un desarrollo de la lógica del cambio esquematizada en su *Norm and Action*[1]. Miss Anscombe tiene una lógica afín, no de "y el siguiente" sino del "y después", o más precisamente "Fue el caso que *p* y después fue el caso que *q*"[2]. Este *pTq* no es definible en términos de la *T* de Scott, sino que es definible en términos de *P* de la lógica temporal ordinaria, como *P(Pp∧q)*, "Ha sido el caso que (ha sido el caso que *p* y ahora es el caso que *q*)". La inversa es posible, si adoptamos la no discreción del tiempo, desde la que podemos definir *Pp* como *pT(p⊃p)* "Fue el caso que *p* y después fue el caso que si-*p*-entonces-*p*" (o, cualquier cosa que sea verdadera siempre). En el tiempo discreto éstos no son lo bastante equivalentes pues, si *Pp* es verdadera porque *p* ha sido *ya*, no hay ningún instante pasado entre entonces y ahora que cumpla *p⊃p*. Si, no obstante, modificamos el significado de *pTq* a *(Pp∧q)∨P(Pp∧q)*, es decir, "O es, o ha sido el caso que (ha sido que *p* y es el caso que *q*)", *Pp* es equivalente a este sentido de *pT(p⊃p)*, en cualquier lógica-temporal[3].

Para la *T* de Miss Anscombe, como ella apunta, podemos establecer leyes como *(pTq)Tr⊃pTq, (pTq)Tr⊃qTr* y *(pTq)Tr⊃pTr*, y podemos definir "Ha sido el caso, repetidamente, que *p*" como *(pT~p)Tp*, "Si ha sido que (*p* y después no *p*, y entonces *p*)". Incluso en una lógica temporal no discreta, podemos distinguir entre "*p* ha sido verdadera, al menos, una vez" (*Pp*), "*p* ha sido verdadera en, al menos, dos veces" *(pT~p)Tp*, "*p* ha sido verdad, al menos tres veces" *[[(pT~p)Tp]T~p]Tp* y así, sucesivamente. En consecuencia, en un tiempo lineal infinito en ambas direcciones y no-discreto, hay exactamente quince formas no equivalentes usando sólo *P, H, F, G* y una sola variable proposicional. Usando *P, F* y ~ (y definiendo *H* y *G*), o usando *H* y *G* y ~ (y definiendo *P* y *F*) hay, exactamente, treinta de tales formas, las anteriores y

---

A2. *~Tp⊃T~p*
A3. *T(p⊃q)⊃(Tp⊃Tq)*
R1: ⊢*Tα*, de ⊢*α*

[1] *Norm and Action* (Londres, 1963), ch. ii.
[2] G. E. Anscombe, "Before and After", *Philosophical Review*, vol. 73, no. 1 (Jan. 1964), pp. 3-24.
[3] Esta modificación, con este fin, fue sugerida, independientemente, por Geach y Cocchiarella.

sus negaciones. (El teorema de Hamblin fue, de hecho, presentado, originalmente, con treinta tiempos, permitiendo a ~ entrar en la definición de un "tiempo"). Pero si preguntamos cuántas formas no-equivalentes podemos construir usando P, F (o H, G), ~ y ∧ usando la misma variable proposicional en cada fórmula, el número, inmediatamente, asciende a infinito, pues tenemos, por ejemplo, las series de T-~, como acabamos de mencionar. Podemos contrastar la lógica del tiempo en este punto con, digamos, el sistema modal S5, en el que hay tres formas no-equivalentes usando L, M y una variable, seis usando L y ~ (o M y ~), y dieciséis usando L, ~, y ∧[1].

5. Sólo la densidad y la continuidad dedekindiana. En el polo opuesto de la discreción está la estricta continuidad dedekindiana, aunque, a veces, ésta combina características de la discreción y de la densidad. Es característico sólo de una serie densa que dos segmentos adyacentes de ésta puedan cada uno carecer de primer y último miembro. Consideremos el tan socorrido ejemplo, los números racionales pueden ser divididos completamente en aquéllos que son menos que la raíz cuadrada de 2 y aquéllos que son más grandes, pero no existe un número racional más grande menor que la raíz cuadrada de 2, ni más pequeño que el más grande (siempre puedes obtener uno más próximo en ambos sentidos). En los números reales, no obstante, la raíz cuadrada de 2 está incluida, y no hay ningún lugar entre ellos para "huecos" del tipo descrito; por tanto, con cualquiera de los dos segmentos adyacentes, o existe el número real mayor en el segmento inferior pero no el más pequeño en el superior o, viceversa. (Si estuviera en ambos el número mayor en el inferior y el más pequeño en el superior, las series no serían ni continuas ni densas, sino discretas). Esta característica de las series continuas significa que comparten ciertos principios más o menos inductivos con las discretas y la confusión con las series discretas puede excluirse combinando éstos con los postulados para la densidad (es decir, en lógica temporal, $GGp \supset Gp$). Un principio inductivo, apuntado por Cocchiarella, es el siguiente:

$$Gp \supset [HG(Gp \supset PGp) \supset HGp].$$

---

[1] Cf. R. Carnap, "Modalities and Quantification", *Journal of Symbolic Logic*, June 1946, p. 48.

En una serie densa con huecos, tendríamos sus contraejemplos. Pongamos el caso donde el tiempo es dividido en una primera parte en que *p* es falsa y una segunda en que *p* es verdadera, pero no existe el instante final de la falsedad de *p*, o el primer instante de la verdad de *p* y consideremos el presente dentro del período de su verdad. El primer antecedente *Gp* "Será siempre *p*" es cierto ahora; y todos los instantes en que *Gp* es verdadera serán aquéllos en los que fue cierta, al menos, un poco antes, es decir, tendremos el otro antecedente *HG(Gp⊃PGp)*; pero el consecuente *HGp*, afirmando la verdad de *p* siempre, será falso. Pero esta clase de situación es excluida por darse el caso que o bien, existe el instante final en el que *p* es falsa, o bien, el primero en el que es verdadera, tales contraejemplos a la fórmula de Cocchiarella no pueden ser construidos. Si, por ejemplo, hay un instante final de la falsedad de *p*, éste será el instante en el que tendremos *Gp* pero no *PGp* (refutando el antecedente *HG(Gp⊃PGp)*, y, por tanto, estableciendo la implicación); mientras que si existe el primer instante de la verdad de *p*, *éste* será el instante en el que tendremos *Gp* pero no *PGp*, si no hay un instante final de la falsedad de *p*.

6. *Postulados para el comienzo y el final del tiempo*. Estas cuestiones conciernen a la *minima* del tiempo; abordaremos ahora su *maxima*. Sobre la cuestión del tiempo infinito en ambos sentidos, podemos, de nuevo, omitir los axiomas que nos comprometen con esto (como hace Cocchiarella), o establecer los que positivamente lo excluyen. El final y comienzo del tiempo son posibilidades que centraron, en cierto modo, las discusiones de la lógica modal diodoriana a final de los 1950. Lemmon y Dummett en 1959 anunciaron algunos de los efectos de adoptar la matriz de *Time and Modality* para *D* y le dieron la vuelta, es decir, usando largas series indefinidas de valores de verdad regresando desde un punto fijo, en lugar de ir hacia delante pero determinando los valores de *L* y *M* típicos. Esto equivale a usar las definiciones diodorianas del tiempo finito. Su principal resultado fue que éste verificaba la fórmula *LMp≡MLp*. Esto será visto muy normal. *MLp* es verdadera sólo si *p*, al final, alcanza un punto en el que es cierta después del cual nunca es falsa; *LMp* se distingue de ésta por ser también verdadera, si *p* nunca alcanza un instante después del cual *nunca* es falsa, pero además nunca alcanza un punto falso que no sea seguido por uno posterior verdadero. Si el tiempo llega a su fin, estas dos condiciones coinciden, cumpliéndose ambas si, y sólo si, *p* es verdadera al final, no importa lo anterior; de modo que, con tal representación, tenemos

$LMp \supset MLp$ y su inversa. Los sistemas modales que contienen $LMp \supset MLp$ con o sin su inversa, han sido estudiados más recientemente por Sobociński y otros[1].

Ésto sugiere que $GFp \supset FGp$ puede ser una ley al final del tiempo, pero no lo es; ni tampoco lo es cualquiera de la forma $G\alpha \supset F\beta$, pues, al final cualquiera de la forma $G\alpha$ será verdadera y cualquiera de la forma $F\beta$ será falsa. Lo segundo (que cualquiera de la forma "Será β" es falsa al final del tiempo) es obvio, de inmediato; lo primero (que cualquiera de la forma "Será siempre α" es verdadera al final del tiempo) depende de nuestra comprensión de G como equivalente a $\sim F\sim$; para cualquier α, al final del tiempo, será falso que α siempre lo será. Una fórmula que *es* una ley, si el tiempo tiene un final es $Gp \vee FGp$ o, más intuitivamente, $\sim Fp \vee F\sim Fp$. Lo que sea p, el primer disyunto $\sim Fp$ está destinado a ser verdad al final (si es que no lo es antes) y, por tanto, el otro componente $F\sim Fp$ está destinado a ser verdadero *hasta el* final (aunque *al* final, será falso); por consiguiente, uno u otro y la disyunción completa, será verdadera siempre. De otras leyes que se cumplen en sistemas más normales, $Gp \supset Fp$ y $Gp \supset FGp$, serán verdaderas hasta el final del tiempo, pero falsas en ese instante y lo mismo es verdad del principio no-estándar $GFp \supset FGp$; la inversa de este último, $FGp \supset GFp$ y, para el caso, la simple GFp, es verdadera sólo al final. Lo mismo, decimos, *mutatis mutandis,* si el tiempo tuviera un comienzo.

Si intentamos combinar el principio del tiempo finito $\sim Fp \vee F\sim Fp$[2], o $Gp \vee FGp$, con el principio infinito $Gp \supset Fp$, obtenemos resultados que no son sólo raros, como el tiempo circular, sino manifiestamente contradictorios. Tendremos:

1. $Gp \vee FGp$ Axioma del tiempo finito
2. $Gp \supset Fp$ Axioma del tiempo infinito
3. $Fp \vee FGp$ 1, 2, c. p.

---

[1] B. Sobociński, "Remarks about Axiomatization of Certain Modal Systems", *Notre Dame Journal of Formal Logic*, vol. 5, no. 1 (Jan. 1964), pp. 71-80; A. N. Prior, "K1, K2 and Related Modal Systems", ibid., vol. 5, no. 4 (Oct. 1964), pp. 299-304; B. Sobociński, "Modal System S4.4" and "Family K of the non-Lewis Modal Systems", ibid., pp. 305-12 and 313-18.

[2] N. del T: si escribimos $\sim F\sim p \vee F\sim F\sim p$, obtenemos $Gp \vee FGp$.

4. $\sim Fp \supset FGp$ 3, $\vee = \sim \supset$
5. $\sim F \sim (p \supset p) \supset FG \sim (p \supset p)$ 4, $p/\sim(p \supset p)$
6. $G(p \supset p)$ $p \supset p$, RG
7. $FG \sim (p \supset p)$ 5, 6, $G = \sim F \sim$, c. p. MP.
*8. $\sim GF(p \supset p)$ 7, $FG \sim = \sim G \sim \sim F \sim \sim = \sim GF$
9. $F(p \supset p)$ 2, 6
*10. $GF(p \supset p)$ 9, RG. Introducimos G.

(Las tesis auxiliares usadas aquí, son todas del sistema mínimo de lógica temporal K_t).

La ley $Gp \vee FGp$ difiere, además, de todos los principios que hemos considerado hasta ahora del tiempo discreto, denso, continuo, lineal o ramificado en que *no* es consistente con igualar Gp y Fp (y Hp, y Pp) con la simple p. Pero mientras ésta convierte, digamos $Gp \supset Fp$ en $p \supset p$ y $G(p \supset q) \supset (Gp \supset Gq)$ en $(p \supset q) \supset (p \supset q)$ y $p \supset GPp$ en $p \supset p$, convierte además $Gp \vee FGp$ en $p \vee p$, que, por $(p \vee p) \supset p$, da la simple p como tesis (y, así, por sustitución, cualquiera cosa como tesis).

Si combinamos el tiempo finito con la discreción, usando $Gp \vee FGp$ y $(F \sim p \wedge FGp) \supset F(\sim p \wedge Gp)$, podemos, fácilmente, probar $Fp \supset F(p \wedge \sim Fp)$, es decir, "Si tarde o temprano será que p, entonces tarde o temprano será que *p*-por-última-vez". Esta es una consecuencia, intuitivamente obvia, de esta combinación. Inversamente, de $Fp \supset F(p \wedge \sim Fp)$, podemos probar cada uno de estos $Gp \vee FGp$ y $(F \sim p \wedge FGp) \supset F(\sim p \wedge Gp)$.

7. *Lógica temporal como otorgando un valor a los supuestos sobre el tiempo.* Los postulados del tipo que estamos considerando, se caracterizan al dar *significado* a oraciones tales como "el tiempo es continuo", "el tiempo es infinito en ambos sentidos" y así, sucesivamente. Cosa distinta es afirmar que tales postulados dan el significado de lo que expresan, en particular, de *F, H, G* y *P*. Hablar así me parece confuso. Aparte de otras objeciones[1], si postulados distintos de *F, G, H* y *P* definen diferentes significados, entonces la gente que dice, por ejemplo, que el tiempo no tiene final y quien concuerda, por tanto,

---

[1] Ver A. N. Prior, "The Runabout Inference-Ticket", *Analysis*, vol. 21, no. 2 (Dec. 1960), p. 38-39; y "Conjuction and Contonktion revisited", ibid., vol. 24, no. 6 (June 1964), pp. 191-5.

con $Gp \supset Fp$ y la gente que dice que tiene un final y supone que $Gp \vee FGp$, no se contradicen entre sí, pues están usando palabras con distintos significados y pasándolas unos a otros. No existen tales objeciones al decir que lo que entendemos por tiempo finito es que, precisamente, para cualquier *p*, o nunca será el caso que *p*, o será el caso que nunca será el caso que *p* (o, de otro modo, que, una de dos, o es el caso, o será el caso, que nada -ni siquiera que el tal y cual *ocurrió- será el caso* de nuevo). O decir que lo que significa el tiempo circular es, precisamente, que para cualquier *p* (detallada o comprehensiva), si es, o ha sido el caso que *p*, entonces será el caso que *p* de nuevo. O decir que lo que significa el tiempo denso ("continuo" en sentido laxo) es, precisamente, que si será el caso, más bien pronto, que *p*, entonces será el caso, más bien pronto, *que* será el caso que *p*. Y hay una ventaja positiva en decir este tipo de cosas cuando nos referimos a ellas. Literalmente, oraciones como "El tiempo tendrá un final", "El tiempo es circular", "El tiempo es continuo", etc., sugieren que hay un monstruoso objeto llamado Tiempo, cuyas partes son desarrolladas de tal y tal forma (un tópico es que el tiempo es una cadena en la que los eventos se ensartan como abalorios); y tales enunciados dejan de producir tales matices cuando son interpretados como abreviaturas de proposiciones que ni lo mencionan excepto cuando, simplemente, hablan sobre lo que habrá sido el caso, etc.[1]

Es verdad que en nuestro trabajo técnico, cuando decidimos qué fórmula expresa la discreción, la finitud, etc., siempre volvemos al "Cálculo-*U*" en el que la terminología es, decididamente, más abstracta y el tiempo aparece como algo parecido a una clase de clases de proposiciones ordenadas por una cierta relación. Ésta, en sí misma, convierte el Cálculo-*U* más que en diagramas manejables que no necesitan ser tomados con ninguna seriedad metafísica. Más difícil es el hecho de que muchos de los supuestos que expresa la relación *U* en un Cálculo-*U* no son expresables como tesis en *G* y *H*. Por ejemplo, aunque la simetría, dado el tiempo circular, puede ser expresada transformando $Gp \supset Hp$ en una tesis lógico-temporal, no parece que podamos expresar así la posición que el tiempo *no* es circular. Pero la lógica temporal es mucho más y podemos reforzar el simbolismo para llenar los huecos. Se puede hacer mucho, por ejemplo, con explicitar los cuantificadores sobre las variables proposicionales que están implícitos en una tesis, es decir, que *para todo p*, tal

---

[1] Este es el caso de las observaciones de Wittgenstein en el *Blue Book*.

y tal se cumple[1]. Si lo traducimos al simbolismo, diremos también, que para algún p, tal y cual *no* se cumple, es decir, que para algún p, será siempre que p, pero no siempre ha sido que p, que implica la no-circularidad. Más tarde veremos que, efectivamente, el Cálculo-U puede ser definido dentro de un cálculo GH no más extenso.

---

[1] Que tales cuantificadores no nos comprometen a nuevas entidades lo he sugerido en otra parte, por ejemplo en "Oratio Obliqua", *Proc. Arist. Soc.*, Supplementary vol. 38 (1963), pp. 115-26.

V. LA LÓGICA DE LOS ESTADOS DE MUNDO SUCESIVOS

1. La des-trivialización de la modalidad: "El mundo". La prueba de Smiley de la consistencia de la mayoría de las lógicas temporales (que resisten la interpretación $Gp=Hp=Fp=Pp=p$) se aplica también a la mayoría de las lógicas modales. Por ejemplo, la regla para inferir ⊢$L\alpha$ de ⊢α se convierte en una que infiere ⊢α de ⊢α, $L(p{\supset}q){\supset}(Lp{\supset}Lq)$ pasa a $(p{\supset}q){\supset}(p{\supset}q)$ y $Lp{\supset}p$, da lugar a $Lp{\supset}LLp$ e, incluso, el S5, $MLp{\supset}Lp$, se convierte en $p{\supset}p$, cuando L y M son trivializados. A veces, se considera que si bien esto demuestra la consistencia, también muestra que los operadores modales están insuficientemente caracterizados por estos cálculos. Este defecto puede remediarse de varias formas. Una, por ejemplo, supone el cálculo modal para el cual tal interpretación *no* es posible, por ejemplo, el cálculo de Lewis que, a veces, es llamado S6, S7 y S8, en el que MMp es una tesis, no puede interpretarse así. O uno puede seguir a Łukasiewicz y Thomas introduciendo no sólo el "derivable" ⊢ para indicar que lo que sigue *es* una tesis, sino además, el reverso derivable ⊣ para indicar que lo que sigue *no* es una tesis y tener tales descartes como ⊣$p{\supset}Lp$ y ⊣$Mp{\supset}p$. O podemos –como Lewis hace- introducir cuantificadores proposicionales, digamos $\forall p$ por "para todo p" y $\exists p$ por "para algún p" y tener tesis tales como $(\exists p)(Mp \wedge {\sim}p)$, "algo es posible pero no cierto[1]". O, finalmente, uno puede introducir una *constante* proposicional contingente, es decir, una proposición específica a tal que ⊢$a \wedge M{\sim}a$.

El problema con esta última alternativa es que es difícil encontrar una proposición contingente que tenga tanto interés lógico que merezca un lugar

---

[1] Una extensión de S5 de este tipo se alcanza al final de "A Completeness Theorem in Modal Logic" de Saul A. Kripke, *Journal of Symbolic Logic*, vol. 24, no. 1 (March 1959), pp. 1-14.

en el cálculo lógico. C. A. Meredith[1] sugirió que una proposición contingente de interés lógico es "el mundo" tal y como es definido en la primera oración del *Tractatus* de Wittgenstein –"Todo lo que es el caso". Para esta "suma de toda verdad", Meredith introduce el símbolo *n,* con los axiomas

    1. *n*   "el mundo es el caso"
    2. *p⊃L(n⊃p)*   "el mundo es *todo* lo que es el caso"
    3. *Ln⊃p*   "el mundo no es necesario".

Literalmente, 2 dice que si es el caso que *p*, entonces "el mundo" necesariamente implica *p*; y 3 que si "el mundo" es necesario, todo es el caso. La más simple *~Ln,* tendría cabida aquí pero la variante de Meredith posibilita la definición de ~ en términos de *n*. En un cálculo modal con estos axiomas subyacentes, la regla de inferencia ⊢*Lα* de ⊢*α* no será válida, pues *n* es una tesis pero *Ln*, no; Meredith, por lo tanto, la incorpora a una lógica modal que no contiene esta regla, aunque contiene las mismas tesis en ⊃, ~ y *L* como en el S5 de Lewis. Este cálculo no resistirá la traducción de *Lp* como *p* y para la consistencia, Meredith da una matriz de 4 valores, que puede ser interpretada suponiendo que hay sólo dos posibles mundos, *n* (el real) y *ñ*, y los cuatro "valores" que las proposiciones pueden adoptar son "verdadero en ambos mundos" (es decir, necesariamente verdadero), "verdadero sólo en el mundo real" (es decir, contingentemente verdadero), "verdadero sólo en el mundo alternativo" (es decir, contingentemente falso) y "falsa en ambos mundos" (es decir, necesariamente falsa) y las leyes son aquéllas fórmulas que son siempre válidas (es decir, para todo valor de sus variables) en este mundo, o en ambos. La matriz es

C	1	*n*	*ñ*	0	*L*
*1	1	*n*	*ñ*	0	1
*n	1	1	*ñ*	*ñ*	0
ñ	1	*n*	1	*n*	0
0	1	1	1	1	0

---

[1] C. A. Meredith and A. N. Prior, "Modal Logic with Functorial Variables and a Contingent Constant", *Notre Dame Journal of Formal Logic*, vol. 6. no. 2 (April 1965) pp. 99-109.

R. Suszko ha destacado que esta solución al problema de impedir la confusión entre Lp, Mp y p, puede asimilarse a la anterior suprimiendo la constante de Meredith e introduciendo, en su lugar, una función Wp que afirme, en efecto, que p tiene las propiedades de esa constante, es decir, que p es una verdad tan comprehensiva que todas las demás verdades se sigan de ésta. Con los cuantificadores proposicionales, definimos Wp como $p \wedge (\forall q)[q \supset L(p \supset q)]$, "$p$ es verdad y para todo q, si q es verdad, entonces p necesariamente la implica". Esto, inmediatamente, nos da los dos primeros axiomas de Meredith con una condición, esto es, tenemos $Wp \supset p$ y $Wp \supset [q \supset L(p \supset q)]$. Para el tercero, necesitamos establecer que hay al menos una verdad contingente, $(\exists p)(p \wedge M \sim p)$, del cual se sigue que la totalidad de la verdad es contingente, $Wp \supset M \sim p$ (o $Wp \supset \sim Lp$, o $Wp \supset L(p \supset q)$). Este procedimiento tiene la ventaja de no comprometernos con la opinión de que existen tales proposiciones omnicomprehensivas y menos aún que exista exactamente una; si queremos, podemos establecer $(\exists p)Wp$ como nuevo axioma y probar, fácilmente, que si p y q son ambas verdades omnicomprehensivas, son necesariamente equivalentes $Wp \supset [Wq \supset L(p \equiv q)]$.

2. *Estados de mundo instantáneos*. Existen las mismas soluciones al problema de impedir la trivialización de la lógica temporal. Podemos, por un lado, adoptar una lógica temporal no-estándar que no resistirá la traducción de Smiley de los símbolos, es decir, la única para el tiempo finito con $\vdash Gp \vee FGp$. O introducir un signo de rechazo y ponerlo antes de, por ejemplo, $p \supset Fp$. O podemos introducir cuantificadores proposicionales e introducir axiomas tales como $(\exists p)(p \wedge F \sim p)$, "Algo que ya es verdadero, será falso". O introducir una constante por una proposición que exprese la totalidad del actual estado del mundo, con axiomas similares a los de Meredith. O podemos introducir una función Wp que signifique que p sea una verdad actual desde la que todo lo que ya es siempre verdadero se siga, por ejemplo, $p \wedge (\forall q)[q \supset L(p \supset q)]$ donde $L\alpha = \alpha \wedge H\alpha \wedge G\alpha$, o si lo prefieres, $L=GH$. Detengámonos en lo que dice la última parte de esta definición; significa que si p expresa la totalidad del actual estado-de mundo, y q ya es verdadera, entonces aunque, en ocasiones p y q sean falsas, (y, además, p puede ser falsa y q verdadera), la relación entre ellas es tal -p, por tanto, *contiene* q- que la implicación de q por p será verdadera

incluso en esos otros instantes, de hecho en todos los instantes, no obstante, el mundo cambia. (La proposición q ya-verdadera no necesita siempre ser implicada, otras veces, por lo que sea *entonces* la totalidad de la verdad y si ésta es falsa, no lo será, pero será implicada, incluso entonces, por lo que ahora sea la verdad absoluta).

También es posible, descartar los cuantificadores proposicionales e introducir, simplemente, la función Wp como un nuevo primitivo establecida por los axiomas

W1. $Wp \supset p$
W2. $Wp \supset [q \supset L(p \supset q)]$.

Al hacer unas pocas deducciones a partir de estos postulados, será más fácil añadirlos, en primera instancia, a una lógica-temporal tan fuerte como para producir para L, definida antes (y M, análogamente, o como $\sim L \sim$), el sistema S5 de Lewis. Comenzaremos con el teorema que, si p da la totalidad del estado de mundo actual, es siempre equivalente a la afirmación *que* da el total del estado del mundo actual, $Wp \supset L(p \equiv Wp)$. En efecto, siempre que p sea la totalidad de lo que sea verdadero, entonces es verdadero, $L(Wp \supset p)$ y si p implica siempre lo que es cierto, entonces, necesariamente lo implica, $L(p \supset Wp)$. Además, no sólo si ahora, sino si *en todo tiempo*, p es la totalidad de lo que es verdadero, entonces es necesariamente equivalente a tal afirmación. Este se sigue del resultado anterior, por tanto:

T1. $Wp \supset L(p \equiv Wp)$ recién demostrado.
T2. $L[Wp \supset L(p \equiv Wp)]$ T1, RL. Introducimos L
T3. $MWp \supset ML(p \equiv Wp)$ T2, $L(p \supset q) \supset (Mp \supset Mq)$, M en los dos lados
T4. $MWp \supset L(p \equiv Wp)$ T3, $ML = L$.

Otro teorema es que si, en cualquier momento, p es la totalidad de lo que es verdadero, entonces sea lo que q pueda ser, o p siempre implica q, o p siempre implica no q. Prueba:

W2. $Wp \supset [q \supset L(p \supset q)]$
T5. $Wp \supset [\sim q \supset L(p \supset \sim q)]$ W2, sust. $q/\sim q$

T6. $Wp \supset [(q \vee \sim q) \supset [L(p \supset q) \vee L(p \supset \sim q)]]$ W, T5,
$[p \supset (q \supset s)] \supset [[p \supset (r \supset t)] \supset$
$[p \supset [(q \vee r) \supset (s \vee t)]]]$

T7. $Wp \supset [L(p \supset q) \vee L(p \supset \sim q)]$ T6, $q \vee \sim q$, MP
T8. $MWp \supset M[L(p \supset q) \vee L(p \supset \sim q)]$ T7, RL, $L(p \supset q) \supset (Mp \supset Mq)$, intro. M

T9. $MWp \supset ML(p \supset q) \vee ML(p \supset \sim q)$ T8, $M(p \vee q) = Mp \vee Mq$
T10. $MWp \supset L(p \supset q) \vee L(p \supset \sim q)$ T9, $ML = L$.

Habríamos comenzado definiendo una forma Qp significando "p es la totalidad de la verdad en algún momento", es decir, es un "mundo posible" en el sentido actual de "posible" como $Mp \wedge (\forall q)[L(p \supset q) \vee L(p \supset \sim q)]$; y después, definido Wp como $p \wedge Qp$. El simple $(\forall q)[L(p \supset q) \vee L(p \supset \sim q)]$ es verdadero no sólo de "mundos" sino además de imposibilidades, es decir (en este contexto), lo que nunca es cierto, pues éstos implican necesariamente *todas* las proposiciones, tal que quizás hemos definido una forma Op, significando "p, o es un mundo, o una imposibilidad", como $(\forall q)[L(p \supset q) \vee L(p \supset \sim q)]$ y después definido Qp, como $Mp \wedge Op$. La lógica separada de O y Q, especialmente de Q, merece investigación, pero aquí sólo probaremos las tesis ocasionales de la equivalencia MW. La variante modal ordinaria de Op corresponde a lo que Carnap llama "*L*-completitud" y Qp lo que considera un "*L-estado*", aunque en Carnap éstos se relativizan a un lenguaje[1].

En general, la negación de una proposición, lógicamente fuerte, es, comparativamente, una débil, por ejemplo, para contradecir una forma universal aristotélica "Todo S es P", no necesitamos afirmar la igualdad de la proposición "extrema" "Ningún S es P" sino sólo la leve "Algún S es no P". Parece, por tanto, que con el fin de contradecir tan inmensa afirmación como la totalidad de la verdad, sólo necesitamos decir algo muy débil, que, por sí mismo, no puede ser una "proposición-de-mundo"; tal que debe ser un teorema que si p es una "proposición-de mundo", "no p", no, $MWp \supset \sim MW \sim p$ $(= Qp \supset \sim Q \sim p)$. Esto no se puede probar desde esta base. Lo que *podemos* demostrar es que si p y $\sim p$ son ambas proposiciones-de-mundo, son las *únicas* proposiciones de mundo, al menos en el sentido de que toda proposición-de-

---

[1] R. Carnap, *Introduction to Semantics* (1942), pp. 94, 107.

mundo es, necesariamente, equivalente a una u otra. Podemos simbolizar esto como $MWp \supset [MW\sim p \supset L(Wp \lor W\sim p)]$ y la probamos como sigue:

(1) MWp — Supuesto
(2) $MW\sim p$ — Supuesto
(3) $L(Wp \equiv p)$ — 1, T4
(4) $L(W\sim p \equiv \sim p)$ — 2, T4
(5) $L(p \lor \sim p)$ — $p \lor \sim p$, RL
(6) $L(Wp \lor W\sim p)$ — 3, 4, 5, c. p.

Podemos demostrar además un tipo de inversa de ésta, a saber, que si hay, exactamente, dos estados-de-mundo, cada uno es necesariamente equivalente a la negación del otro; es decir, si existen como máximo dos estados-de-mundo, entonces, si no son uno y el mismo (o, necesariamente, equivalentes), cada uno es equivalente a la negación del otro, $L(Wp \lor Wq) \supset [\sim L(p \equiv q) \supset L(p \equiv \sim q)]$. De éste se sigue que, si un estado-de-mundo es siempre, o p, o q, es siempre p, o No-p, $L(Wp \lor Wq) \supset L(Wp \lor W\sim p)$. (Cf. la n y $ñ$ de la matriz de consistencia de Meredith).

3. La lógica de los "mundos" y el determinismo laplaciano. Una proposición que se sigue, inmediatamente, de W2 (por sustitución FWq por q) es:

(A) $Wp \supset [FWq \supset L(p \supset FWq)]$,

"Si p da el estado-de-mundo total actual, entonces, si q es un estado de mundo total futuro, p necesariamente-implica que q es un estado de mundo total futuro". Todos los estados-de-mundo futuros, en otras palabras, son implicados por el actual. Sería agradable (o desastroso, según se mire) usar esto como una prueba lógica del determinismo laplaciano; pero, expresado así, sería un timo. En efecto, *esta* "totalidad de la verdad actual" comprende todas las proposiciones en futuro que son verdaderas ahora, así como aquéllas que lo son respecto a los estados de mundo futuros; pienso que el determinismo laplaciano afirma la deducibilidad del futuro de premisas más restrictivas, o quizás apunta que la "totalidad de la verdad actual", como la vemos, es deducible de un conjunto de proposiciones dando (a) la totalidad de la verdad "actual" en un sentido más restringido y (b) ciertas leyes naturales necesarias.

Que la proposición (A) no es, en sí misma, laplaciana, surge del hecho de que es válida en un tipo de lógica temporal que es muy no-laplaciana, a saber, sin un axioma de tiempo futuro para la linealidad, en el cual hay futuros alternativos. En este sistema, cabe recordar que $p \land Hp \land Gp$ (*Lp*) no implica *HGp* (aunque puede implicar *GHp*)[1] y podría reforzar W2 si sustituimos *L* por *HG*, es decir, si lo leemos como *Wp⊃[q⊃HG(p⊃q)]*. Pero esta alteración no convertiría todavía a W2 en determinista. En efecto, la única información sobre el futuro que transmite *FWq*, en un sistema de tiempo ramificado, es que *q* da uno de los estados-de-mundo total momentáneo en algún futuro *posible* curso de los sucesos y todo lo que el estado-de-mundo actual necesariamente implica (es decir, lo que se sigue cuando el estado de mundo total es como ahora) es que *q podría* ser un estado de mundo futuro. Esto es, ciertamente, menos que la teoría laplaciana.

4. No repetición, repetición y estado-de-mundanidad. Un punto que marca la diferencia (en el tiempo ramificado), si usamos *GH* o *HG* para definir *L* en la definición de *Wp* como *p∧(∀q)[q⊃L(p⊃q)]*, es el siguiente: Si usamos *GH*, podemos probar que, si *p* es una proposición verdadera sólo en el presente, entonces para tal *p*, tenemos *Wp*, según esta definición, es decir, que siendo verdadera, necesariamente, implicará (por supuesto, "implicación material") sea lo que fuere ya verdadero. Lo que tenemos que probar es *p∧H~p∧G~p⊃(∀q)[q⊃GH(p⊃q)]* y la prueba es la siguiente:

(1) *p*   Supuesto
(2) *H~p*   Supuesto
(3) *G~p*   Supuesto
(4) *q*   Supuesto
(5) *p⊃q*   4, *q⊃(p⊃q)*, paradoja del condicional
(6) *H(p⊃q)*   *~p⊃(p⊃q)*, RHC; paradoja del condicional en 2
(7) *G(p⊃q)*   *~p⊃(p⊃q)*, RGC; paradoja del condicional en 3
(8) *GH(p⊃q)*   5, 6, 7, *p∧Hp∧Gp⊃GHp*.

---

[1] N. del T: *HGp* y *GHp* expresan la linealidad del futuro y del pasado, respectivamente.

(Informalmente: ahora, cuando q es verdadera, es implicada materialmente por cualquier cosa, es decir, por p; siempre que p sea falsa, p implica materialmente a cualquiera, tal como q). Esta particularidad, refleja la diferencia entre la mera implicación *necesaria* y la implicación *lógica*. El teorema también se demuestra con una M delante del antecedente y del consecuente, es decir, si p, o ha sido o será verdadera sólo una vez, entonces a es una proposición de "mundo" en el sentido definido, aunque no necesariamente el actual. (Obtenemos, directamente, este resultado del último por RMC). Y en un esquema de tiempo lineal en el que tenemos la imagen especular de la tesis usada en la línea (8) de la prueba superior, también deducimos la línea (8) con *HG* por *GH*. Pero en un esquema-temporal con futuros alternativos, en el que no tenemos esta imagen especular, la prueba fallará. Intuitivamente, lo que $p \land H \sim p \land G \sim p$ significará es que p es ya verdadera y como sucede que ha sido siempre falsa (pero quizás no lo haya sido), está destinada a ser siempre falsa. Es como si nunca, hasta ahora, haya intentado ser verdadera y habiéndolo intentado una vez, se esfumó toda posible tentativa de futuro. (Si nos preocupa, podemos omitir este antropomorfismo suponiéndolo como una proposición sobre un individuo que se comporta así, respecto a una cosa en particular). Y quizás lo haya intentado en el pasado *sin* miedo y después lo repitió bajo distintas circunstancias y, así, *no* haya necesariamente-implicado-materialmente todas las circunstancias de su origen; esto le incapacitaría ser una proposición de "mundo" con *W* definida en términos de *HG*.

Wp no implica, a la inversa, que p sea verdadera sólo una vez. Pero a consecuencia de la comprehensividad (no obstante, "extensional") atribuida a p por *Wp*, en el sentido que *W* justificaría W2, podemos demostrar un número de teoremas sobre la *repetición* de los estados de mundo completos, si es que se producen. Por ejemplo, demostraríamos que, si "hemos tenido todo esto antes" (*todo*), lo tendremos de nuevo, $Wp \supset (PWp \supset FWp)$. Intuitivamente, la cuestión es simple. Si antes teníamos la misma totalidad de la verdad que tenemos ahora, entonces parte de lo que tuvimos *entonces* habrá sido lo que ganaremos después, tal que debe estar entre las cosas que tenemos ahora. O, formalmente:

(1) *Wp* Supuesto
(2) *PWp* Supuesto
(3) *HFWp* 1, $p \supset HFp$, p/Wp

(4) $P(Wp \land FWp)$ 2, 3, $Hp \supset [Pq \supset P(q \land p)]$, p/FWp y q/Wp
(5) $PL(Wp \supset FWp)$ 4, W2. $Wp \supset [q \supset L(p \supset q)] = (Wp \land q) \supset L(p \supset q)$, p/Wp, and q/FWp, and RPC
(6) $L(Wp \supset FWp)$ 5, $PL=L$
(7) FWp 1, 6. c. p. MP.

Nuevamente, si lo hemos tenido todo *una vez*, lo hemos tenido dos veces, $Wp \supset [PWp \supset P(Wp \land PWp)]$ (razonando, análogamente). Puede demostrarse, metalógicamente, que podemos probar cualquier teorema al efecto que, si lo tuvimos todo, al menos *n* veces antes, lo tuvimos todo al menos *n*+1 veces con anterioridad; tal que, si lo tuvimos todo una vez, no hay límite al número de veces que lo pudimos tener.

Cabría demostrar que, si es el caso ahora que lo tuvimos todo antes, entonces siempre ha sido el caso que lo tuvimos $Wp \supset (PWp \supset HPWp)$. No obstante, esto no puede probarse en ninguna lógica temporal del tipo que estamos considerando que deje abierta la posibilidad (o, positivamente, afirme) que el tiempo es denso. La dificultad estriba en demostrar que cuando tenemos un *número* indefinido de repeticiones en el pasado, éstas deben llevarnos al pasado *remoto*; podría ser (según este procedimiento) que haya un punto desde el cual y antes del cual *no podamos* acometer el mundo de nuevo, aunque es repetido un número indefinido de veces en cuanto nos aproximamos a él. En una lógica temporal *métrica* tal como veremos en el siguiente capítulo, con variables para intervalos, distinguiremos entre estar en diferentes intervalos desde nuestro supuesto límite, tal que los mundos en esta serie aproximada *no* serían *completamente* los mismos, desde cualquier límite; y, de hecho, en tal lógica $Wp \supset (PWp \supset HPWp)$ es válida. Además, es deducible en la lógica del tiempo discreto que contenga la tesis *$(Pp \land P \sim Pp) \supset P(p \land \sim Pp)$* (aliada a la tesis *$(F \sim p \land FGp) \supset F(\sim p \land Gp)$* discutida en el capítulo anterior). En efecto, supongamos que tenemos, Wp y PWp pero no $HPWp$, es decir, que tenemos Wp, PWp y $P \sim PWp$ ($\sim H = P \sim$) que implica una contradicción, por tanto:

(1) Wp Supuesto
*(2) PWp Supuesto
(3) $P \sim PWp$ Supuesto
(4) $P(Wp \land \sim PWp)$ 2, 3, $(Pp \land P \sim Pp) \supset P(p \land \sim Pp)$, p/Wp y $p/\sim PWp$

(5) $PL(Wp\supset\sim PWp)$ 4, W2. $Wp\supset[q\supset L(p\supset q)]=(Wp\wedge q)\supset L(p\supset q)$, p/Wp, y $q/\sim PWp$, y RPC
(6) $L(Wp\supset\sim PWp)$ $PL=L$
*(7) $\sim PWp$ 1, 6. c. p. MP.

También podemos demostrar, sin asumir la discreción, o usando variables de intervalo, que si tuvimos todo antes, entonces también lo tuvimos entre este momento y la última vez, es decir, $Wp\supset[(P(q\wedge PWp)\supset P(q\wedge Pq)]$.

5. La definición de los tiempos en términos de las modalidades diodorianas. Una nueva faceta en la lógica del total de los estados momentáneos es la siguiente: Diodoro definió lo posible como lo que es o será; ¿hay alguna forma de definir la simple futuridad en términos de la "posibilidad" diodoriana? Para empezar, uno quizás intente definir "será" (Fp) como "no es pero, o es, o será" ($\sim p\wedge Mp$, la M diodoriana). Pero no lo haremos; pues, "será" no se entiende como *excluyendo* "es", aunque no lo implique. P. T. Geach, no obstante, sugirió una modificación que no admite esta objeción. "Será que p" puede igualarse a "Para algún q, q no es el caso, pero, o es, o será que ambos p y q", es decir, $Fp=(\exists q)[\sim q\wedge M(p\wedge q)]$. En efecto, si p será verdadera después (independientemente de que ya lo sea, o no), habrá, seguro, *alguna* proposición que *será* verdadera contemporáneamente con ésta, pero que *no* es verdad ahora[1]. Si definimos Fp de esta forma y usamos el sistema S4.3 para M, no es difícil probar que Mp es equivalente a $p\vee Fp$ en el sentido de F; es decir, deduciremos $Mp\equiv p\vee(\exists q)[\sim q\wedge M(p\wedge q)]$ en S4.3 cuantificado. Efectivamente, podemos probarlo cuantificando M o T. Este es equivalente a las siguientes tres implicaciones:

1. $Mp\supset[p\vee(\exists q)[\sim q\wedge M(p\wedge q)]]$
2. $p\supset Mp$ $\Big\} = p\vee(\exists q)[\sim q\wedge[M(p\wedge q)]\supset Mp$
3. $(\exists q)[\sim q\wedge M(p\wedge q)]\supset Mp$

---

[1] La definición de Geach fue sugerida por el dictum de McTaggart que "No hay tiempo sin cambio" (*The Nature of Existence*, ch. xxxiii, § 309).

De éstas, 2 es un axioma de *M* y dado que $V=\sim$, 1 = *Mp⊃[~p⊃(∃q)[~q∧M(p∧q)]]* que sigue por ejemplificación de *Mp⊃[~p⊃[~p∧M(p∧p)]]*, *Mp⊃M(p∧p)* que está en M y en T. 3 = *(∀q)[~q∧M(p∧q)]⊃Mp* que suma, simplemente, un antecedente a *M(p∧q)⊃Mp*. En otras palabras, podemos probar, en el sistema de Geach, la equivalencia correspondiente a la definición diodoriana de *M* (como $p \vee Fp$) en los sistemas de lógica temporal ordinaria.

¿Pero podemos demostrar, en los sistemas ordinarios, enriquecidos con cuantificadores proposicionales (y sus respectivas reglas), la equivalencia correspondiente a la definición de *F* en el sistema de Geach, es decir, *Fp≡(∃q)[~q∧M(p∧q)]*, esto es, *Fp≡(∃q)[~q∧[(p∧q)∨F(p∧q)]]*? Aquí *~q∧[(p∧q)∨F(p∧q)]* es equivalente a *[~q∧(p∧q)]∨[~q∧F(p∧q)]* y, dado que, la alternativa *~q∧(p∧q)* es autocontradictoria, puede ignorarse y lo que demostramos es sencillamente

$$Fp \equiv (\exists q)[\sim q \wedge F(p \wedge q)]$$

De las dos implicaciones que se derivan, la prueba de *(∃q)[~q∧F(p∧q)]⊃Fp* es simple. Ésta = *(∀q)[~q∧F(p∧q)]⊃Fp*, que sigue de *F(p∧q)⊃Fp* (que tenemos incluso en el sistema mínimo de Lemmon K_t) pero la implicación inversa *Fp⊃(∃q)[~q∧F(p∧q)]* es otra cuestión. Notemos, en primer lugar, que *(∃q)[~q∧F(p∧q)]*, "Alguna proposición es ahora falsa pero será verdadera junto con *p*" es equivalente a *(∃q)[q∧F(p∧~q)]*, "alguna proposición" -en concreto, la negación de la que pensamos primero de -"es ahora *verdadera* y será *falsa* una vez que *p* sea verdad". Y esta es la negación de *(∀q)[q⊃~F(p∧~q)]* o *(∀q)[q⊃G(p⊃q)]*[1]. Y esto significa que, si *pudiéramos* probar que *Fp* implica *(∃q)[~q∧F(p∧q)]*, probaríamos que es inconsistente con *(∀q)[q⊃G(p⊃q)]*. Pero, si *Fp* es inconsistente con ésta, entonces es inconsistente con la proposición más fuerte *(∀q)[q⊃HG(p⊃q]*, es decir, *Wp*. En otras palabras, probaríamos que, si cualquier cosa, digamos *p*, será el caso

---

[1] N. del T: Por ejemplo, primero: *~(∀q)[q⊃~F(p∧~q)]* = *(∃q)~[q⊃~F(p∧~q)]* = *(∃q)[q∧F(p∧~q)]* y segundo:
~(∀q)[q⊃G(p⊃q)] = *(∃q)~[q⊃G(p⊃q)]* = *(∃q)[q∧~G(p⊃q)]* = *(∃q)[q∧F~(p⊃q)]* = *(∃q)[q∧F(p∧~q)]*.

en el futuro, entonces esta *p* no da el estado de mundo total actual -que el actual estado del mundo no se repetirá. No sorprende que la equivalencia correspondiente a la definición de Geach nos de esto; en efecto, si *p* fuera el estado de mundo total actual y *Fp* garantizara su repetición futura, *q* no podría ser falsa ahora pero sería verdadera después de la aparición de *p*, en tal caso, no sería una repetición auténtica del estado *total* actual (que incluye la falsedad de *q*)[1].

Las consecuencias de la sugerencia de Geach pueden desarrollarse con cristalina formalidad en los términos de *G* y *L* diodoriana. La definición de *F* de Geach produce una definición de *Gp* equivalente a *(∀q)[q⊃L(~p⊃q)]*, es decir, "Para cualquier *q* que sea ya verdadera, es y siempre será implicada por no *p*" –dada *Gp*, la verdad de *q* es implicada *ya* (materialmente) por no-*p* porque es verdadera y será implicada en el futuro por no-*p* que será siempre falsa. Alternativa y equivalentemente, definimos *Gp* como *(∀q)[q⊃L(~q⊃p)]*, es decir, "*p* es, y siempre será implicada por la negación de cualquier *q* que sea ahora verdadera" -dada *Gp*, esta negación implicará ahora a *p* porque ~*q* es falsa, y será así en todo futuro pues al ser *p* verdadera será "implicada" por *cualquiera*. Esta última definición produce una demostración clara de *G(p⊃q)⊃(Gp⊃Gq)* usando sólo el sistema T para *L*. Tenemos que probar

(∀r)[r⊃L[~r⊃(p⊃q)]]⊃[(∀s)[s⊃L(~s⊃p)]⊃(∀t)[t⊃L(~t⊃q)]],

y, derivamos, por tanto:

(1) *(∀r)[r⊃L[~r⊃(p⊃q)]]*   Supuesto
(2) *(∀s)[s⊃L(~s⊃p)]*   Supuesto
(3) *t*   Supuesto
(4) *t⊃L[~t⊃(p⊃q)]*   1, E.U.
(5) *t⊃L(~t⊃p)*   2, E.U.
(6) *L[~t⊃(p⊃q)]*   4, 3, MP.
(7) *L(~t⊃p)*   5, 3, MP.
(8) *L(~t⊃q)*   6, 7, Distributiva de la implicación.

---

[1] N. del T: Es un hecho, el actual estado del mundo no se repetirá, esto es, *Fp* no puede implicar *(∀q)[q⊃HG(p⊃q]*, esto es, *Wp*.

$L[p\supset(q\supset r)]\supset[L(p\supset q)\supset L(p\supset r)]$ está en T. También tenemos

$\vdash\alpha \;\;\rightarrow\;\; \vdash L\alpha$
$ \;\;\rightarrow\;\; \vdash L(\sim q\supset L\alpha)$ $\quad Lq\supset L(p\supset q)$, $\quad$ pdja. de la implicación estricta
$ \;\;\rightarrow\;\; \vdash\sim q\supset L(\sim q\supset L\alpha)$ por $p\supset(q\supset p)$, $\quad$ pdja. de la implicación material
$ \;\;\rightarrow\;\; \vdash(\forall q)[q\supset L(\sim q\supset L\alpha)]$ $\quad$ por I.U.
$ \;\;\rightarrow\;\; \vdash G\alpha$ $\quad$ por Df. G.

Y tenemos

(1) $Lp\supset p$ $\quad$ Axioma típico de T
(2) $Lp\supset L(\sim q\supset p)$ $\quad Lq\supset L(p\supset q)$, pdja de la implicación estricta
(3) $Lp\supset[q\supset L(\sim q\supset p)]$ $\quad$ 2, $(p\supset q)\supset[p\supset(r\supset q)]$, de la anterior
(4) $Lp\supset(\forall q)[q\supset L(\sim q\supset p)]$ $\quad$ 3, $\forall 2$, en el consecuente
(5) $Lp\supset Gp$ $\quad$ 4, Df. G
(6) $Lp\supset(p\wedge Gp)$ $\quad$ 1, 5, $[(p\supset q)\supset(p\supset r)]\supset[(p\supset(q\wedge r)]$, 1ª parte
(7) $(\forall q)[q\supset L(\sim p\supset q)]\supset[p\supset L(\sim p\supset p)]$ $\quad$ I.U. Df. L, 4, 3
(8) $Gp\supset[p\supset L(\sim p\supset p)]$ $\quad$ 7, Df. G, de Geach
(9) $p\wedge Gp\supset L(\sim p\supset p)$ $\quad$ 8, $[q\supset(p\supset r)]\supset[(p\wedge q)\supset r]$, importación
(10) $(p\wedge Gp)\supset Lp$ $\quad$ 9, $L(\sim p\supset p)\supset Lp$, Clavius y 2ª parte
(11) $Lp\equiv (p\wedge Gp)$ $\quad$ 6, 10, definición de la coimplicación,

que corresponde con la definición de L diodoriana en lógica temporal ordinaria. Pero si, inversamente, pudiéramos probar en lógica temporal ordinaria que Gp no sólo implica sino que es equivalente a $(\forall q)[q\supset L(\sim p\supset q)]$, esto convertiría en equivalente $G\sim p$ a $(\forall q)[q\supset L(p\supset q)]$ que es implicada por Wp (que implica *necesariamente* a toda proposición que sea verdadera, la implica y siempre la implicará). En adelante, tendremos $Wp\supset G\sim p$, o $Wp\supset\sim Fp$, esto es, la totalidad de la verdad actual que nunca se repetirá.

6. El desarrollo del Cálculo-U dentro de la teoría de los estados de mundo. Los "mundos" o los estados de mundo totales instantáneos -las p tal que MWp- de este capítulo, son, claramente, las mismas que los "mundos" que a, b, c, etc., representan en el cálculo-U esbozado en el capítulo III y no es difícil introducir estas dos "lógicas de mundos" juntas. Para hacer esto, comencemos modificándolas un poco. Primero, en lugar de tratar las proposiciones de la lógica temporal del Cálculo-U como *predicados* de mundos y escribir "Es el caso en el mundo a que p", o "Es el caso en el instante a que p", como pa, usemos la forma Tap. Nuestras estipulaciones básicas adoptan entonces las formas

U1. $Ta{\sim}p \equiv {\sim}Tap$
U2. $Ta(p \supset q) \equiv (Tap \supset Taq)$
U3. $TaGp \equiv (\forall b)(Uab \supset Tbp)$
U4. $TaHp \equiv (\forall b)(Uba \supset Tbp)$

Las condiciones U pueden establecerse como antes y las pruebas adoptan muchas veces la misma forma. Sólo, si las proposiciones temporales se sustituyen por p y variables similares y si entran en el cálculo sólo *como* sustituciones por p, etc., entonces aunque no es suficiente decir que tales proposiciones *son* predicados de mundos o instantes, sólo ocurren como parte de la forma $Ta\alpha$ que *parece* predicar algo de un mundo o instante, en el que, de cualquier modo, expresa su *función*, a saber, "Es el caso en (por) ___ que α". Pero si las variables p, etc., son las mismas usadas en el cálculo proposicional con la teoría de la cuantificación, más el Cálculo-U, entonces no habría nada sintácticamente equivocado en fórmulas tales como $TbTap$, o $TbUac$, o a la inversa, con $FTap$ o $PUbc$. Y tampoco habrá nada *semánticamente* equivocado con esto, si el Cálculo-U permite una interpretación *dentro* de la lógica temporal. Más aún, tal interpretación sería útil, metalógicamente. Es muy fácil, deducir las fórmulas lógico temporales precedidas por Ta en el Cálculo-U y mostrar, por ejemplo, que la transitividad $Uab \supset (Ubc \supset Uac)$, da la fórmula, $Ta(Gp \supset GGp)$ del tipo S4; pero estaría bien demostrar que $Gp \supset GGp$ da la transitividad.

Tal traducción es posible, si tratamos a, b, c, etc., como una subclase de variables *proposicionales* restringidas a las *proposiciones* de mundo (posibles) de este capítulo, para las cuales, establecemos axiomáticamente

A1. Ma
A2. $L(a \supset p) \vee L(a \supset {\sim}p)$

donde $M\alpha = \alpha \vee P\alpha \vee F\alpha$ y $L\alpha = \alpha \wedge H\alpha \wedge G\alpha$. Las variables *a, b, c,* etc., pueden sustituirse por *p, q, r,* etc., en la lógica temporal básica, por ejemplo, tenemos $G(a \supset p) \supset (Fa \supset Fp)$ por sustitución en $G(p \supset q) \supset (Fp \supset Fq)$ pero no viceversa; para *a, b, c,* etc., sólo podemos sustituir otras variables de mundo (por ejemplo, no tenemos $\vdash Mp$ de A1). Incluso compuestos como $\sim a$ no son sustituibles por variables de mundo aunque, por supuesto, están bien formadas y son sustituibles por *p, q, r,* etc. (Si *a* expresa el estado de mundo total en algún instante, $\sim a$ no lo expresará en ningún instante -salvo que haya sólo dos instantes- aunque, desde luego, expresa *algo*). Definimos ahora *T* y *U* como sigue:

$$Tpq = L(p \supset q)$$
$$Upq = L(q \supset Pp) \ (= TqPp).$$

Estas definiciones son muy generales; pero, en la práctica, consideraremos, principalmente, los casos especiales para las formas *Tap* y *Uab*. *Tap*, "Es el caso en el mundo *a* que *p*", es equiparado con $L(a \supset p)$, "El estado de mundo total *a* siempre implica *p*" y *Uab*, "El mundo *a* es antes que el mundo *b*" con *TbPa*, "Es verdad en el mundo *b* que ha sido el caso que el estado de mundo es *a*". La equivalencia *(Uab≡TbPa)* correspondiente a esta definición de *Uab* es deducible en el *Cálculo-U*, si le añadimos, dada la verdad en un mundo de una proposición que es en sí misma un mundo, la estipulación *Taa* (todo mundo es verdadero en sí mismo) y $Tab \supset a = b$ (la *única* proposición de mundo que es verdadera en cualquier mundo es ella misma). Tenemos entonces, para $Uab \supset TbPa$,

(1) *Uab*   Supuesto
(2) *Uab*∧*Taa*   1, *Taa* e I∧
(3) *(∃c)(Ucb*∧*Tca)* 2, I.E. *a/c*
(4) *TbPa*   3, E (4) (3) de U4, $TaHp \equiv (\forall b)(Uba \supset Tbp)$[1];

---

[1] N. del T. Es la definición de *TbPa*. "Si *c* es antes que *b* y *a* es verdadera en *c*, entonces, es el caso que *b* y *a* antes que *b*".

y para $TbPa{\supset}Uab$, es decir, $(\exists c)(Ucb \land Tca){\supset}Uab$,

(1) $Ucb \land Tca$ Supuesto
(2) $Ucb \land c=a$ 1, $Tab{\supset}a=b$, a/c, y b/a $Tca{\supset}c=a$
(3) Uab 2, $(p=q){\supset}(\phi p{\supset}\phi q)$, o $(Ucb \land c=a){\supset}Uab$[1].

Nuestra preocupación actual, no obstante, no son las demostraciones *dentro* del Cálculo-U sino las *de* los postulados del Cálculo-U dentro de la lógica temporal enriquecida por A1, A2, Df. T y Df. U.

Positivamente, podemos probar U1 y U2 del K_t de Lemmon con estos complementos. Dividiendo las equivalencias de U1 y U2 en sus respectivas implicaciones, podemos probar

U1.1. $Ta{\sim}p{\supset}{\sim}Tap$ U1.2. ${\sim}Tap{\supset}Ta{\sim}p$
U2.1. $Ta(p{\supset}q){\supset}(Tap{\supset}Taq)$ U2.2. $(Tap{\supset}Taq){\supset}Ta(p{\supset}q)$.

Comencemos con U2.1, cuya extensión $L[a{\supset}(p{\supset}q)]{\supset}[L(a{\supset}p){\supset}L(a{\supset}q)]$ probado en K_t como sigue (el fragmento-L de K_t, recordaremos contiene las leyes del sistema modal brouweriano, es decir, T + $p{\supset}LMp$):

1. $[a{\supset}(p{\supset}q)]{\supset}[(a{\supset}p){\supset}(a{\supset}q)]$ c. p. Distributiva de $\supset$ en $\supset$
2. $L[a{\supset}(p{\supset}q)]{\supset}L[(a{\supset}p){\supset}(a{\supset}q)]$ 1, RLC, introducimos L
3. $L[a{\supset}(p{\supset}q)]{\supset}[L(a{\supset}p){\supset}L(a{\supset}q)]$ 2, $L(p{\supset}q){\supset}(Lp{\supset}Lq)$, S.H.

De los otros, U1.2 se expande a ${\sim}L(a{\supset}p){\supset}L(a{\supset}{\sim}p)$ que, dado que $\lor = {\sim} \supset$ es el A2. U1.1 se expande a $L(a{\supset}{\sim}p){\supset}{\sim}L(a{\supset}p)$ que equivale a la negación de la conjunción $L(a{\supset}{\sim}p) \land L(a{\supset}p)$. Mostramos falsa esta conjunción (y así, U1.1 es verdadero) deduciendo desde éste la negación de Ma, es decir, A1, por tanto:

(1) $L(a{\supset}{\sim}p)$ por RA y E$\land$
(2) $L(a{\supset}p)$ por RA y E$\land$
(3) $L(a{\supset}p \land {\sim}p)$ 2, 1, $[L(p{\supset}q){\supset}L(p{\supset}r)]{\supset}L[p{\supset}(q \land r)]$
(4) $L{\sim}a$ 3; ${\sim}(p \land {\sim}p)$, RL; $L(p{\supset}q){\supset}(L{\sim}q{\supset}L{\sim}p)$, o MT

---

[1] N. del T: Uab por Eliminación de =, esto es, donde pone c, ponemos a.

(5) $\sim Ma$ 4, $L\sim=\sim M$.

(Las tesis aludidas en las líneas 3, y 4 se demuestran de la misma forma que U2.1). Finalmente, probamos U2.2, a partir del resto sin extensión T, excepto en la demostración de una regla (llamada RT) para inferir $\vdash Ta\alpha$ de $\vdash\alpha$:

$$\vdash\alpha \rightarrow \vdash a\supset\alpha \quad \text{por } p\supset(q\supset p), \text{ pdja de la implicación.}$$
$$\rightarrow \vdash L(a\supset\alpha) \quad \text{por RL.}$$

Probamos entonces $(Tap\supset Taq)\supset Ta(p\supset q)$ por los mismos pasos empleados para demostrar $(Tp\supset Tq)\supset T(p\supset q)$ en el sistema de Scott de 1964 para el tiempo discreto (sección 3 del capítulo IV).

Desconocemos, si U3 y U4 se demuestran sin un refuerzo de la base en otra parte. Lo mejor que he sido capaz de lograr son las siguientes "pruebas" de $TaGp\supset(\forall b)(Uab\supset Tbp)$ y $TaHp\supset(\forall b)(Uba\supset Tbp)$ (que son las medias implicaciones de U3 y U4):

(1) $L(a\supset Gp)$ $(=TaGp)$
(2) $L(b\supset Pa)$ $(=Uab)$
(3) $LH(a\supset Gp)$ 1. ¿?, introducimos H
(4) $L(Pa\supset PGp)$ 3, $H(p\supset q)\supset(Pp\supset Pq)$, P en los dos lados
(5) $L(Pa\supset p)$ 4, $PGp\supset p$
(6) $L(b\supset p)$ 2, 5, L-S.H.
(7) Tbp 6, Df. T. QED: $TaGp\supset(\forall b)(Uab\supset Tbp)$.

Para nuestra mitad de U4, deduciremos el lema $(b\wedge p)\supset L(b\supset p)$, por tanto:

(1) $b\wedge p$ Supuesto
(2) $\sim(b\supset\sim p)$ 1, c. p. $(p\wedge q)\supset\sim(p\supset\sim q)$
(3) $\sim L(b\supset\sim p)$ 2, $Lp\supset p$, $p/b\supset\sim p$
(4) $L(b\supset p)$ 3, A2, $L(a\supset p)\vee L(a\supset\sim p)$ y SD

y entonces tenemos, para el principal teorema:

(1) $L(a\supset Hp)$ $(=TaHp)$

(2) $L(a{\supset}Pb)$ (=Uba)
(3) $L[a{\supset}P(b{\wedge}p)]$ 1, 2, $(Hp{\wedge}Pq){\supset}P(p{\wedge}q)$
(4) $L[a{\supset}PL(b{\supset}p)]$ 3, lema: $b{\wedge}p{\supset}L(b{\supset}p)$, en el consecuente
(5) $MPL(b{\supset}p)$ 4, A1, $L(p{\supset}q){\supset}(Mp{\supset}Mq)$, M en consecuente
(6) $L(b{\supset}p)$ 5, ¿?
(7) Tbp 6, Df. T. QED: $TaHp{\supset}(\forall b)(Uba{\supset}Tbp)$.

Podemos eliminar las dudas de estas demostraciones, si probamos $L(a{\supset}p){\supset}LH(a{\supset}p)$ y $MPL(a{\supset}p){\supset}L(a{\supset}p)$ en K_t+A1+A2. Y, si *lo hacemos*, el siguiente resultado, en el que añadimos $PPp{\supset}Pp$ a nuestra base y la transitividad de U, es significativo:

(1) $L(b{\supset}Pa)$ (=Uab)
(2) $L(c{\supset}Pb)$ (=Ubc)
(3) $LH(b{\supset}Pa)$ 1, $L(a{\supset}p){\supset}LH(a{\supset}p)$ ¿?
(4) $L(Pb{\supset}PPa)$ 3; $H(p{\supset}q){\supset}(Pp{\supset}Pq)$, RL; P, en los dos lados
(5) $L(Pb{\supset}Pa)$ 4, $PPp{\supset}Pp$
(6) $L(c{\supset}Pa)$ 2, 5, S.H.
(7) Uac 6, Df. U, QED la transitividad.

Si queremos, en esta línea de investigación, como en otras, podemos evitar las variables de mundo añadiendo a estas condiciones los axiomas correspondientes A1 y A2, por ejemplo, en el cálculo sin variables de mundo, intentaríamos probar en lugar de $Ta{\sim}p \equiv {\sim}Tap$, la tesis

$$Mp \wedge (\forall q)[L(p{\supset}q) \vee L(p{\supset}{\sim}q)] {\supset} (Tp{\sim}r \equiv {\sim}Tpr).$$

7. *"Estados" que consisten en combinaciones de los tiempos de Hamblin.* En el tipo de lógica temporal para la cual el teorema de los 15 tiempos de Hamblin se cumple, hay una especie de proposición de "estado" que no es del todo una proposición completa de estado-de-mundo, pero que, no obstante, tiene algún interés lógico. Es una conjunción con 15 coyuntos, cada uno de los cuales es uno de los quince tiempos o su negación, siendo cubiertos de una forma u otra, y aplicados a una proposición particular. Hay 2^{15} conjunciones distintas, incompatibles unas con otras. Efectivamente, la gran mayoría de ellas son

internamente inconsistentes; pero hay unas 50 ascendentes que no. En todas estas hay componentes redundantes que serían eliminados, pues si uno de los 15 tiempos es afirmado todos aquéllos que implica se garantizan y si uno de ellos es negado, las negaciones de todos aquéllos que implica se garantizan. Algunos tipos son los siguientes:

(a) *HGp*; este implica la afirmación del resto.
(b) *PGp*∧ *~Hp*∧*PHp* (=*PGp*∧*P~p*∧*PHp*) donde *PGp* implica *Gp, FGp, GFp, Fp, HFp, PFp, p,* y *GPp*; *PHp* implica *HPp*; y *~Hp* implica *~FHp* y *~HGp*.
(c) *PGp*∧ *~HPp* (=*PGp*∧*PH~p*).

Podemos representar estas tres como sigue, con la línea vertical para el momento actual, el pasado a la izquierda, el futuro a la derecha, una cinta superior abierta por encima de la horizontal para los tiempos de verdad y una cinta rellena por debajo para los tiempos de la falsedad:

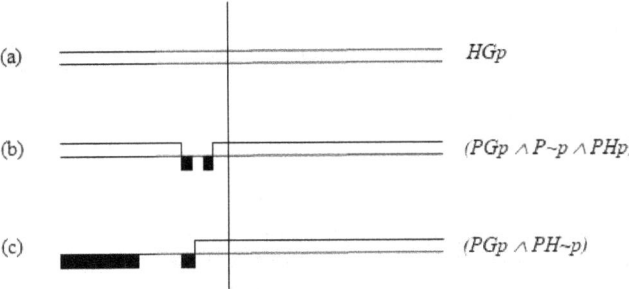

Las partes sin cubierta o sombreadas se completan de distintas formas que las proposiciones, del tipo que estamos considerando, no distinguen (dan un conjunto de determinaciones mutuamente exclusivas y colectivamente exhaustivas de *p*, pero las discriminaciones más sutiles son posibles en la mayoría de ellas). No obstante, una cosa está clara con estas tres, que han venido para quedarse. En el diagrama, moviendo la línea vertical a la derecha, no cambia la forma general de la representación y, formalmente, para cada estado α en este grupo (que llamaremos "Kribs states[1]" una vez asociada esta línea de investigación), podemos demostrar $\alpha \supset G\alpha$. Las pruebas son muy simples; la de (c) es:

(1) $PGp \supset GPGp$ $Pp \supset GPp$, p/Gp
(2) $PH{\sim}p \supset GPH{\sim}p$ ibid., $p/H{\sim}p$
(3) $(PGp \wedge PH{\sim}p) \supset (GPGp \wedge GPH{\sim}p)$ 1, 2, $[(p \supset r) \supset (q \supset s)] \supset [(p \wedge q) \supset (r \wedge s)]$
(4) $(PGp \wedge PH{\sim}p) \supset G(PGp \wedge PH{\sim}p)$ 3, $(Gp \supset Gq) \supset G(p \wedge q)$.

Por tanto, no todos los "Kribs states" son permanentes; algunos de ellos, son esencialmente límites y no tienen duración. Esto se aplica, por ejemplo, a todos los estados que combinan las negaciones de PGp o de FHp con la afirmación de Gp o de Hp. El caso más simple de este tipo es ${\sim}p \wedge Hp \wedge Gp$, "$p$ es falsa ahora pero siempre ha sido verdad y siempre lo será". Y la mayoría de los estados están destinados, por la información que contienen, a dejar sitio a otros diferentes antes o después y a entrar en un ciclo que finaliza también, o con algo permanente (alguna combinación de Gp o $G{\sim}p$ con varias adiciones sobre el pasado), o con un par oscilando (conteniendo o implicando $GFp \wedge {\sim}FGp$, es decir, $GFp \wedge GF{\sim}p$, o $G(Fp \wedge F{\sim}p)$. A veces, el siguiente estado estará claro y, en ocasiones, habrá otras posibles opciones; y otras, puede que no haya ni el instante siguiente (no hay el instante siguiente en el tiempo denso) ni ningún estado, sino más bien un período de confusión durante el cual entre cualquier par de instantes en el que p sea verdadera, habrá uno en el que sea falsa (dado, por supuesto, un Kribs state distinto), y entre cualquier par de instantes en el que p sea falsa habrá uno en el que sea verdadera.

Nota: para rellenar los huecos de la sección 6, ver el Apéndice B, secciones 3 y 4.

---

[1] N. del T. En alusión a Patricia Kribs.

VI. LÓGICA TEMPORAL MÉTRICA

1. La sintaxis de los intervalos. Mencioné la posibilidad de enriquecer la lógica temporal con variables que representan intervalos. Un sistema de este tipo fue esbozado en *Time and Modality*[1], con la forma *Pnp* para "Fue el caso del intervalo *n* que *p"* y *Fnp* por "Será el caso del intervalo *n* en adelante que *p"*. Junto a éstos van los cuantificadores, (∃*n*)*Fnp* para "Para algún *n*, será el caso del intervalo *n* en adelante que *p*"; (∀*n*)*Fnp* por "Para todo *n*, será el caso del intervalo *n* en adelante que *p*"; y, similarmente, con *P*. (∃*n*)*Fn*, (∀*n*)*Fn*, (∃*n*)*Pn*, (∀*n*)*Pn* pueden ser, respectivamente, abreviaturas de *F, G, P, H* del capítulo anterior, siempre que no haya ninguna *n* libre que les siga.

La condición es necesaria, porque, por ejemplo,

(A) "Para algún *n*, será el caso a partir del intervalo *n* que ambos (i) Estoy bebiendo (ii) será el caso después del intervalo *n* que enfermaré" *(∃n)[Fn(p∧Fnq)]*

significa algo distinto a

(B) "Será el caso antes o después que ambos (i) Estoy bebiendo y (ii) Será el caso después del intervalo *n* que enfermaré" *F(p∧Fnq)*.

Ya que (A) es una proposición completa y significa que para algún tiempo después de ahora beberé y, exactamente, la misma suma de tiempo después enfermaré. Por otro lado, (B) es, incluso, una sentencia abierta y no expresa nada definitivo hasta que la variable *n* sea sustituida por un intervalo específico o esté ligada a un nuevo cuantificador en algún momento. Si ponemos ∃*n* al comienzo de (A), será vacuo y deja el sentido inalterado; si lo ponemos al principio de (B) obtenemos

---

[1] Ch. ii.

(C) Para algún *n*, será el caso antes o después que ambos (i) estoy bebiendo y (ii) será el caso después del intervalo *n* que enfermaré,

y esto significa algo un poco menos específico que (A), a saber, que beberé y después enfermaré, sin referencia a la enfermedad estando el doble de lejos de ahora como de la bebida. La *F* de (B) y (C) puede, no obstante, sustituirse por una cuantificación sobre los intervalos, con la condición de que la variable usada no sea *n*, por ejemplo, podemos tener (C) como *(∃n)(∃m)Fm(p∧Fnq)*.

Sobra decir que los cuantificaciones de este tipo no implican que los intervalos sean entidades. *(∃n)Pnp,* "Fue el caso en un intervalo u otro que *p*", es sólo una generalización de una observación como "Ayer fue el caso que *p*", en el cual no se citan entidades excepto las que puedan ser nombradas por expresiones en *p*. Hay, no obstante, un error más sutil en el que podemos caer. Con esta notación, *n* no significa nada aparte de la precedencia de *P* y no se da en la proposición siguiente sin la compañía de *P*. En el sentido ordinario, podemos confundirnos al extraer enunciados de distintas formas. "Ayer estuve enfermo" sugiere que "ayer" modifica "la enfermedad" y que estando ayer-enfermo es una forma especial de estar enfermo. No es esto. Es, si es algo, una forma de *haber estado enfermo*; y, más exacto, "ayer habiendo estado" es una forma de haber sido. Buridan[1] tiene un instructivo puzle sobre esto. Si Sócrates correrá mañana (*Sortes curret cras*), ¿es correcto decir que Sócrates estará en la carrera mañana (*Sortes erit currens cras*)? El enredo aquí no tiene nada que ver con las diferencias entre actuaciones y actividades; dejemos todo eso de lado. El *pro* del argumento es que "Sócrates estará en la carrera mañana" es el modo normal y propio de expresar "Sócrates correrá mañana" en la forma lógica estándar con sujeto (*Sortes*), copula (*erit*) y predicado (*currens*). La dificultad estriba en aplicar la regla que una proposición en futuro *es* verdadera si, y sólo si, la correspondiente proposición en presente de indicativo *fuera* verdadera. En efecto, "Sócrates *corre* mañana", es decir, *Sortes currit cras* en presente de indicativo (no el ordinario "corre") ni es verdadera ni jamás lo será. La respuesta de Buridan es que cuando el verbo se separa en cópula y predicado, "mañana" no modifica el predicado sino la cópula; el predicado no es *currens cras*, sino la cópula *erit cras*. Y cuando la regla para la verdad de

---

[1] *Sophismata*, ch. 4, *sophisma 5*.

tales proposiciones es aplicada, "mañana" debe sacarse directamente de la proposición en presente de indicativo que será verdadera entonces; esto encaja, de hecho, con el "será verdadera" que se dijo de ésta -el presente de indicativo *Sortes currit*" (con el "mañana" a partir de ésta) será-mañana verdadero. Similarmente, con "Sócrates sugirió el año pasado"; debe separarse en "Sócrates sugería el-año-pasado" y la sencilla "Sócrates-sugiere que fue-el-año-pasado el caso".

2. *Postulados para la lógica temporal métrica.* Al axiomatizar el sistema métrico, es conveniente pensar en variables, *m, n,* etc., como representando números midiendo intervalos. Éstos pueden extraerse de los números reales, de los racionales, o sólo de los enteros. Lo que decidamos influirá en las pruebas de nuestros postulados. Otras diferencias dependen de si recurrimos al rango completo de tales números -positivos, negativos y cero; o sólo los mayores e iguales que cero, es decir, cero y los positivos; o sólo los positivos. Éstos pueden sustituirse por cualesquiera expresiones que denoten los números de la clase que usemos y sustituiremos cualquier expresión por su equivalente aritmética, por ejemplo, *m* por *(n+m−n)*.

Si usamos el rango completo, sólo necesitaremos un operador primitivo lógico temporal; pongamos *F,* y supongamos que *Pnp* sea definido como *F(−n)p.* Añadiremos después, al cálculo proposicional y a la teoría de la cuantificación, la regla

$$\text{RF:} \vdash \alpha \rightarrow \vdash Fn\alpha$$

y los axiomas

FO: $Fop \supset p$ FC: $Fn(p \supset q) \supset (Fnp \supset Fnq)$
FN1: $Fn \sim p \supset \sim Fnp$ FF: $FmFnp \supset F(m+n)p$
FN2: $\sim Fnp \supset Fn \sim p$ F∀: $(\forall n)FmFnp \supset Fm(\forall n)Fnp.$

Éstos (aparte del último que sustituye un $F\exists$) son, básicamente, los postulados de *Time and Modality,* excepto que allí son establecidos sólo para el futuro (excepto FO), con los valores negativos de *n* excluidos. Postulados similares son usados por Rescher para el cálculo con números negativos y con *Pn* como *F(–n)*[1]; Rescher usa *(∀n)Fnp⊃p* en lugar de FO, y la ley

FK: *Fn(p∧q)⊃(Fnp∧Fnq)*

en lugar de FC. Estas últimas diferencias son, por supuesto, triviales; esto es, como Rescher puntualiza que es fácil probar unos postulados de otros. También apunta que, dado FN1 y FN2, es fácil de demostrar las inversas del resto de axiomas.

No obstante, el uso de números negativos está lejos de ser trivial. Capacita a Rescher y a Meyer para probar, por ejemplo, *Fm(∀n)Fnp⊃(∀n)Fnp*, del cual obtenemos *(∃m)Fm(∀n)Fnp⊃(∀n)Fnp*, es decir, *FGp⊃Gp*. El sentido propio de "será que" y "será siempre que", es muy contraintuitivo pero, en el sistema *F* de Rescher, significa "es, o ha sido, o será que" y *G* "Es, siempre ha sido y siempre será que", lo cual les otorga las propiedades de *M* y *L* de S5 (por ejemplo, *MLp⊃Lp*). En este sistema, no importa, si elegimos nuestra medida de números de los reales, los racionales o los enteros; las diferencias entre el tiempo discreto, denso y continuo no aparecen -hasta donde la notación llega, el sistema tiene *todas* las leyes, trivialmente (por ejemplo, tiene *Fp⊃FFp*, porque tiene *p⊃Fp*, y tiene *(F~p∧FGp)⊃F(~p∧Gp)* porque, ambos, antecedente y consecuente son inconsistentes -pensémoslos como *M~p∧MLp* y *M(~p∧Lp)* en S5, donde *MLp=Lp*).

Si queremos afinar las distinciones dentro del sistema, debemos restaurar la diferencia entre el pasado y el futuro. Como primer paso, podemos excluir los números negativos de nuestros intervalos de medida (incluso, dejando el cero), sustituir la definición de *Pnp* como *F(–n)p* por la regla de la imagen especular y añadir los axiomas mixtos

FP1: *FmPnp⊃F(m–n)p*   para $m \geq n$
FP2: *FmPnp⊃P(n–m)p*   para $n \geq m$[2]
FP ∀: *(∀n)FmPnp⊃Fm(∀n)Pnp*.

---

[1] Nicholas Rescher, "The Logic of Chronological Propositions", *Mind*, Jan. 1966.
[2] N. del T: FP1: Futuro anterior y FP2: Pasado posterior.

Estas condiciones de FP1 y FP2 son, por supuesto, necesarias porque sólo usamos los números no-negativos en las fórmulas. No obstante, añadimos una regla que, si algo se cumple con ambas condiciones, pueden descartarse. La siguiente demostración ilustra esto:

(1) Fmp — Supuesto
(2) Fnq — Supuesto
(3) $F(m+n-m)q$ — 2
(4) $FmF(n-m)q$ — para $n\geq m$, 3, inversa, FF, $FmFnp \supset F(m+n)p$
(5) $Fm[p \land F(n-m)q]$ — para $n\geq m$, 1, 4, inversa. F$\land$, $Fn(p\land q) \supset (Fnp \land Fnq)$
(6) $Fm(p \land (\exists l)Flq)$ — para $n\geq m$, 5, I.E.
(7) $Fm[(p \land (\exists l)Flq) \lor Fn(q \land (\exists k)Fkp)]$ — para $n\geq m$, 6, $p \supset (p \lor q)$, I$\lor$, conclusión del 1° caso y $\exists$, con distinta constante
(8) $F(n+m-n)p$ — 1
(9) $FnF(m-n)p$ — para $m\geq n$ 8
(10) $Fn[q \land F(m-n)p]$ — para $m\geq n$ 2, 9
(11) $Fn(q \land (\exists k)Fkp)$ — para $m\geq n$ 10, I.E.
(12) $Fm(p \land (\exists l)Flq) \lor Fn(q \land (\exists k)Fkp)$ — para $m\geq n$ 11, $p \supset (q \lor p)$, I$\lor$ y conclusión del 2° caso y $\exists$ con nueva constante
(13) $Fm(p \land (\exists l)Flq) \lor Fn(q \land (\exists k)Fkp)$ — 7, 12, por EV.
(14) $(\exists m)Fm[p \land (\exists l)Flq] \lor (\exists n)Fn[q \land (\exists k)Fkp]$ — 13, I.E.
(15) $F(p \land Fq) \lor F(q \land Fp)$ — 14, Df. F[1].

Lo que hemos probado aquí es, en efecto, $(Fp \land Fq) \supset [F(p \land Fq) \lor F(q \land Fp)]$, es decir, el axioma de Hintikka para S4.3 con F por M. Pues, Fnp en este sistema incluye el caso FOp, un "Futuro cero" que es igualado con el presente, el propio significado de la forma $(\exists n)Fnp$ es "Es, o será el caso que p", es decir, la posibilidad diodoriana. En el cálculo completo del pasado-futuro desarrollado de esta forma, tenemos una base del sistema original del Hamblin con F y P para la posibilidad diodoriana y su imagen especular; como mínimo

---

[1] N. del T: esta demostración es una "Prueba de casos" que parte de $Fmp \lor Fnq$.

tenemos esto, si establecemos los racionales para nuestro registro numérico y, al menos, si establecemos que sean los reales o los enteros.

Cabe destacar que en la prueba anterior *no* somos capaces de proceder como sigue:

(5) *Fm[p∧F(n–m)q]*   para $n \geq m$
(6′) *Fm[p∧F(n–m)q]∨Fn[q∧F(m–n)p]*   para $n \geq m$, 5, $p \supset (p \vee q)$, I∨
(10) *Fn[q∧F(n–m)p]*   para $m \geq n$
(11′) *Fm[p∧F(n–m)q]∨Fn[q∧F(m–n)p]*   para $m \geq n$, 10, $p \supset (q \vee p)$, I∨
(12′) *Fm[p∧F(n–m)q]∨Fn[q∧F(m–n)p]*   6′, 11′, por EV

Para (6′), (11′) y (12′), excepto donde *m=n*, están mal formadas en *ambos* supuestos (en cada caso, a menos que *m=n*, o *n–m*, o *m–n* sea una cantidad menor).

Si distinguimos la totalidad del presente desde el pasado y el futuro pero descartando las formas *FOp* y *POp* y recurrimos sólo a los números positivos para nuestro registro de intervalos de medida, debemos cambiar las condiciones en FP1 y FP2 "para *m>n*" y "para *n>m*" y añadir el nuevo axioma

FP3: *FnPnp⊃p*.

Esto equivale a "*FmPnp⊃p*, para *m=n*" y los supuestos se descartan ahora cuando algo se cumple bajo las tres posibles[1]. Con esta base, podemos construir el cálculo-*GH* o el cálculo-*PF* del tipo más convencional descrito en el capítulo III. La prueba anterior de la ley de Hintikka para la *M* diodoriana es reemplazada por una prueba similar (usando tres condiciones en lugar de dos) de la ley análoga, con tres alternativas, para el futuro, es decir

(Fp∧Fq)⊃[F(p∧q)∨F(p∧Fq)∨F(q∧Fp)][2].

---

[1] N. del T: o el rango completo, o excluimos los negativos dejando el cero, o sólo los positivos.
[2] Para otra prueba dentro de este cálculo y para nuevas discusiones de la lógica temporal métrica véase, generalmente, A. N. Prior, "Postulates for Tense Logic", *American Philosophical Quarterly*, April 1966.

El recurso a estos supuestos puede descartarse, al menos en el sistema medio, si incorporamos no sólo expresiones aritméticas sino también proposiciones aritméticas, tales como $m \geq n$, al núcleo de nuestro cálculo; pero esto debe hacerse con prudencia. Si no lo hacemos, por ejemplo, al reemplazar FP1 (en el tercer sistema) por

$$(m \geq n) \supset [FmPnp \supset F(m-n)p],$$

cuando $m < n$, $F(m-n)p$ estará mal formada. Geach, sin embargo, apuntó que esta dificultad puede ser resuelta usando $|m-n|$ por la diferencia *absoluta* entre m y n, es decir, el número no-negativo que mide la diferencia entre ellos, de la forma que sea. FP1 y FP2 pueden ser sustituidos por el par:

$$(m \geq n) \supset FmPnp \supset F|m-n|p$$
$$(n \geq m) \supset FmPnp \supset P|m-n|p.$$

Como con los sistemas no-métricos, si descartamos la regla de la imagen especular en favor de las imágenes de espejo separadas de las otras reglas y axiomas, no es necesario hacerlo con todos. Por ejemplo, dado el resto, al menos PP es derivable de FF y, en el sistema "medio", PO de FO, por tanto:

$$Pop \rightarrow PoFop \text{ (PF1, la inversa.) } \rightarrow Fop(\text{PF2}) \rightarrow p(\text{FO}).$$

3. La interacción de la serie A y la serie B. Este aparato nos capacita para exponer con precisión algunas relaciones entre la serie A de McTaggart y la serie B. Es importante, como hemos visto, no tratar la serie A como si fuera la serie B; eso constituye la Falacia de McTaggart. Fue, sin embargo, su *única* falacia en esta área y nos llevó a imaginar que la serie A y la serie B son tan distintas que no pueden ser puestas en común. Como McTaggart dijo, la serie A se "desliza a lo largo de" la serie B y viceversa. "los términos que se demoran pasan al presente" y "el presente pasa a los términos que se demoran". Esto es un mérito especial del artículo de Rescher, citado antes, que deja bien claro lo que llama referencias-temporales "indefinidas cronológicamente" que aparecen dentro de lo que llama referencias-temporales "definidas cronológicamente", es decir, que lo que es, o no, el caso *en* un instante dado es algo temporal, por ejemplo, "lloverá", y la relación entre las dos series es dada por reglas tan simples como que lo que es (siempre, o quizás atemporalmente) el caso en *t* que "será el caso en el intervalo *n,* en adelante, que *p*" si, y sólo si, "es" el caso en *t+n* que es, simplemente, (en presente de indicativo) el caso que *p*.

Queda claro desde el artículo de Rescher que podemos, inversamente, encajar proposiciones fechadas con proposiciones temporales. Broad[1] destacó que nuestro uso ordinario de fechas y de palabras como "anterior" y "posterior" es temporal más que atemporal. "Antes de que la batalla sucediera, habríamos dicho 'Habrá una batalla en Hastings y habrá una batalla en Waterloo 749 años después'... Durante la batalla de Hastings, hubiéramos dicho 'Hay una batalla en curso en Hastings y habrá una batalla en Waterloo 749 años después'. En cualquier fecha intermedia habríamos dicho", etc., etc. "Nadie, excepto un filósofo diría, 'La batalla de Hastings precede a la batalla de Waterloo en 749 años'". Moore, además, al comentar "Si M es siempre anterior a N, es siempre anterior", de McTaggart, similarmente, advierte, "La muerte de la reina Ana *fue* antes que la de Marlborough (es otra forma de decir 'Ana murió antes que Marlborough'): que es verdadera *ahora*; pero no siempre fue verdad; por ejemplo, en el 55 a. C. fue verdad que Ana *podría* morir antes que Marlborough pero no que ella *murió* antes que Marlborough. Lo único que *fue* verdadero en el 55 a. C. y *es* verdadero ahora es la proposición 'o Ana *morirá* antes que Marlborough, o Ana *murió* antes que Marlborough, o Ana *muere* antes que Marlborough', y esta proposición *alternativa*, ciertamente, *es* verdadera ahora, *fue* verdadera en cada instante pasado y *será* verdadera siempre en el futuro". Las proposiciones fechadas, de este tipo, no son atemporales sino disyunciones de proposiciones fechadas que son verdaderas en todos los tiempos. McTaggart, "aparentemente, imagina que, 'o fue algún tiempo anterior, o es ahora anterior, ... o será en algún tiempo anterior' implica alguna proposición que se explicaría mediante 'es anterior' donde 'es' se usa *atemporalmente*, como es dicho en 'dos veces dos *es* cuatro': ¿pero hay allí alguna proposición? Si no la hay, entonces, está usándola como una especie de disyunción"[2].

Igualmente, la "omnitemporalidad" de tales disyunciones y de sus formas "abreviadas", significa que agregarles operadores temporales (con o sin

---

[1] *Examination of McTaggart's Philosophy*, vol, 2, pp. 29-89.
[2] *The Commonplace Book of G. E. Moore*, pp. 404-5. Cf. además, Moore's *Lectures of Philosophy*, pp. 9-10.

intervalos) es algo trivial. El criterio de verdad de tales compuestos sería, sencillamente, que "Es (fue, será) el caso que *p*", donde *p* es de este tipo, verdadera si, y sólo si, la simple *p* es. Si, no obstante, se mantiene que, o las proposiciones fechadas, o cualquier otra proposición (el ejemplo de Moore de "2+2=4") son atemporales en el sentido que "no tiene sentido" prefijar operadores temporales, podemos encontrarnos con un problema serio, a saber, ¿tiene sentido fijar tales operadores a sus compuestos, por ejemplo, conjunciones y disyunciones, de las que una parte es temporal y otra no? Wittgenstein dice que "el producto lógico", esto es, la conjunción, "de una tautología y una proposición dice lo mismo que la proposición. Por lo tanto, este producto es idéntico a la proposición"[1]. Igualar las proposiciones atemporales con las "tautologías" de Wittgenstein, si son verdaderas y con sus "contradicciones", si son falsas, indicaría que, si usamos *a*, *b*, etc., para las no-temporales y *p*, *q*, etc. para las temporales, $a \land p$ es la misma proposición que *p* cuando *a* es verdadera y la misma que *a,* cuando aquélla es falsa; y $a \lor p$ es la misma que *p* cuando *a* es falsa y que *a,* cuando aquélla es verdadera. Es, ciertamente, el caso que si *a* es atemporalmente verdadera, el valor de verdad de $a \land p$ variará con el de *p*, mientras que $a \lor p$ será siempre verdadera; y si *a* es, atemporalmente, falsa, el valor de verdad de $a \lor p$ variará con el de *p*, mientras que $a \land p$ será siempre falsa. Pero si esto significa que tiene sentido prefijar, pongamos, "será el caso que" a $a \land p$, si *a* es verdadera y no, si es falsa, y que la inversa concuerda con $a \lor p,$ efectivamente, tenemos una regla de formación muy difícil. Incluso en un cálculo formal nos permitiríamos operadores temporales "vacuos" para ser prefijados a proposiciones atemporales. O uno se pregunta, con Moore, si en realidad existen cualquiera de ellas. "'5 es mayor que 3' es verdad 'atemporalmente'; así, decimos, correctamente, '*es* mayor ahora, siempre *fue* mayor y siempre *será* mayor'"[2].

---

[1] *Tractatus*, 4.465. La relevancia posible de este pasaje para este problema y lo que la solución sugiere, me fue indicado por Miss G. E. M. Anscombe.
[2] *Commonplace Book*, p. 405. Cf. además *Some Main Problems of Philosophy*, p. 294: "Por mi parte, no puedo pensar ningún ejemplo de una cosa, con respecto a la cual parezca cierto que es, y también que no es ahora". N. del T: la "paradoja del ahora" que no tiene duración o de la simultaneidad que no puede ser y no ser.

4. La lógica de fechas. Las interacciones entre la serie A y la serie B que surgen del artículo de Rescher pueden resumirse como sigue: si usamos la forma *Tap* para representar "Es el caso en la fecha *a* que *p*", sus leyes son muy similares las de *Fnp* de nuestro cálculo de intervalos más simple, en que *Pnp* es definido como *F(–n)p*. Son las siguientes:

$$RT: \vdash \alpha \rightarrow \vdash Ta\alpha$$

TN1: *Ta~p⊃~Tap*   T∀1: *(∀a)Tap⊃p*
TN2: *~Tap⊃Ta~p*   T∀2: *(∀b)Tbp⊃Ta(∀b)Tbp*
TC: *Ta(p⊃q)⊃(Tap⊃Taq)*   TT: *TaTbp⊃Tbp*

La diferencia aparece en el último axioma donde la ley correspondiente *FF* es *FmFnp⊃F(m+n)p*. Si coordinamos los números usados en las fechas con aquéllos usados en los intervalos de medida, tenemos además, *TaFmp⊃T(a+m)p* y (dado que las oraciones fechadas no pueden cambiar su valor de verdad) *FmTap⊃Tap*. Si usamos *F* y *P* de nuestro tercer cálculo de intervalos en el que las variables de intervalos representan números positivos, pero permiten variables fechadas para representar los números positivos, negativos y el cero, las leyes mixtas son

TF: *TaFnp⊃T(a+n)p*
TP: *TaPnp⊃T(a–n)p*
FT: *FnTap⊃Tap*
PT: *PnTap⊃Tap.*

(Sus inversas son derivables).

Estas leyes mixtas, junto con los postulados T, pueden obtenerse en nuestro tercer cálculo de intervalos (con un ligero enriquecimiento), si definimos las fechas en términos de intervalos tal y como se hace en los actuales sistemas de datos. Decir que un suceso ocurrió en el 1066 d. C es decir, aproximadamente, que ocurrió 1066 años después del nacimiento de Cristo (o el putativo nacimiento de Cristo, esto es, una vez que la iglesia dio al calendario su forma actual). Cabe decir que fue el caso cuando el suceso ocurrió, que fue el caso 1066 años antes que Cristo naciera; o, por usar nuestra versión ordenada del inglés, que fue el caso que ambos (a) el suceso está ocurriendo y (b) fue el caso hace 1066 años que Cristo nació. Formalmente, introducimos dentro de la lógica-temporal métrica una constante proposicional ϕ, representando el suceso adoptado como origen de nuestro sistema cronológico; y usando $M\alpha$ como una abreviación de $\alpha \vee P\alpha \vee F\alpha$ (cf. la interpretación de Moore del "es" de McTaggart), damos la siguiente definición tripartita de la forma Tap:

$Tap=M(\phi \wedge p)$, para $a=0$
$Tap=M(Pa\phi \wedge p)$, o $M(\phi \wedge Fap)$, para $a>0$
$Tap=M[F(-a)\phi \wedge p]$, o $M[\phi \wedge P(-a)p]$, para $a<0$.

Por ejemplo, "Es, o ha sido, o será el caso que (p en la fecha -144.6)" es traducido como "Es, o ha sido, o será que ambos (a) será el caso 144.6 años en adelante que Cristo nació, y (b) p", o como "Es, o ha sido el caso, o será que ambos (a) Cristo está naciendo y (b) fue el caso hace 144.6 años que p"[1].

Algunos de los postulados anteriores, por ejemplo, TF y TP, se siguen, fácilmente, de estas definiciones y de los primeros postulados de la lógica-temporal métrica. Tomemos TF, es decir, $TaFnp \supset T(a+n)p$. Para a=0, el antecedente $= M(\phi \wedge Fnp)$ y el consecuente $= T(0+n)p=Tnp$, con n>0, que, nuevamente, $= M(\phi \wedge Fnp)$. Para a>0, el antecedente

$TaFnp = M(\phi \wedge FaFnp) = M[\phi \wedge F(a+n)p]$,

y el consecuente $T(a+n)p$, $a+n$ siendo mayor que 0, también $= M[\phi \wedge F(a+n)p]$. Cuando $a<0$, una de dos, o a es *numéricamente* mayor que n, es decir, el número *positivo* $(-a)$ es mayor que n, o $(-a)<n$. En el primer caso, $TaFnp = M[\phi \wedge P(-a)Fnp]$ que, dado que, $(-a)>n$, $= M[\phi \wedge P(-a-n)]p = M[\phi \wedge P-(a+n)p]$. Y en este caso, $T(a+n)p$, dado que $a+n<0$, también $= M[\phi \wedge P-(a+n)p]$. En el otro caso, cuando $(-a)<n$ y $a+n$, o $n-(-a)$, >0, $TaFnp=M[\phi \wedge P(-a)Fnp] = M[\phi \wedge F[n-(-a)]p] = M[\phi \wedge F(a+n)p] = T(a+n)p$.

Otro de los postulados de Rescher, por ejemplo, TN2, $\sim Tap \supset Ta\sim p$, requiere para su demostración, junto con las definiciones y la lógica temporal métrica ordinaria, un postulado o postulados especiales para la constante ϕ, por ejemplo, que sea una proposición de "mundo" del capítulo anterior, o el

---

[1] Cf. *Time and Modality*, p. 19.

postulado más fuerte (implicando que el tiempo no es circular) que ϕ sea verdadera sólo en un instante $M(\phi \wedge \sim P\phi \wedge \sim F\phi)$. En conexión con la segunda alternativa, cabe destacar, que un importante teorema sobre proposiciones únicas, es decir, las que son verdaderas sólo en un instante particular, es deducible en lógica-temporal métrica, a saber, que, si en cualquier momento hay una proposición verdadera sólo en tal instante, entonces en cada instante hay una proposición verdadera sólo una vez. En particular, si p es verdadera sólo esta vez, *Pnp* y *Fnp* son verdaderas sólo esta vez, para cada *n*. Por tanto, si ϕ, el suceso-origen, es verdadero sólo en este instante, entonces todo enunciado de la forma "Fue el caso desde el intervalo *n* que ϕ" y "Será el caso del intervalo *n*, en adelante, que ϕ" es verdadero sólo una vez. Esto es una variante del argumento que ningún estado de mundo instantáneo se repite en su totalidad, en efecto, en el 1966.23 d. C., por ejemplo, la totalidad de la verdad incluirá la verdad que estamos en el 1966.23 d. C., y en ningún otro tiempo. Podemos adoptar este argumento sin asumir que hay objetos reales llamados "Fechas" que adquieren el presente y que, al instante, lo pierden; todo lo que el argumento debe significar es que, es, o ha sido, o será una vez desde el intervalo *n* en que el-suceso-origen-está sucediendo (y tal estado de mundo será el caso, sólo una vez, desde el intervalo *n*, en adelante). El argumento sólo funciona de esta forma, si suponemos la unicidad del propio suceso-origen.

5. *Tiempo circular métrico.* Si adoptamos el tiempo circular, la introducción de los intervalos específicos permite distinguir los dos sentidos de circulación alrededor del círculo. En el tiempo circular (en su interpretación más simple), lo que será, ha sido y lo que siempre será, siempre ha sido y viceversa tal que no se distingue *G* de *H* o *F* de *P;* pero no se sigue que lo que será el caso esta mañana fue el caso ayer, es decir, *no* tenemos $Pnp \equiv Fnp$ como una ley. Lo que tenemos en la lógica del tiempo métrico circular es un nuevo tipo de constante, el intervalo *k* que representa un cíclo completo; y para ésta, tenemos leyes como

    (1) $Fkp \equiv p,$

y donde *sk* representa cualquier múltiplo entero de *k* que sea mayor que *n*,

(2) $Fnp \equiv P(sk\text{-}n)p$,

por ejemplo, si k es mayor que n, tenemos

(3) $Fnp \equiv P(k\text{-}n)p$

De (2), $(\forall n)Pnp \supset (\forall n)Fnp$, esto es, $Hp \supset Gp$, es fácilmente deducible, como $Gp \supset p$ es de (1).

6. *Extensión de la lógica-temporal para construir conceptos definibles métricamente.* Cabe sugerir que, no sólo el uso de fechas sino el uso de intervalos de medida como procedimiento sofisticado y artificial, y los intervalos de medida, sean definibles dentro de una lógica del tiempo más prístina[1]. Así como la datación supone, en la práctica, la introducción de un suceso-origen en una lógica de intervalos de medida, también los intervalos de medida incluyen la sincronización de los sucesos con las fases de algún proceso cíclico. "Fue el caso, en este momento, que p ayer", por ejemplo, equivale a "Fue el caso que p cuando el sol estuvo, por última vez, en su posición actual". La teoría de los intervalos de medida se construiría sobre proposiciones de la forma "Fue el caso que p, la última vez que fue el caso que q". Pero estas proposiciones no parecen ser definibles en términos de la indefinida P y F de nuestro primer tipo de lógica-temporal. Por ejemplo, $P[\sim q \wedge P(q \wedge p)]$ se queda corta; significa "Fue el caso que p en *alguna* aparición previa de q, separada de ahora por *al menos* un momento o período de la falsedad de q". Esto es compatible con q y $\sim q$ habiendo alternado *más* que una vez entre ahora y el momento en el que expresamos que p y q fueron verdaderas a la vez. De otro modo,

$$P[\sim q \wedge P(q \wedge p)] \wedge \sim P[q \wedge P(\sim q \wedge P(q \wedge p))]$$

es muy fuerte. En efecto, mientras que esto, efectivamente, afirma que p fue verdadera la última vez que q lo fue, también afirma que p nunca fue verdadera

---

[1] La artificialidad de la cuantificación de los intervalos es acentuada por P. T. Geach en su reseña de *Time and Modality* en *Cambridge Review*, 4, May, 1957, p. 543.

en ninguna ocasión de la verdad previa de q para tal caso, y dejamos la cuestión abierta.

Hans Kamp ha destacado (1966) que lo que necesitamos aquí es algo entre la mera "topología" lógico-temporal con P, H, F, G y el tipo de "métrica" completa con Pn y Fn; y comenzó el desarrollo de tal sistema. Como primitivas usa un par de funciones diádicas que pueden ser representadas como Φpq y Ψpq. La primera significa "q desde que p en el pasado hasta (pero no necesariamente incluyendo) el ahora". En una lógica-temporal métrica enriquecida por la aritmética, esta función equivaldría a

$$(\exists n)[Pnp \land (\forall m)(m<n) \supset Pmq],$$

y un Cálculo-U con Uab interpretada como "a antes que b", tendríamos

$$Ta\Phi pq \equiv (\exists b)[Uba \land [Tbp \land (\forall c)(Ubc \land Uca \supset Tcq)]],$$

es decir, Φpq es el caso en a, si, y sólo si, para algún b antes que a, p es verdadera en b, y para todo c entre b y a, q es verdadera en c; pero éstas, en todo caso la primera, no son definiciones; este es un cálculo más básico, en términos de cómo Pnp pueda ser definida. Ψ es el tiempo futuro análogo a Φ. Lo que puede ser definido en términos de Φ es la función deseada "p la última vez que q" que es $\Phi(p \land q) \sim q$, "q falsa desde el pasado en que p y q simultáneamente verdaderas hasta ahora". Podemos, además, definir la simple Pp como $\Phi p(p \supset p)$. "La tautología $p \supset p$ desde que p en el pasado hasta ahora".

La función inversa $\Phi(p \supset p)p$ abreviada a $H'p$ tiene también algún interés. Puede ser leída como "p sólo antes de ahora" significado que p ha sido verdadera, ininterrumpidamente, desde el pasado hasta (pero no incluyendo necesariamente) ahora. Esta función no es equivalente a, aunque con el tiempo denso implica, $\sim H' \sim p$ que es útil para abreviar $P'p$. Ambos $H'p$ y $H' \sim p$ serán falsos, si aparece lo que he llamado un "parche" de las p y las $\sim p$ en el pasado inmediato, es decir, si entre el pasado de la verdad de p y el presente, no obstante, próximo, hay un instante de la falsedad de p y a la inversa. Este contraejemplo no se encuentra, claro está, en el tiempo discreto y, efectivamente, en el tiempo discreto $H'p$ es verdadera, de forma vacua, sea lo que sea p. En efecto, $H'p$ es verdadera, si p es verdadera siempre entre el pasado y el presente; pero en el tiempo discreto, hay un pasado (el pasado *actual*) pero *no* ningún instante entre éste y el presente, así para cualquier proposición al efecto, *si* se da un tiempo, el único entre éste y el presente, *p* es verdadera en éste, pero lo será vacuamente. Mas en el tiempo denso infinito $Hp \rightarrow H'p \rightarrow P'p \rightarrow Pp$. Kamp ha investigado los "modos" constituidos por las secuencias de P, H, F, G, P', H', F' y G', y ha encontrado que aunque hay infinitos en número (incluso el tiempo denso infinito produce sólo quince para P, H, F, G) tienen una estructura implicacional muy definida. En el tiempo discreto, Kamp ha destacado que la función de Scott Yp, "*p* en el pasado inmediato" es definible como Φpp. (Dado que *no* hay ningún instante entre el pasado inmediato y ahora, si *p* fue verdadera en el pasado inmediato, hay un momento, a saber, el único del pasado inmediato en el que tenemos ambos *p*-verdadera-entonces y también *p*-siempre-entre-entonces-y-ahora. Y si *p* fue verdadera en el pasado y siempre, entonces fue verdadera en el pasado inmediato).

Para comenzar la axiomatización de esta área de la lógica-temporal, las contrapartes-U de los siguientes postulados de Φ y Ψ (Prior, 1966) se demuestran sin imponer ninguna condición sobre la relación U, y son suficientes con sus imágenes especulares para producir el conjunto del sistema mínimo de Lemmon K_t:

R1: $\vdash \alpha \rightarrow \vdash \sim \Phi \sim \alpha \gamma$
R2: $\vdash \alpha \supset \beta \rightarrow \vdash \Phi \gamma \alpha \supset \Phi \gamma \beta$
A1: $\sim \Phi \sim (p \supset q) r \supset (\Phi pr \supset \Phi qr)$
A2: $\Phi(\sim \Psi \sim pq)q \supset p$[1].

Las pruebas clave son las siguientes:

T1: $(p \supset p) \supset (q \supset q)$ c. p.
T2: $\Phi r(p \supset p) \supset \Phi r(q \supset q)$ T1, R2, introducimos Φr
T3: $\sim \Phi \sim (p \supset q)(r \supset r) \supset [\Phi p(r \supset r) \supset \Phi q(r \supset r)]$ A1, $r/r \supset r$
T4: $\sim \Phi \sim (p \supset q)[\sim (p \supset q) \supset \sim (p \supset q)] \supset [\Phi p(p \supset p) \supset \Phi q(q \supset q)]$
                                                                 T3, T2

---

[1] N. del T: A1: $\sim \Phi \sim (p \supset q) r \supset (\Phi pr \supset \Phi qr)$ equivale a $\sim P \sim (p \supset q) \supset (Pp \supset Pq)$ y el A2: $\Phi(\sim \Psi \sim pq)q \supset p$ equivale a $P \sim F \sim p \supset q$.

*T5: $\sim P \sim (p \supset q) \supset (Pp \supset Pq)$ T4, Df. P
T6: $\Phi[\sim\Psi\sim p(q\supset q)](q\supset q)\supset p$ A2, $q/q \supset q$
T7: $\Phi[\sim\Psi\sim p(\sim p \supset \sim p)](q\supset q)\supset p$ T6, T2
T8: $\Phi[\sim\Psi\sim p(\sim p\supset\sim p)][[\sim\Psi\sim p(\sim p\supset\sim p)]\supset[\sim\Psi\sim p(\sim p\supset\sim p)]]\supset p$
                  T7, T2
*T9: $P \sim F \sim p \supset p$ T8, Df. P, Df. F
*RH: $\vdash \alpha \rightarrow \vdash \sim\Phi\sim\alpha(\sim\alpha\supset\sim\alpha)$ R1
   $\rightarrow \vdash \sim P \sim \alpha$ Df. P.

Al demostrar las contrapartes-U de los postulados, podemos comenzar observando que, dado

$$Ta\Phi\alpha\beta = (\exists b)[Uba \wedge [Tb\alpha \wedge (\forall c)[Ubc \supset (Uca \supset Tc\beta)]]]$$

y $Tb \sim \alpha = \sim Tb\alpha$,

$$Ta\Phi\sim\alpha\beta = \exists b)[Uba \wedge [\sim Tb\alpha \wedge (\forall c)[Ubc \supset (Uca \supset Tc\beta)]]]$$

y

$Ta\sim\Phi\sim\alpha\beta = \sim Ta\Phi\sim\alpha\beta$
     $= \sim(\exists b)[Uba \wedge [\sim Tb\alpha \wedge (\forall c)[Ubc \supset (Uca \supset Tc\beta)]]]$
     $= (\forall b)[Uba \supset \sim[\sim Tb\alpha \wedge (\forall c)[Ubc \supset (Uca \supset Tc\beta)]]]$, Def $\sim\exists = \forall\sim$
     $= (\forall b)[Uba \supset [\sim Tb\alpha \supset \sim(\forall c)[Ubc \supset (Uca \supset Tc\beta)]]]$, Def. $\wedge$, $\supset$
     $= (\forall b)[Uba \supset (\forall c)[[Ubc \supset (Uca \supset Tc\beta)] \supset Tb\alpha]]$, contraposición.

Por tanto, por la contraparte-U de R1, tenemos

$\vdash Ta\alpha \rightarrow \vdash Tb\alpha$ (por sustitución; α, siendo una fórmula lógico-temporal pura sin ninguna a en ella, permanecerá inalterada)
   $\rightarrow \vdash Uba \supset (\forall c)[[Ubc \supset (Uca \supset Tc\beta)] \supset Tb\alpha]$ por $p \supset [q \supset (r \supset p)]$
   $\rightarrow \vdash (\forall b)[Uba \supset (\forall c)[Ubc \supset (Uca \supset Tc\beta)] \supset Tb\alpha]$ por I.U.
   $\vdash Ta\sim\Phi\sim\alpha\beta$.

La contraparte-U de R2 es:

$\vdash Ta(\alpha \supset \beta) \rightarrow \vdash Ta(\Phi\gamma\alpha \supset \Phi\gamma\beta)$.

De éste, el antecedente = $\vdash Ta\alpha \supset Ta\beta$ = $\vdash (\forall f)(Tf\alpha \supset Tf\beta)$, por I.U, que debemos importar como un antecedente al demostrar el consecuente de la regla. Este consecuente se extiende como sigue:

$Ta(\Phi\gamma\alpha \supset \Phi\gamma\beta)$
$= Ta\Phi\gamma\alpha \supset Ta\Phi\alpha\beta$
$= (\exists b)[Uba \wedge [Tb\gamma \wedge (\forall c)[Ubc \supset (Uca \supset Tc\alpha)]]] \supset$
$\qquad (\exists d)[Uda \wedge [Td\gamma \wedge (\forall e)[Ude \supset (Uea \supset Te\beta)]]]$
$= (\forall b)[Uba \supset [Tb\gamma \supset (\forall c)[Ubc \supset (Uca \supset Tc\alpha)]]] \supset$
$\qquad (\exists d)[Uda \wedge [Td\gamma \wedge (\forall e)[Ude \supset (Uea \supset Te\beta)]]]$

Demostramos este último como sigue:

(1) $(\forall f)(Tf\alpha \supset Tf\beta)$ Supuesto (antecedente de la regla)
(2) Uba Supuesto
(3) $Tb\gamma$ Supuesto
(4) $(\forall c)[Ubc \supset (Uca \supset Tc\alpha)]$ Supuesto
(5) $(\forall e)[Ube \supset (Uea \supset Te\alpha)]$ 4, sustitución de c/e
(6) $(\forall e)(Te\alpha \supset Te\beta)$ 1, sustitución f/e
(7) $(\forall e)[Ube \supset (Uea \supset Te\beta)]$ 5, 6, S.H.
(8) $Uba \wedge [Tb\gamma \wedge (\forall e)[Ube \supset (Uea \supset Te\beta)]]$ 2, 3, 7, I$\wedge$
(9) $(\exists d)[Uda \wedge [Td\gamma \wedge (\forall e)[Ude \supset (Uea \supset Te\beta)]]]$ 8, I.E, sust. de b/d

Aquí los pasos de (4) a (5) y de (1) a (6) salen de renombrar las variables ligadas que está permitido en todos los sistemas normales de teoría de la cuantificación $(\forall x)\phi x \equiv (\forall y)\phi y$. Seguiremos los mismos pasos en la demostración de A1. Para este axioma, comenzaremos con,

Ta (A1)
$= Ta \sim \Phi \sim (p \supset q)r \supset (\Phi pr \supset \Phi qr)$
$= Ta \sim \Phi \sim (p \supset q)r \supset (Ta\Phi pr \supset Ta\Phi qr)$, Ta en los dos lados
$= Ta\Phi pr \supset [Ta \sim \Phi \sim (p \supset q)r \supset Ta\Phi qr]$, mutación de premisa

$=(\exists b)[Uba \land [Tbp \land (\forall c)[Ubc \supset (Uca \supset Tcr)]]] \supset (Ta \sim \Phi \sim (p \supset q)r \supset Ta\Phi qr)$
$=(\forall b)[Uba \land [Tbp \land (\forall c)[Ubc \supset (Uca \supset Tcr)]] \supset (Ta \sim \Phi \sim (p \supset q)r \supset Ta\Phi qr)]$.

Y, usando en el consecuente la extensión $Ta \sim \Phi \sim$, da como resultado, el anterior

$=(\forall b)[Uba \land [Tbp \land (\forall c)[Ubc \supset (Uca \supset Tcr)]] \supset$
$(\forall d)[Uda \supset (\forall e)[Ude \supset (Uea \supset Ter)] \supset (Tdp \supset Tdq)]] \supset$
$(\exists f)[Ufa \land [Tfq \land (\forall g)[Ufg \supset (Uga \supset Tgr)]]]$,

que se demuestra como sigue:

(1) Uba — Supuesto
(2) Tbp — Supuesto
(3) $(\forall c)[Ubc \supset (Uca \supset Tcr)]$ — Supuesto
(4) $(\forall d)[Uda \supset (\forall e)[Ude \supset (Uea \supset Ter)] \supset (Tdp \supset Tdq)]$ — Supuesto
(5) $Uba \supset (\forall e)[Ube \supset (Uea \supset Ter)] \supset (Tbp \supset Tbq)]$ — 4, E.U. sustitución d/b
(6) $(\forall e)[Ube \supset (Uea \supset Ter)]$ — 3, sustitución c/e
(7) Tbq — 5, 1, 6, 2, MP.
(8) $(\forall g)[Ubg \supset (Uga \supset Tgr)]$ — 3, sustitución c/g
(9) $Uba \land [Tbq \land (\forall g)[Ubg \supset (Uga \supset Tgr)]]$ — 1, 7, 8, I∧
(10) $(\exists f)[Ufa \land [Tfq \land (\forall g)[Ufg \supset (Uga \supset Tgr)]]]$ — 9, I.E. b/f

Finalmente, para A2, $\Phi(\sim\Psi\sim pq)q \supset p$, destaquemos primero que el antecedente

$$Ta\Phi(\sim\Psi\sim pq)q = (\exists b)[Uba \land [Tb \sim \Psi \sim pq \land (\forall c)[Ubc \supset (Uca \supset Tcq)]]].$$

Y, dentro de éste (usando la forma análoga que encontramos antes para $Ta \sim \Phi \sim$),

$$Tb \sim \Psi \sim pq = (\forall d)[Ubd \supset (\forall e)[Ube \supset (Ued \supset Teq)] \supset Tdp)].$$

Del antecedente extendido en este punto, también deducimos Tap como sigue:

(1) *Uba*   Supuesto
(2) *(∀d)[Ubd⊃(∀e)[Ube⊃(Ued⊃Teq)]⊃Tdp)]* $Tb \sim \Psi \sim pq$ y E∧
(3) *(∀c)[Ubc⊃(Uca⊃Tcq)]*   E∧ de $Tb \sim \Psi \sim pq \wedge$
                                                   (∀c)[Ubc⊃(Uca⊃Tcq)]
(4) *Uba⊃(∀e)[Ube⊃(Uea⊃Teq)]⊃Tap)]*   2, E.U. sustitución *d/a*
(5) *(∀e)[Ube⊃(Uea⊃Teq)]*   3, sustitución *c/e*
(6) *Tap*   4, 1, 5. MP.

7. Las definiciones de Geach de las constantes de Kamp. No obstante, cabe añadir a todo esto, que si estamos preparados para usar técnicas y supuestos que permiten a Geach definir *F* en términos de la *M* diodoriana (véase el capítulo anterior), *podemos* definir Φ y Ψ en términos de *P* y *F*. Esto es, podemos permitirnos (a) el uso de cuantificadores proposicionales y (b) algunos de tales supuestos como que en cada instante hay algo que es verdadero sólo en ese instante. La Φpq de Kamp, "Fue el caso que *p*, y ha sido el caso que *q* desde entonces hasta ahora", claramente implica la función *Tpq* de Miss Anscombe, "Fue el caso que *p* y después *q*" definible como *P(Pp∧q)*. Por otro lado, no es implicada por ésta ("*p* y después *q*" no implica "*p* y después *q*-desde ahí"). Además, Φpq es implicada por, pero no implica, la conjunción de *Tpq* y *~T(Tpq)~q* ("Hemos tenido *p*-y-después-*q*, pero *nunca* tuvimos *p*-y-después-*q*-y-entonces-no-*q*"). Mas, si en cada momento, cuando *p* es verdadera, hay una proposición, (*r*), que es verdadera sólo en este instante, entonces "*p* y *q*-siempre-desde-ahí" puede implicar (como ser implicada por) "Para algún *r*, ha sido que *p*-y-*r* y después *q*, y nunca ha sido que *p*-y-*r* y después *q* y más tarde no *q*", esto es,

$$(\exists r)[T(p \wedge r)q \wedge \sim T[T(p \wedge r)q] \sim q].$$

Esta definición adapta otra directa análoga de "*p* la última vez que *q*" dada por Geach (1966). En vista de su definición, mencionada anteriormente, de *F* en términos de la *M* diodoriana, ésta significa que el conjunto de la lógica temporal en Φ y en Ψ, y no sólo el fragmento *P-F* de ésta, puede desarrollarse en términos de la posibilidad diodoriana y su contrapartida en pasado con cuantificadores proposicionales. Desconocemos qué *postulados* requeriremos para tal desarrollo además de los conocidos para la *M* diodoriana y su imagen (esto es, "el sistema original del Hamblin", del capítulo IV) y los postulados ordinarios para la cuantificación; ni está claro cuál es el sistema *más débil* que puede obtenerse de esta forma.

La última cuestión es importante, porque decir que usando las definiciones al estilo de Geach, "suponemos" que el tiempo no es circular, no significa, si establecemos axiomáticamente que el tiempo no es circular, que con tales definiciones sólo obtendremos el K_l. La posición es más bien que, si usamos tales definiciones deberemos, fácilmente, ser capaces de demostrar las equivalencias (por ejemplo, $Fp \equiv (\exists q)[\sim q \wedge M(p \wedge q)]$, $\Phi pq \equiv (\exists r)[T(p \wedge r)q \wedge \sim T[(T(p \wedge r)q] \sim q])$ que sólo se admiten, si suponemos la no circularidad; es decir, no podemos construir así sistemas tan débiles como para no comprometernos con este punto.

Una tema final de pura especulación: al construir una lógica de intervalos de medida dentro de una "lógica Φ-Ψ", enriquecida por supuestos justificados y admisibles sobre los sucesos-origen y los procesos periódicos, sería necesario considerar la relevancia de la física relativista que daría lugar a una relación distinta de la lógica del tipo *Pn-Fn* que hemos esbozado primero en este capítulo. Pero éste es un desarrollo para el que no soy del todo competente y los dos capítulos restantes enfrentarán problemas filosóficos de un modo más tradicional.

Nota: si definimos $\Omega 1qp$, "*p* la última vez que *q*" como $\Phi(q \wedge p) \sim q$, podemos definir Ωnqp, "*p* desde la enésima vez que *q*", como $\Omega 1q\Omega(n-1)qp$, "(*p* desde la *n*−1 vez que *q*) la última vez que *q*".

VII. TIEMPO Y DETERMINISMO

1. Argumentos para la incompatibilidad de la presciencia (la verdad-futura) y el indeterminismo. En el siglo XVIII el filósofo americano Jonathan Edwards en su *Enquiry* de la libertad de la voluntad, expone un argumento simple para mostrar que la presciencia divina es tan inconsistente con una contingencia real de los sucesos futuros así como lo sería su inmediata preordenación[1]. En una primera parte de este trabajo[2], observó que hay tres modos en los que "el sujeto y el predicado de una proposición" tienen algo así como "una innegable conexión completa y fija" como lo que convierte "el objeto afirmado" en tal proposición, en "necesario". Menciona primero algo como la necesidad lógica: "que si no están conectados, implica contradicción". Entonces -y esto es lo importante- "la conexión entre el sujeto y el predicado de una proposición que afirma la existencia de algo es fija e incuestionable pues la existencia de tal objeto ya ha pasado; y, o es ahora, o ha sido; y, así, se asegura la existencia... De este modo, la existencia de lo que ya ha pasado se ha convertido en necesaria"; *"lo imposible no debería ser sino la verdad de lo que ya se ha cumplido"* (cursivas mías). Tercero, puede haber una conexión necesaria *consecuente* entre sujeto y predicado. "Las cosas que están conectadas perfectamente con otras que son necesarias, son necesarias ellas mismas, por una necesidad de la consecuencia". Edwards destaca que "todas las cosas que son futuras, o que más adelante lo serán, de las que puede decirse que sean necesarias, son necesarias sólo de este modo". Si su existencia fuera "necesaria en sí misma", "siempre habrían existido" y *ex hypothesi no* "suceden". Así que, "el único modo de que algo que sucederá más adelante sea, o pueda ser

---

[1] Jonathan Edwards, *A Careful and Strict Enquiry into the Modern Prevailing Notions of that Freedom of Will which is supposed to be Essential to Moral Agency, Virtue and Vice, Reward and Punishment, Praise and Blame* (1764), Part II, Section xii, Subsection i.
[2] Part I, Section iii.

necesario, es por conexión con algo que es necesario por su propia naturaleza, o algo que ya lo es, o ha sido: tal que si uno es supuesto, el otro se sigue". Además añade que lo que es una consecuencia necesaria de algo "necesario en sí mismo" también "habría existido siempre", tal que es sólo por conexión necesaria con lo que "ya ha sucedido" que el futuro sin más *puede* ser necesario.

No obstante, esta forma *debe* ser necesaria y este es el nervio de su posterior argumento sobre la presciencia. "Observé antes", afirma, "que respecto de las cosas pasadas, su existencia pretérita es ahora necesaria... demasiado tarde para el cambio: esto ya imposible, no debe ser sino verdadero". Éste es su Punto (1). Punto (2) si hay tal cosa como una "divina presciencia de las voluntades libres de los agentes" (el caso paradigmático, en todas estas discusiones, de la supuesta contingencia futura de los sucesos), entonces "esa precognición... es algo que ya *tiene* y hace mucho tiempo que *tenía* existencia; y, por tanto, ... es ahora completamente imposible ser de otro modo, más que lo que la presciencia deba disponer o haya dispuesto". Punto (3): "Aquellas cosas que están indisolublemente conectadas con otras cosas que son necesarias, son ellas mismas necesarias. Como tal proposición cuya verdad está indisolublemente conectada con otra proposición que es necesariamente verdadera, es en sí misma necesariamente verdadera". Esta es la fórmula modal $L(p\supset q)\supset(Lp\supset Lq)$. Y Punto (4): "Si hay una presciencia completa, cierta e infalible de la existencia futura de las voliciones de los agentes morales, entonces hay una conexión cierta e indisoluble entre tales sucesos y esa presciencia". Lo que es conocido implica necesariamente su verdad. Por tanto, "por las observaciones precedentes, aquellos sucesos, son sucesos necesarios; estando conectados, infalible e indisolublemente, con aquéllos cuya existencia ya es y, así, es ahora necesaria, y no puede sino haber sido".

Edwards insiste en su Parte (4) que *no* está diciendo que la presciencia de Dios *causa* que las cosas sucedan, más que su "conocimiento-posterior". "La Precognición Infalible puede *demostrar* la Necesidad de los sucesos previstos e, incluso, no ser aquello que *causa* la Necesidad". Edwards además sugiere, creo con cierta ingenuidad como consistencia que, si la Presciencia de Dios no es la causa sino el efecto de la existencia del suceso previsto, éste está tan lejos de mostrarse que esta Presciencia no puede inferir (esto es, demostrar) que "la Necesidad de la existencia de ese suceso indicó más claramente lo contrario porque mostró la existencia del suceso de forma tan segura y firme como si ya hubiera sido; ... su existencia futura tiene ya su *influencia* y *eficiencia* real y ha *producido un efecto,* Presciencia: el efecto ya existe y, como tal efecto, supone la causa, ... y depende, completamente, de ésta, por tanto, es como si el suceso futuro, que es la causa, ya haya existido".

La terminología lógica de estos pasajes está algo desfasada; hay demasiado sobre sujetos y predicados en ella, y demasiada palabrería de sucesos "existiendo" en lugar de ocurriendo. Pero el alcance de su estructura es poderoso. Tampoco fue Edwards el primero en inventarla. Discutiendo "Si Dios conoce los distintos futuros contingentes", el Aquinate[1] menciona una objeción a esta proposición pues: Dada cualquier proposición verdadera de la forma "Si p entonces q", si el antecedente p es absolutamente necesario, el consecuente q es absolutamente necesario. La frase *est necessarium absolute* no significa aquí lo mismo que la primera de Edwards, el tipo de necesidad más o menos lógica. Significa que q puede no sólo aparecer como un componente de una implicación necesaria, sino que es, en sí misma, una verdad necesaria (en cualquier sentido en que "necesario" pueda ser relevante). El investigador distingue entre *necessitas consequentiae,* implicación necesaria y *necessitas consequentis,* necesidad de la proposición implicada. La forma "Si p entonces necesariamente q" no necesita expresar que de la verdad de p se sigue la de q es, en sí misma, una verdad necesaria, es decir, no necesita expresar "Si p entonces necesariamente-q"; y sólo significa que de la verdad de p (que muy bien podría ser la verdad *contingente* de p) la verdad de q (que, de nuevo, bien podría ser la verdad contingente de q) *necesariamente se sigue,* es decir, significa "Si p entonces-necesariamente q". Esto no es en absoluto la necesidad de q, sino sólo una conexión necesaria entre q y algo más. Los partidarios del argumento que estamos considerando son acusados, a veces, de confundir estos dos sentidos de "Si p, entonces necesariamente q" pero el cargo es infundado. Ellos, normalmente, han sido conscientes de la distinción; lo que explotan es una innegable relación lógica que existe entre los dos tipos de necesidad (o los dos puntos en los que la necesidad puede operar), a saber, donde *no sólo la implicación en su conjunto, sino además la implicación de la proposición es necesariamente verdadera,* hay una proposición implicada que también es necesariamente verdadera. Esta es, nuevamente, la tesis modal

---

[1] *De Veritate*, Q. 2, Art. 12, Obj. 7. Para un completo análisis de este argumento ver A. Prior, "The Formalities of Omniscience", *Philosophy*, April 1962.

$L(p\supset q)\supset(Lp\supset Lq)$. Respecto de las autoridades citadas aquí, la apelación es, generalmente, a Aristóteles *Anal. Pr.* 34ª23 o *Anal. Post.* 75ª4-12.

La segunda premisa del objetor es que "Si algo es (ya) conocido por Dios" (*est scitum a deo*), "entonces tal cosa será". Pero el antecedente, al menos, si es verdadero, es necesario, sólo porque Dios *ya lo conoce*, tal que nada puede ahora pasarle que no haya sido conocido -*quod fuit, non potest non fuisse* (lo que ha sido, no puede ahora no haber sido). Y, también -el corolario es bastante obvio para que Tomás se moleste en explicitarlo -lo que Dios ya conoce que sucederá, *no es* ahora del todo contingente. Respecto de la autoridad citada aquí, es Aristóteles *Ética a Nicómaco* 1139^{b}8 y siguientes y su *De Caelo* 283^{b}12.

Mediante este argumento, la precognición es, como tal, incompatible con la contingencia siendo inmaterial. En *De Fato*, Cicerón[1] toca el mismo tema en conexión con los principios astrológicos tal que "Si alguien ha nacido bajo la Estrella del Perro, no morirá en el mar". De éste se sigue que, si Fabio (ahora con vida) nació bajo la Estrella del Perro, *él* no morirá en el mar. Pero aquí el antecedente es necesario, pues "todas las proposiciones en tiempo-pasado son necesarias" y, por tanto, el consecuente deber ser verdadero. Esto, apunta Cicerón, es un tipo de argumento que Diodoro usaría. Tiene un cierto sabor de Argumento Maestro; como este último, va dirigido contra los que sugieren que no tenemos ningún control sobre el pasado pero creen que sí lo tenemos respecto al futuro; y, en ambos casos, el truco parece ser la transición de la necesidad admitida del pasado al futuro a través de alguna proposición que necesariamente conecta las dos.

La profecía de un astrólogo es un apoyo débil para tal conexión y, efectivamente, Cicerón no está aquí defendiendo la conclusión fatalista sino que la usa para denunciar la astrología. Incluso, la precognición de Dios no es tan ampliamente aceptada en la actualidad como tampoco lo fue en la Europa del Aquinate o en la América de Edwards. Pero hay principios de la lógica temporal que son y han sido establecidos con la misma finalidad. La más lúcida presentación del argumento de lógica temporal que yo conozco es del filósofo

---

[1] Capp. vi, vii.

de Lovaina del siglo quince Peter de Rivo[1]. Su punto clave es que si, antes que un suceso ocurra, los enunciados que afirman su aparición futura fueran ya verdaderos, lo usaríamos para establecer un argumento exacto al discutido por Cicerón y el Aquinate (a los que cita De Rivo). De la verdad, ya asumida, "X será Y", necesariamente se sigue que X será Y (hay aquí una apelación al principio "tarskiano" enunciado en las *Categorías* de Aristóteles 14^b13-17); si esto fuera ya verdad, su verdad estaría ahora lejos de su prevención (*inimpedibile*) pues no tenemos ningún poder sobre el pasado (*ad preteritum non est potentia*); pero sólo lo inevitable se sigue de lo inevitable; tal que, si "X será Y" es ya verdadera, X será Y es ya inevitable[2]. La presentación es un poco metalingüística pero no en todos los puntos; por ejemplo, De Rivo indica, de una vez, lo que está combatiendo (con el fin de evitar el "determinismo execrable" de Wyclif), la opinión de que "de lo que sea ahora el caso, fue primero verdadero que sería el caso", $p \supset PFp$.

Hay fragmentos del famoso capítulo de la "batalla naval" de Aristóteles (*De Interpretatione,* Ch. 9) que se leen como si el mismo argumento estuviera anticipado. Ciertamente, Cicerón acredita a Epicuro con la tesis de que con el fin de escapar del determinismo, debemos negar que las predicciones sobre cuestiones que permanecen abiertas sean, o verdaderas, o falsas (que es la conclusión de De Rivo).

2. Formalización de estos argumentos. Al formalizar estos argumentos, usemos L para la "necesariedad" indefinida, es decir, *no* para "es, o será", o para "es, o ha sido, o será" sino para algo como la "inevitabilidad del ahora"[3] (las proposiciones "necesarias" son aquéllas que escapan a nuestro poder de convertirlas en verdaderas o falsas). Una de las principales premisas de estos argumentos sería

---

[1] Los artículos de la controversia de De Rivo han sido recopilados en su conjunto, con una excelente introducción, en L. Baudry´s *La Querelle des Futurs Contingents* (Louvain 1465-75): *Textes Inédits* (Paris, 1950).
[2] Baudry, op. cit., pp. 70 y siguientes, 80-81, 85-86.
[3] N. del T: Expresión de Peter de Rivo para las proposiciones que no tienen afirmación de futuro (ir a la sección 4, "Formalización de la respuesta ockhamista"). "Now-unpreventably" puede traducirse por la "inevitabilidad del ahora" pero lo traduciremos, simplemente, por "necesidad del ahora", o, simplemente, "lo necesario".

(1) $Pp \supset LPp$, "lo que sea que haya sido el caso, necesariamente ha sido el caso".

Procederemos, por tanto:

(2) $PFp \supset LPFp$ (1, p/Fp), es decir, "Si ha sido que será p, necesariamente ha sido que será que p".
(3) $Fp \supset PFp$, "De lo que será, ha sido el caso que será".
(4) $Fp \supset LPFp$, "De lo que será, necesariamente ha sido el caso que será". (2, 3, S.H.)
(5) $L(p \supset q) \supset (Lp \supset Lq)$.

Y ahora, si tenemos algo como

(6) $L(PFp \supset Fp)$, "Necesariamente, si ha sido el caso que será, entonces será",

deducimos por 5 y 6

(7) $LPFp \supset LFp$, L en antecedente y consecuente,

y de éste y (4), a la conclusión fatalista

(8) $Fp \supset LFp$, por S.H. 4, 7

Pero esta formalización, no funcionó, como (6) es completamente falsa, tal sería su contrapartida teológica del argumento, "Necesariamente, si ha sido que Dios sabe lo que será, entonces será", o más coloquialmente, "Si Dios sabía lo que iba a suceder, entonces sería". Esto es falso, es decir, como ley, ya que en el acto de la expresión, lo que iba a suceder, o lo que Dios sabía que sería, puede haber sucedido ya y puede que no vaya a suceder de nuevo. Cicerón utilizando el ejemplo de la Estrella del Perro fue muy consciente de este problema al suponer el argumento válido antes de que Fabio haya muerto y, por tanto, la profecía ya cumplida o falsificada.

Lo que queremos decir, sobre (6) es que el haber sido el caso algún tiempo antes de ahora que sería el caso *mucho* después (por ejemplo, el haber sido el caso ayer que fumaría dos días después) necesariamente implica que será ahora el caso no muy tarde (en el ejemplo, que mañana fumaré). Algo que desde la lógica temporal métrica podría darnos lo que deseamos, a saber, $L[PmF(m+n)p \supset Fnp]$. Con esto, y su correspondiente modificación de la otra fórmula, tenemos

(1) $Pmp \supset LPmp$
(2) $PmF(m+n)p \supset LPmF(m+n)p$ 1, sust. introducimos $F(m+n)$
(3) $Fnp \supset PmF(m+n)p$,   el antecedente de (2) implicado por el intervalo de futuro
(4) $Fnp \supset LPmF(m+n)p$ 3, 2, S.H.
(5) $L(p \supset q) \supset (Lp \supset Lq)$ Axioma de la implicación necesaria
(6) $L[PmF(m+n)p \supset Fnp]$ sust. $L(PFp \supset Fp)$
(7) $LPmF(m+n)p \supset LFnp$ 5, 6, L en antecedente y consecuente
(8) $Fnp \supset LFnp$ 4, 7, S.H.

En esta versión, la lógica temporal es menos cuestionable (aunque *pueda* ser cuestionada, como veremos), pero cabe decir que la relación afirmada en (1) entre necesidad y pasado no está suficientemente garantizada por quienes apoyan el argumento. Lo que los partidarios del argumento adscriben al pasado, cabe decirlo como un tipo de necesidad que es o implica invarianza. Las cosas pueden, efectivamente, convertirse en "necesarias" en este sentido en que no lo fueron antes; decisiones, sobre la mera marcha de los sucesos, cierran las posibilidades que estaban abiertas anteriormente; decimos que una cosa es ahora necesaria porque es "demasiado tarde" para ser de otro modo-es como si hubiera "perdido la oportunidad" de ser falsa- pero una vez sucede, sucedió definitivamente; decir que el ser de una cosa es necesario, es decir que, de ahora en adelante, debe permanecer así. Pero el pasado es inmutable en el sentido que lo que ha sido el caso, siempre-habrá sido el caso. No es inmutable, como acabamos de ver, de la forma en que una vez una cierta proposición, digamos que "habrá una batalla naval en un día", se torne verdadera, tal proposición está destinada a ser verdadera. Si tal proposición fue verdadera ayer, lo que está destinado a ser verdad hoy no es que habrá una batalla naval en un día sino que *hay* una batalla naval *hoy*[1]. Ni el pasado es inmutable en el sentido de que, si algo fue el caso desde el intervalo *n* (supongamos ayer), entonces será siempre el caso que fue el caso en el intervalo *n* anterior. ("Ayer tomé salchichas para desayunar" puede ser verdadero hoy y falso mañana). Aunque tengamos *Pp⊃GPp* (y, por tanto, *PFp⊃GPFp*), no sólo no tenemos *PFp⊃GFp*, sino que tampoco tenemos *Pnp⊃GPnp*. (Esta es la objeción de McTaggart al dictum de que el pasado es inmutable). Pero lo que nuestra nueva ley (1) afirma es que si fue el caso desde el intervalo *n* que *p*, entonces es ahora necesario que fue el caso desde el intervalo *n* que *p*. Es "necesario" -e, incluso, quizás no sea verdadera, un poquito más tarde, la verdad, entonces no es *Pnp* sino *P(m+n)p* (donde *m* es ese mínimo más tarde). Si hay alguna necesidad aquí es o, al menos, tiende a ser muy fugaz y ¿qué clase de necesidad sería?

No obstante, me inclino a pensar que esta objeción es frívola. El cambio en el valor de verdad que es mencionado aquí es, en sí mismo, inevitable; no es algo que elijamos, o algo que pueda cambiar la suerte de los sucesos; y, no se puede cambiar el hecho de que en cada instante, lo que ocurrió en el intervalo anterior *n*, no puede *entonces* no haber sucedido en tal intervalo. Existen, igualmente, otras objeciones de la ley (1) en sus dos formas.

Quizás el argumento se vuelve más intuitivo en un cálculo mixto temporal y métrico al estilo de Rescher. Supongamos que usamos, nuevamente, la forma *Tap* para "Es verdad en la fecha *a* que *p*" con los postulados

RT: $\vdash\alpha \rightarrow \vdash T a\alpha;$

y

TC: $Ta(p\supset q)\supset(Tap\supset Taq),$

de la cual, podemos derivar la regla

RTC: $\vdash\alpha\supset\beta \rightarrow \vdash Ta\alpha\supset Ta\beta.$

Añadimos a éste (siguiendo a Rescher) la forma *Dap* para "Es *determinado* en *a* que *p*", *DaFnp* expresando la *pre*-determinación de *p* y *DaPnp* su *post*-determinación. Para *D*, tenemos la siguiente ley

---

[1] Esta cuestión fue señalada por Suarez.

RD: $\vdash\alpha \to \vdash Da\alpha$
DC: $Da(p\supset q)\supset(Dap\supset Daq)$,

de la cual deducimos

RDC: $\vdash\alpha\supset\beta \to \vdash Da\alpha\supset Da\beta$.

y, además, también obtenemos

DP: $TaPnp\supset DaPnp$.

Esta (si es verdad en *a* que fue el caso *n* veces que *p*, entonces está determinado en *a* que fue el caso, etc.) es la ley típica de la universal *post*-determinación (*quod fuit, non potest non fuisse*). De ésta, podemos deducir la *predeterminación* universal como sigue:

(1) $Fnp\supset PmF(m+n)p$ de lógica temporal
(2) $TaFnp\supset TaPmF(m+n)p$ 1, RTC, *Ta* en los dos lados
(3) $TaFnp\supset DaPmF(m+n)p$ 2, DP, Silogismo. *Da* en el consecuente
(4) $PmF(m+n)p\supset Fnp$ de lógica temporal
(5) $DaPmF(m+n)p\supset DaFnp$ 4, RDC, *Da* en los dos lados
(6) $TaFnp\supset DaFnp$ 3, 5, S.H.

3. Las respuestas clásicas a estos argumentos. Los antiguos dan cuenta del Argumento Maestro de Diodoro y de la recepción que tuvo, se nos dice que un lógico estoico, Cleantes, fue llevado por el trilema a negar que la verdad pasada sea siempre necesaria, mientras que otro, Crisipo, negó que lo imposible no se sigue de lo posible. Como reacción al argumento, consideramos algo en la estela de Cleantes y otros que han negado el principio lógico temporal que si "*S* es *P*", es siempre verdadero, entonces "*S* será *P*" *fue* verdadera con anterioridad. La primera línea fue adoptada, notablemente, en la Edad Media por Guillermo de Ockham, quien dijo que el principio de lo que ha sido no puede ahora no haber sido, sólo se aplica a proposiciones en tiempo pasado que no sean equivalentes a las futuras (en el sentido en que "Fue el caso ayer que sería el caso dos días después que fumo ahora" es equivalente a "Será el caso mañana que fumo ahora")[1]. Las críticas del siglo XV de Peter de Rivo, especialmente, Fernando de Córdoba, expresan una condición al principio *ad praeteritum non est potentia*, y sugirieron que *podemos* tener algún poder sobre esa parte del pasado que consiste en la verdad pretérita de las proposiciones futuras[2]. (al decidir si fumar o no fumar mañana, decido si hacerlo o no fue verdadero ayer que fumaría dos días después).

La otra línea fue adoptada por el Aquinate y De Rivo, que el ser el caso de una cosa hoy *no* implica que *fue* verdadera ayer que sería el caso un día después; y entre los antiguos, tal línea, de acuerdo con Cicerón, fue adoptada por Epicuro; y, de acuerdo con muchos, fue asumida antes por Aristóteles. Los antiguos y medievales partidarios de la segunda alternativa no pudieron decir que ante un suceso futuro que estaba "ya presente en sus causas" (como el Aquinate expresa), habría sido *falso* decir que ocurriría, sino más bien que no sería *ni verdadero ni falso* afirmar esto. "Lo que es ahora el caso", indica Peter de Rivo, "no necesita haber sido previamente verdadero o falso decir que iba a ser el caso".

4. Formalización de la respuesta ockhamista. Propongo ahora tomar cada una de estas salidas por turnos (aunque modificaré un poco la segunda) y ver cómo pueden ser formalizadas; y comenzaré con la primera solución, es decir, la salida ockhamista. Al decir que la *regla,* "las certezas del pasado son necesarias", sólo se aplica a las proposiciones en pasado que no sean equivalentes a las futuras, Ockham no dice que las proposiciones pasadas que sean equivalentes a las futuras *nunca* sean necesarias. Podrían, presumiblemente, ser necesarias, si sus equivalentes futuras lo fueran, por ejemplo, si $Fn(p \supset p)$ fuera una verdad necesaria, entonces también lo sería $PmF(n+m)(p \supset p)$. Pero sólo las proposiciones pasadas que no son lógicamente equivalentes a las futuras son, por decirlo así, necesarias en virtud de lo póstumo. No obstante, es difícil convertir esto en una ley. Estamos intentando establecer postulados cuyo fin sea, precisamente, ayudarnos a encontrar qué es lógicamente equivalente a qué; la regla de Ockham sólo parece ser operable cuando se ha cumplido; pero esta es una de las cosas que necesitamos para averiguar las leyes del sistema.

---

[1] Ockham, *Tractatus de Preaedestinatione* (Franciscan Institute edition, 1945), p. 6.
[2] Baudry, op. cit., p. 159.

Incluso, *hay* algo sobre la estructura real de las proposiciones pasadas equivalente a las futuras que nos permite ver si una proposición en pasado podría caer en esta categoría, o no. Casos curiosos especiales aparte (por ejemplo, la simple forma *Pn(p⊃p)* siendo equivalente a *Fn(p⊃p)* porque ambas expresan leyes lógicas), las proposiciones pasadas son equivalentes a las futuras sólo si tienen una cláusula subordinada en futuro dentro de ellas, como en ⊢*PmF(m+n)p≡Fnp*. Aun así, no es fácil establecer una ley para las proposiciones en pasado que excluyan las otras. La simple ⊢*Pp⊃LPp*, o ⊢*Pnp⊃LPnp*, por ejemplo, no puede, en sí misma, tener ningún operador de futuro, tampoco puede expresar la ley restrictiva que buscamos, dado que podemos, inmediatamente, *poner* operadores futuros en ella por sustitución de *p*; efectivamente, con sustituciones libres de las fórmulas proposicionales por variables proposicionales, ¿cómo podemos excluirlas?

Operar con restricciones sobre las reglas de sustitución no es imposible y hay una razón más fuerte para creer que son difíciles de evitar aquí. Los autores antiguos y medievales que han establecido que no tenemos poder sobre el pasado (y Edwards, posteriormente, también), han hecho, generalmente, una apreciación similar sobre el presente; podemos citar la observación tan discutida en el capítulo de la "batalla naval" que "Lo que es, cuando es, es necesario y lo que no es, cuando no es, no es necesario". Sólo el futuro está "abierto en ambas direcciones". Pero, si establecemos ⊢*p⊃Lp* sin ninguna restricción sobre las sustituciones, tendremos una prueba más rápida de que el futuro también es necesario, que cualquiera que se haya dado; será *p⊃Lp*, con la sustitución de *p/Fp*. Bajo estas condiciones la necesidad del operador *L* se torna, de hecho, muy vacua.

Al aceptar entonces, que podemos limitar las reglas de sustitución, tal restricción debe estar basada en la división de las proposiciones en dos clases -por un lado, las que desafían, por así decirlo, la comparación con el mundo como lo que ya es y que, posiblemente, no las convertimos en verdaderas o falsas por ninguna decisión que se adopte, porque expresan, respecto a la situación dada, que queda abierta cualquier opción; y, por otro lado, hay proposiciones como "Eclipse ganará[1]" que contempladas más allá del presente

---

[1] N. del T: Eclipse fue un caballo extraordinario. Nació el 1 de abril de 1764 durante un eclipse solar. Ganó las dieciocho carreras que disputó. El público acuñó la frase: "Primero Eclipse y el resto fuera".

al futuro, quedan sobre el tapete hasta que la carrera comience. Respecto de la última clase de proposiciones, esto no significa que no sean ya, o verdaderas, o falsas; sino que su carácter de "esperar y ver" contagia cualquier compuesto del que formen parte en presente de indicativo, que una proposición ya verdadera tiene, en sí misma, este carácter de "esperar y ver" y debe quedar sobre la mesa hasta la verificación del suceso; e, igualmente, para los enunciados antes de ahora que tal suceso pasaría después de ahora[1].

Una forma sencilla de restringir la sustitución es usar un tipo de variables proposicionales, las típicas *p, q, r*, etc., por cualquier proposición que el sistema contenga (en este caso, las que no podemos ahora convertir en verdaderas o falsas y las de "esperar y ver" que, a veces, podemos) y otro tipo de variables proposicionales, digamos, *a, b, c*, etc., para proposiciones con una estructura interna especial[2]. Aquí usaremos las variables restringidas sólo para las proposiciones que expresan lo que Peter de Rivo llama la "inevitabilidad del ahora", es decir, proposiciones que en general no tienen ninguna traza de futuro. Usaremos el término "fórmulas" para cubrir todas las fórmulas proposicionales del sistema, y definirlas, inductivamente, como sigue:

(1) Las variables proposicionales de ambos tipos son fórmulas.
(2) Si α y β son fórmulas, también lo son $\sim\alpha$, $\alpha\supset\beta$, $(\alpha\wedge\beta$, etc.), $\forall n\alpha$, $\exists n\alpha$, $Pn\alpha$, $Fn\alpha$, y $L\alpha$.
(3) No hay otras.

Usaremos el término "fórmulas-A" para cubrir una subclase de éstas, definidas como sigue:

(1) Variables-A (es decir, *a, b, c*, etc.) son fórmulas.

---

[1] En este punto y en mi comprensión de la posición que he llamado "ockhamista", estoy muy en deuda con las discusiones con J. M. Shorter en 1957-8. Shorter me convenció, en especial, que no está tan claro que la auténtica semántica no-estándar que se expuso en las páginas 94-95 de *Time and Modality* no esté incluida en la posición ockhamista de Ryle.
[2] Para un primer uso de esta técnica, aplicada a un problema diferente, véase *Time and Modality*, App. B. Cf. también aquí, cap. V, Sección 6.

(2) Si α y β son fórmulas A, también lo son $\sim\alpha$, $\alpha\supset\beta$, $(\alpha\wedge\beta$, etc.), $\forall n\alpha$, $\exists n\alpha$, $Pn\alpha$.
(3) Si α es cualquier fórmula, $L\alpha$ es una fórmula-A.
(4) No hay otras.

Pna, por ejemplo, es una fórmula-A por la cláusula (2) de la definición, pero *Fna* no lo es; ni en consecuencia, lo es *PmFna*. Por otro lado, *LFna* e, incluso, *LFnp* son fórmulas-A; que algo (incluso futuro) ahora-inevitable es, en sí mismo (cuando es verdadero) necesario.

Incluso con esta última licencia de liberalidad, las condiciones de la formación de las fórmulas-A quizás sean demasiado restrictivas. Por ejemplo, *P(n+m)Fma* no es una fórmula-A por nuestra definición, aunque no es equivalente a ninguna fórmula en futuro sino más bien a la simple forma en pasado *Pna*, tal que queramos tener, en una lógica ockhamista, $P(n+m)Fma\supset LP(n+m)Fma$. Pero aunque no podemos directamente obtener ésta por sustitución en la ley $a\supset La$ para las fórmulas-A, descubriremos que es fácilmente derivable en el sistema de otros modos y, similarmente, con otras fórmulas que no son ellas mismas fórmulas-A pero son lógicamente equivalentes a éstas.

Establecemos, entonces, que cualquier fórmula puede ser sustituida en una tesis por una de las variables proposicionales irrestrictas *p, q, r,* etc., y que sólo las fórmulas-A pueden ser sustituidas por variables-A, *a, b, c,* etc. Asumimos, entonces el conjunto de las lógica-temporal métrica del tercer tipo discutido en el capítulo anterior, es decir, con *Pn* y *Fn* ambos primitivos y con intervalos de medida restringidos a los números positivos, y el conjunto formulado con variables irrestrictas; *excepto* que la regla de imagen especular es restringida a fórmulas que no contengan *L*; y añadimos los siguientes postulados para *L* ("la necesidad del ahora"):

RL: $\vdash\alpha \rightarrow \vdash L\alpha$

L1: $Lp\supset p$ LF: $LFnp\supset FnLp$
L2: $L(p\supset q)\supset(Lp\supset Lq)$ LF $\forall$: $(\forall n)FmLFnp\supset Fm(\forall n)LFnp$
L3: $\sim Lp\supset L\sim p$ LP $\forall$: $(\forall n)FmLPnp\supset Fm(\forall n)LPnp$
          LA: $a\supset La$

RL, L1, L2 y L3 nos dan, para esta L indefinida, el sistema modal S5. La sustitución en LA, nos da, por ejemplo, $Pna \supset LPna$ pero no $Fna \supset LFna$, o $PmFna \supset LPmFna$. Sin embargo, si cualquier fórmula β es lógicamente equivalente a cualquier fórmula-A α, podemos probar $\beta \supset L\beta$ como sigue:

(1) $\alpha \supset \beta$ Por hipótesis
(2) $\beta \supset \alpha$ Por hipótesis
(3) $\alpha \supset L\alpha$ LA, sust.
(4) $L\alpha \supset L\beta$ 1, RL, L2, L en antecedente y consecuente
(5) $\beta \supset L\beta$ 2, 3, 4, S.H.

También tenemos en este mismo caso, $\alpha \supset L\beta$ (por 3 y 4). Por ejemplo, supongamos que α sea la variable-A a y β sea $PnFna$. Por nuestro 2 y 1, tenemos entonces $PnFna \supset a$ y $a \supset PnFna$, que son deducidos por sustitución en las imágenes especulares de FP3, $FnPnp \supset p$ y su inversa. Por lo tanto, podemos probar $a \supset LPnFna$, por ejemplo, si fumo ahora, necesariamente fue el caso ayer que fumaría un día después. Por otro lado, no hay modo de probar $a \supset PnLFna$, que afirmaría (con la misma a) que si fumo ahora entonces fue el caso ayer que necesariamente fumaría un día después; y podría, por supuesto, ser intuitivamente difícil, si pudiéramos demostrarlo.

Una formalización alternativa sería ésa en la que sólo las variables proposicionales sean variables-A, fórmulas y fórmulas-A definidas como antes (excepto que la primera cláusula en la definición de la "fórmula" sólo se refiere a un tipo de variable). La regla de sustitución serviría para reemplazar variables por fórmulas-A y LA ser el único axioma en el sentido estricto de una fórmula especial establecida axiomáticamente; el resto sería sustituido por el axioma correspondiente *schemata*, por ejemplo, FP1, $FmPnp \supset F(m-n)p$ por el esquema $FnPna \supset a$ y L1 por $L\alpha \supset \alpha$, se comprende, con cada esquema, que todos los resultados de combinación de las fórmulas (de cualquier tipo) en lugar de las letras griegas, son axiomas; por ejemplo, $LFna \supset Fna$ y $FnPnFna \supset Fna$ son axiomas. Las tesis del sistema modificadas serían todas tesis de un sistema original que sólo usa variables-A, incluyendo las obtenidas en el sistema original por sustitución en las fórmulas usadas como variables irrestrictas.

Para el sistema ockhamista en esta segunda forma, definimos un *modelo* ockhamista como una línea sin principio ni fin que puede romperse en ramas mientras se mueve de izquierda a derecha (por ejemplo, del pasado al futuro), no de otro modo; tal que desde cualquier punto hay sólo una ruta a la izquierda (en el pasado) pero, posiblemente, un número de rutas alternativas a la derecha (en el futuro). En tal modelo, asignamos valores de verdad a las fórmulas (verdadero o falso) de acuerdo con las siguientes prescripciones:

(1) A cada variable proposicional es, arbitrariamente, asignado un valor de verdad, en cada punto.
(2) Una asignación *prima facie* a $Fn\alpha$ en un punto dado x para una ruta determinada a la derecha de x, da el valor asignado a α en la distancia n en la ruta desde x. (Si la línea ramifica en esta distancia, podemos dar diferentes asignaciones *prima facie* a $Fn\alpha$ en x).
(3) La asignación *prima facie* a $Pn\alpha$ en un punto dado x para una ruta determinada α a la derecha de x, da el valor asignado a α, para tal ruta, en la distancia n, a la izquierda de x. Del anterior punto distante de x, sólo hay un único desvío a la derecha que pasa por x.
(4) La asignación a $L\alpha$ en x es verdad, si α es una verdad dada en todas las asignaciones *prima facie* en x; de otro modo, falsa.
(5) Las típicas funciones de verdad y cuantificaciones.

Una fórmula es verificada por un modelo ockhamista si todas las asignaciones reales y *prima facie* actuales en el modelo dan verdad; y definimos el modelo ockhamista como compuesto de aquellas fórmulas que son, por tanto, verificadas en los modelos ockhamistas. Desconocemos si los postulados enumerados anteriormente, producen tales fórmulas, esto es, si son completos para la lógica-temporal ockhamista.

Para ilustrar el uso de un modelo ockhamista, consideremos el siguiente fragmento de uno,

donde *xy=m, yz=yt=n*, y la proposición *a* es verdadera en *x, y* y *z* y falsa en *t*. Porque *a* es verdadera en *z*, el valor *prima facie* de *F(m+n)a* en *x* para la ruta *xyz* es verdadero; y que *PmF(m+n)a* en *y* en la ruta *yz* para *F(m+n)a* más allá de *y* es también verdadero. Pero ya que *a* es falsa en *t*, el valor *prima facie* de *F(m+n)a* en *x* para la ruta *xyt* es falso, y que *PmF(m+n)a* en *y* en la ruta *yt* para *F(m+n)a* más allá de *y* es también falso. Por tanto, la asignación a *LF(m+n)a* en *x*, y la de *LPmF(m+n)a* en *y*, son ambas falsas. *Fna⊃LPmF(m+n)a* es, por tanto, falsa en *y* en la asignación de la ruta *xyz*; pues *Fna* es verdadera en *y* usando esta ruta, mientras que *LPmF(m+n)a* es, simplemente, falsa.

Por un lado, dado que *Fna* es verdad en *y* para la ruta *yz*, *PnFna* es verdadera en *z*, independientemente, de lo que suceda en *y* más allá de *z*, para la distancia *n* a la izquierda de *z*, es decir, en *y*, *Fna* es verdadera para la única ruta de *y* que pasa por *z*. El único valor asignado a *PnFna* en *z* es, por lo tanto, verdadero, tal que, podemos asignar verdad en este punto a *LPnFna*, y *a⊃LPnFna*. Por otro lado, *LFna* es falsa en *y*, (pues *Fna* tiene una asignación *prima facie* de falsedad allí, a saber, usando la ruta *yt*) y *PnLFna* es, por consiguiente, falsa en *z*, y *a⊃PnLFna* falsa allí también.

5. *La convergencia última del tiempo*. Antes de pasar a la alternativa del sistema ockhamista, cabe observar que el recurso a la sustitución restringida por el uso de variables especiales puede extenderse a otro punto. En un capítulo anterior sugerí que "Será todo igual en un siglo, independientemente de lo que hagamos ahora" no puede ser *del todo* cierto, dado que lo que hagamos ahora, marcará una diferencia respecto de lo que *habrá sido el caso* entonces. Pero la gente que comenta esto, bien puede quejarse de que no es el tipo de cosas que se puedan aplicar. De hecho, lo que normalmente se dice, excluiría mucho más que esto. Pero incluso, si supera nuestras expectativas-si lo que significa es que cualquier improvisación que tengamos ahora, es inamovible que sucederá después de un cierto tiempo- no *debe* comprenderse como un veto a la verdad futura de las proposiciones en pasado, o no cabría lugar, en el interín, para la improvisación.

El problema lógico incluido aquí es exactamente análogo al incluido en el concepto de post-determinación que no implique predeterminación. No diremos que está ya determinado qué proposiciones en presente de indicativo y futuro serán verdaderas tras un cierto tiempo, aunque hayamos elegido qué proposiciones pretéritas serán confirmadas entonces; pues las proposiciones futuras de tal tiempo incluirán "Mañana será el caso que fue hace 50 años el caso que *p*", y no queremos decir que está ya determinado cuáles de *ellas* serán verdaderas; mientras que, por otro lado, las proposiciones en pasado de tal tiempo incluirán "Hace 50 años fue el caso que sería 500 años después el caso que *p*", y *queremos* decir que está ya determinado cuáles de *ésas* serán verdaderas; y como las proposiciones en presente de indicativo de tal tiempo incluirían a *todas* ellas, pues "*Es* el caso que __" es prefijado a *cualquiera*. Necesitamos formular la tesis de la predeterminación remota en términos de un tipo de proposiciones que sean "no-pasado" en el mismo sentido que nuestras anteriores fórmulas-A son "no-futuras".

6. *Formalización de la respuesta peirceana y comparación con la ockhamista*. Volvamos ahora al otro modo de responder al argumento que va de la post-determinación a la predeterminación, de la negación que *Fnp* implica *PmF(n+m)p,* comenzaré modificando la presentación antigua y medieval de esta alternativa en un punto. Lo que dijeron escritores como Peter de Rivo es que las predicciones sobre un futuro indeterminado no son ni verdaderas ni falsas. Me pareció en los primeros 1950 que éste era el único modo de presentar una lógica-temporal indeterminista pero en *Time and Modality* mencioné dos alternativas, la posición ockhamista desarrollada en los *Dilemmas* de Ryle (que, sin embargo, malinterpreté) y la alternativa que busco ahora. La que adopta un tercer valor de verdad es una distinción precisa entre dos sentidos de "No será el caso del intervalo *n* en adelante que *p*". Esto significa, o

(A) "Será el caso del intervalo *n* en adelante que (no es el caso que *p*)", es decir, *Fn∼p*;

o

(B) "No es el caso que (será el caso del intervalo *n* en adelante que *p*)", es decir, *∼Fnp*.

"Será" aquí significa "será definitivamente"; "Será que *p*" no es verdadera hasta que sea, de algún modo, *resuelto* que será el caso y "Será que no *p*" no es verdadera hasta que sea en algún sentido resuelto que no-*p* será el caso. Si la cuestión no está, por tanto, decidida, las dos afirmaciones *Fnp* y *Fn~p* serán, simplemente, falsas. La forma débil (B) es, por tanto, verdadera por dos tipos de razones distintas; "no es el caso que *p* será el caso" en el momento indicado *~Fnp,* porque está ya resuelta más allá de cualquier posibilidad de revocación que *no será* el caso; o que *será* "no es el caso" porque, simplemente, no está resuelto de ninguna manera. No es cuestión de negar la Ley de Tercio Excluso *p*∨ *~p*; válida, incluso, en el caso especial de *Fnp*∨*~Fnp*; además, tampoco abandonamos la aliada metalógica "Ley de Bivalencia", que toda proposición (como "Será el caso del intervalo *n* en adelante que *p*", denotó algo ya indeterminado) es, o verdadera, o falsa (bajo tales circunstancias, "Será el caso del intervalo *n* en adelante que *p*" es simplemente falsa, *pase lo que pase*). No se niega que la Ley de Tercio Excluso será verdadera en cada caso especial; tenemos, por ejemplo, *Fn(p*∨*~p) (*"Será el caso mañana que hay una batalla naval en ciernes o no"). Lo que *es* negado es que siempre tengamos *Fnp*∨*Fn~p*, esto es, que siempre será el caso que no *p* o será el caso que *p*.

Esta posición, implica claramente algunos cambios radicales del sistema de la lógica temporal métrica establecida en el capítulo anterior.
Por ejemplo, aunque tenemos FN1, *Fn~p*⊃*~Fnp* ("Será entonces que no *p,* implica no será entonces que *p*"), descartamos FN2, *~Fnp*⊃*Fn~p* ("Si no será entonces que *p*, implica que será entonces que no *p*"). Esto destruye las pruebas de las inversas del resto de axiomas que incluyen *F* y necesitaremos establecer, separadamente, (al menos en una primera axiomatización) las que son válidas. Necesitamos también vigilar las relaciones entre *F* y la ∨ y la ∧. Dado que tenemos FC, *Fn(p*⊃*q)* ⊃*(Fnp*⊃*Fnq),* podemos demostrar *Fn(p*∧*q)*⊃*(Fnp*∧*Fnq)* y *(Fnp*∨*Fnq)*⊃*Fn(p*∨*q),* pero *(Fnp*∧*Fnq)*⊃*Fn(p*∧*q),* requerirá una segunda afirmación y *Fn(p*∨*q)*⊃*(Fnp*∨*Fnq)* ya no se cumple (por ejemplo, como observamos en el párrafo anterior, tenemos *Fn(p*∨*~p)* pero no *Fnp*∨*Fn~p*). Además, dado que tenemos PN2, *~Pnp*⊃*Pn~p,* como también PN1, *Pn~p*⊃*~Pnp,* pero no FN2, la regla de la imagen especular se sigue y las imágenes especulares que la respaldan deben garantizarse por separado. Las mezclas de *F* y *P* tienen una especial complicación lógica; tenemos *Pmp*⊃*FnP(m+n)p* y *p*⊃*FnPnp* y sus inversas pero no sus imágenes especulares, aunque podemos tener las inversas de sus imágenes especulares, es decir, podemos tener *PnF(m+n)p*⊃*Fmp* y *PnFnp*⊃*p*.

En 1957 destaqué, más breve, que en el sistema que estamos considerando que llamaré "peirceano" por razones que daré abajo, la más que fuerte "será" es, simplemente, la ockhamista "necesariamente será", la ockhamista "será" es intraducible [al peirceano]. Podemos caracterizar el sistema peirceano como un fragmento del sistema ockhamista en el que no hay variables sino variables-A y las *F* no ocurren excepto si van precedidas por *L*, este último símbolo se torna ahora redundante y también puede ser descartado. Por ejemplo en O (el sistema ockhamista) *a⊃LFnPna* se demuestra:

(1) *a⊃FnPna*   Axioma del sistema peirceano
(2) *La⊃LFnPna*   1, RL, L2, *L* en antecedente y consecuente
(3) *a⊃LFnPna*   LA, *a⊃La* en 2, S.H.

tal que *p⊃FnPnp* es válida en P (el sistema peirceano). Pero *a⊃PnLFna* no es válida en O y, por tanto, *p⊃PnFnp* no es válida en P. Nuevamente, tenemos *LFn~a⊃~LFna* en O y, por tanto, FN1 en P; pero no *~LFna⊃LFn~a* en O y, por tanto, no FN2, *~Fnp⊃Fn~p*, en P[1].

Para el ockhamista, la lógica temporal peirceana es incompleta; es, simplemente, un fragmento de su propio sistema -un fragmento en el que las predicciones contingentemente verdaderas son, deliberadamente, inexpresables. El peirceano sólo puede decir "Será que *p*" cuando la futuridad

---

[1] N. del T: tanto el sistema O, como el sistema P, ramifican el futuro, esto es, el pasado es lineal y el presente ramifica. Se pretende hacer una lógica del tiempo indeterminista. En el sistema O, la verdad es relativa a instantes y ramas; en el sistema P, la verdad es relativa sólo a instantes. En este último, toda proposición verdadera es "necesariamente verdadera": "Será que *p*", no tiene otro sentido que "Será necesariamente que *p*". Los dos son sistemas mixtos modales y temporales pero en el sistema P, los operadores modales son redundantes y, en consecuencia, superfluos. Los operadores temporales primitivos son: *P* ("necesariamente ha sido"), *F* ("necesariamente será"), *G* ("necesariamente será siempre"), esto es, son, al mismo tiempo, modales y temporales. Como símbolos definidos, *H*A = def. *~P~*A ("necesariamente ha sido siempre"), ahora bien, *G* no puede interdefinirse con *F*, de modo que *g*A = def. *~F~*A ("posiblemente será siempre") y *f*A = def. *~G~*A ("posiblemente será alguna vez"). Por tanto, lo que es válido en O, es válido en P, sólo que *L* = *F*.

de *p* es necesaria; cuando no es necesaria pero, de igual modo, ocurrirá, el peirceano dice "será que *p*" es falso; se le escapa el sentido de la verdad. Para el peirceano, el ockhamista trata el futuro de un modo en que sería propio tratarlo *en pasado* -lo ve, en perspectiva, desde el final del tiempo. En efecto, el peirceano *puede* dar un sentido, en su propio lenguaje del *pasado* de los futuros ockhamistas siempre que *hayan pasado*. Puede dar un sentido a la expresión ockhamista "iba a ser", *PmFnp,* e, incluso, "iba contingentemente a ser", *PmFnp*∧ *~PnLFnp* con la condición de que *m>n* y que no haya demasiado futuro en lo que *p* representa. El primero es, simplemente, en el lenguaje *P*, *P(m–n)p,* y el segundo, *P(m–n)p*∧ *~PmFnp*. Por ejemplo, la ockhamista "Fue el caso desde hace dos horas que Eclipse ganaría una hora después" es en peirceano simplemente "Eclipse ganó hace una hora" y "Fue el caso hace dos horas que Eclipse *ganaría* la carrera una hora después, pero no que *tuviera* que hacerlo" es en peirceano "Eclipse ganó hace una hora, pero no fue el caso hace dos horas que ganaría una hora después".

Creo que el peirceano puede dar instrucción en el uso de los tiempos ockhamistas, como se usan, por ejemplo, en las apuestas. (no podemos negarnos a conceder que cuando alguien dijo "Eclipse ganará" lo que dijo fuera falso -o, incluso, en base a lo que dijo que no fuera ni verdadero ni falso- porque la cuestión era indecidible cuando lo dijo). Usando "FUE" y "SERÁ", para el pasado y el futuro peirceano, y "fue" y "será" para el ockhamista, la ockhamista

"Tu afirmación de hace una hora 'Eclipse ganará en una hora' fue verdadera",

se convierte con el modelo peirceano en

"FUE el caso hace una hora que decías 'Eclipse ganará' y ahora está ganando".

Lo que no puede decirse en peirceano, es la forma ockhamista "Esto *va* a ser" (que no puede significar "está destinado a ser"), esto es, su *Fnp*, o su *PmFnp* donde *n>m*. Pero, incluso esto puede ser expresado en un metalenguaje peirceano,

"Si un ockhamista expresa 'Será el caso de aquí a una hora que Eclipse ganará', entonces SERÁ (necesariamente será), en una hora, que su afirmación fue o verdadera, o falsa".

(El "fue" dependiente es definido como antes). Este es un caso del teorema peirceano $p \supset Fn[Pn(p \wedge q) \vee Pn(p \wedge \sim q)]$.

La lógica peirceana no *necesita* ser caracterizada como un fragmento de la ockhamista. Porque también podría caracterizarse como compuesta de las tesis que son verificadas en todos los modelos peirceanos, un modelo peirceano es como un modelo ockhamista excepto que las asignaciones de valores de verdad son las siguientes:

(1) y (2): Asignaciones a las variables y asignaciones *prima facie* a $Fn\alpha$, como en el modelo O.
(3) La asignación real a $Fn\alpha$ en x, da verdad, si todas sus asignaciones *prima facie* lo hacen; de otro modo, es falsa.
(4) La asignación a $Pn\alpha$ en x da el valor real asignado a x, en la distancia n, a la izquierda de x (en la línea conectada a x).
(5) Las funciones de verdad y los cuantificaciones típicas.

Es difícil definir dentro de la lógica peirceana una "necesidad" para la cual, digamos, que todas las verdades sobre el pasado, pero no todas las futuras, son necesarias. En efecto, F en esta lógica sólo nos permite afirmar que tales verdades sobre el futuro *son* necesarias. Lo que podemos hacer es definir un sentido de "posiblemente será" que sea distinguible del simple "será", aunque el sentido análogo de "posiblemente fue" no es distinguible del simple "fue". *Mnp* por "Posiblemente será el caso del intervalo n en adelante" es, simplemente, "No es el caso que será el caso del intervalo n en adelante que no p", $\sim Fn \sim p$, que es verdadera si definitivamente SERÁ el caso que p, o la cuestión está sin decidir[1]. Pero $\sim Pn \sim p$ es verdadera si, y sólo si, Pnp lo es (tenemos esto por PN1, $Pn \sim p \supset \sim Pnp$ y PN2, $\sim Pnp \supset Pn \sim p$). Esto corresponde, en menor medida, con las formulaciones de los antiguos y medievales que la descripción del pasado de C. S. Peirce (con, por supuesto, el presente) como la

---

[1] N. del T: Véase la nota anterior: $gp = \sim Fn \sim p$.

región de lo "real", el área del "hecho bruto" y el futuro como la región de lo necesario y lo posible[1]. Esto es porqué llamo a este sistema "Peirceano".

7. *Los sentidos peirceanos del "será"*. El sistema GH que obtenemos de la lógica peirceana, escribiendo $G\alpha$ y $H\alpha$ por $(\forall n)Fn\alpha$ y $(\forall n)Pn\alpha$ es axiomatizable, en sus propios términos, como sigue. Añadiendo el cálculo proposicional, con sustitución y separación, las reglas para inferir $\vdash G\alpha$ y $\vdash H\alpha$ de $\vdash \alpha$, y los axiomas

A1.1. $G(p\supset q)\supset(Gp\supset Gq)$ 　　A1.2. $H(p\supset q)\supset(Hp\supset Hq)$, Axiomas del K_t de Lemmon

A2.1. $Gp\supset\sim G\sim p$ 　　A2.2. $Hp\supset\sim H\sim p$, Axiomas del tiempo infinito, Danna Scott, 1965

A3.1. $Gp\supset GGp$ 　　A3.2. $Hp\supset HHp$, Axiomas del tiempo transitivo, Cocchiarella, 1965.

A4.1. $p\supset G\sim H\sim p$ 　　A4.2. $p\supset H\sim G\sim p$, Axiomas peirceanos

A5. $p\supset[Hp\supset(Gp\supset GHp)]$

(La cuestión de la densidad, etc. queda abierta). El carácter no-estándar caracterizado aquí es, por supuesto, la ausencia de cualquier imagen especular de A5. La desaparición de esta forma de los sistemas temporales con futuro ramificado -en el que ningún futuro posible se distingue como real y Gp significa "Es verdad en de todos los futuros posibles"- ha sido comentada en el capítulo III. Cabría pensar que bastaría con esto; en especial, si A4.2 fuera abreviado a $p\supset HFp$, "Lo que es el caso, ha sido siempre que será el caso", ésta parece ser una de las primeras cosas que debería desaparecer (dado que no tenemos, $p\supset PnFnp$, de la cual depende). Por esta razón, $\sim G\sim$ de A4.2 *no* ha sido abreviada a F; si podemos leer F como simple abreviación de $\sim G\sim$, todo lo que Fp significa es que *podría* suceder p, esto es, p no es falsa-en-ninguno-de-los-futuros-posibles, y si p está en realidad ocurriendo, ciertamente, *ha* sido siempre el caso que p no es falsa-en-ningún-futuro-posible (al suceder, debe siempre haber existido algún posible futuro que la incluyera). Y lo que A4.2 requiere en el cálculo P subyacente para probarlo no es $p\supset PnFnp$ sino el más

---

[1] *Collected Papers of C. S. Peirce*, 5.459 y 6. 368.

débil $p\supset\sim PnFn\sim p$ ("si p es el caso, entonces no fue el caso en el intervalo n que, definitivamente, sería falsa en el n posterior"), que *es* en P. (Es equivalente a $p\supset PnMnp$ en la terminología del último párrafo).

La función-F que significa "*Definitivamente, será que*", sin ir tan lejos como "Definitivamente, será siempre que", y para el cual $p\supset HFp$ es rechazado en un sistema al estilo peirceano, no es definible en términos de G. Algo como esto, sin embargo, sería definido en términos del peirceano Fn e introducido independientemente en el cálculo GH. La función $\sim G\sim$ es, en P, una abreviación de $\sim(\forall n)Fn\sim$; la otra F, sería $(\exists n)Fn$, que en P, no es equivalente al anterior, sino más fuerte. Ciertamente, $\exists n=\sim\forall n\sim$, pero éste convierte $(\exists n)Fn$ en $\sim(\forall n)\sim Fn$, no en $\sim(\forall n)Fn\sim$, y en ausencia de $\sim Fnp\supset Fn\sim p$, no podemos probar $(\forall n)\sim Fnp\supset(\forall n)Fn\sim p$ y tampoco la forma contrapuesta $\sim(\forall n)Fn\sim p\supset\sim(\forall n)\sim Fnp$.

Incluso la forma peirceana $(\exists n)Fn$, no obstante, no es *suficiente* para la F que buscamos. Si $\sim G\sim$ es demasiado débil, $(\exists n)Fn$ es, en un sentido, demasiado fuerte. Esto indica que hay algún instante, futuro hasta ahora, tal que es necesariamente el caso que, lo que sea que fuere, será *entonces* el caso; lo que esta expresión indica, exactamente, es que el suceso está destinado a ocurrir en un tiempo u otro (no que existe el tiempo en que está destinado a ser). En otras palabras, "En cada ruta futura, hay un punto en el que p es el caso", pero no que "Hay una distancia tal que p es el caso esa distancia en cada ruta" que es lo que $(\exists n)Fnp$ indica. No podemos expresar lo que queremos en P, porque no tenemos maquinaria para cuantificar las rutas. Pero sí podemos hacerlo en O. La peirceana $(\exists n)Fnp$ es la ockhamista $(\exists n)LFnp$ (Para algún n, está destinado a suceder del intervalo n en adelante); lo que queremos es más bien la expresión ockhamista $L(\exists n)Fnp$ (está destinado a suceder en algún momento). Esta forma no se dará en el Peirceano porque este lenguaje incorpora la ockhamista F cuando va *inmediatamente* precedida por una L.

De nuevo, esto no significa que *tengamos* que describir el lenguaje peirceano como un fragmento del ockhamista. Afirmamos que vamos tras un sistema GHF (P definida como $\sim H\sim$) compuesta de todas las fórmulas que son verificadas por los "modelos" GHF de un cierto tipo -infinitas líneas ramificadas y valores de verdad asignados en cada modelo, como sigue:

(1) Cada variable tiene una asignación arbitraria de verdad o falsedad en cada punto de la línea.
(2) $G\alpha$ es verdad en x, si α es verdad en todo punto a la derecha de x, sobre toda línea conectada a x; de otro modo, falsa.
(3) $F\alpha$ es verdad en x, si α es una asignación de verdad en algún punto u otro, a la derecha de x, en cada línea conectada a x; falsa, en cualquier otro caso.
(4) $H\alpha$ es verdad en x, si α es verdad en todos los puntos conectados a la izquierda de x; falsa, de otro modo[1].
(5) Las típicas funciones veritativas.

Esto, ciertamente, falseará $p \supset HFp$, aunque el fragmento GH del cálculo tendrá los mismos axiomas que antes, incluyendo $p \supset H \sim G \sim p$.

8. *Proposiciones que no son ni verdaderas ni falsas.* Es un pequeño fastidio que nadie haya sido capaz de formalizar satisfactoriamente la posición antigua y medieval que las predicciones de futuros contingentes no son "ni verdaderas ni falsas". Se sabe que esta concepción proporciona el estímulo original para la lógica trivalente de Łukasiewicz. Pero esta lógica tiene algunas características que son muy contraintuitivas, incluso, cuando no tomamos en serio la posibilidad de las proposiciones "neutras"; en especial, una conjunción de dos proposiciones neutras es neutra, aún en el caso donde una sea la negación de la otra. Si "Habrá una batalla naval" es neutra o indecidida, no hay duda de que "no habrá una batalla naval" deberá ser neutra o indecidida también; pero no que "habrá y no habrá una batalla naval" deba serlo -que es, seguramente, falsa. Por otro lado, es igualmente inadmisible hacer la conjunción de las dos neutras, automáticamente, falsa; si son independientes, es lógico que la conjunción deba ser neutra también. La técnica veritativo-funcional parece, sencillamente, fuera de lugar.

---

[1] N. del T: (2), (3) y (4) equivalen a: "¿Cuándo necesariamente será siempre?", "¿Cuándo necesariamente será?", "¿Cuándo necesariamente ha sido siempre?", añadiremos $f\alpha = \sim G \sim a$ y $g\alpha = \sim F \sim a$, esto es, "¿Cuándo posiblemente será?" y "¿Cuándo posiblemente será siempre?".

Recientemente Storrs McCall[1] ha intentado caracterizar la posición antigua y medieval (con una presentación precisa y bien documentada) mediante reglas de verdad para "proposiciones fechadas atemporalmente" referidas a un instante t_0 y afirmadas en distintos momentos. Sus reglas son

(1) *p(t₀)* es verdadera en t_0, en sí misma, si *p(t₀)*,
(2) es verdadera en un instante antes que t_0, si se da en ese instante "alguna condición suficiente para hacer *p(t₀)* verdadera en t_0",
(3) si *p(t₀)* es verdadera en cualquier momento, es verdadera en todos los momentos posteriores,

y

(4) *p(t₀)* no es verdadera bajo ninguna otra condición.

Un conjunto análogo de condiciones es dado para la falsedad y de sus reglas en general, se sigue que, si en cualquier momento antes que t_0 no se dan condiciones suficientes para hacer *p(t₀)* verdadera en t_0, o para convertirla en falsa en t_0, entonces en ese momento anterior, no es ni verdadera ni falsa. Las condiciones se propusieron para ser fácilmente adaptables a las proposiciones temporales, pero son también, según veo, las únicas de la forma "Será (fue, es) el caso en t_0 que *p*". La posición antigua y medieval es, ciertamente, reflejada con alguna exactitud en las condiciones de McCall; queda pendiente ver cómo funcionan con una estructura lingüística detallada, qué clase de cálculo podemos obtener (excepto que *no* tenemos que negar $\vdash p \vee \sim p$).

Quizás "ni verdadero ni falso" es, simplemente, una forma de describir el tipo de falsedad que "Será que *p*" adopta, en la lógica peirceana, cuando la cuestión no está resuelta. Se trata del valor real que asignamos a una fórmula en el modelo peirceano en los puntos donde la fórmula tiene distintos valores *prima facie* para diferentes rutas. En especial, asignamos "neutro" a $\alpha \wedge \beta$, donde ésta, así como también una o ambas partes adoptan distintos valores *prima facie* para distintas rutas; de otro modo, cuando $\beta = \sim \alpha$, asignamos falsedad. Pero no sé cómo procederemos desde allí -qué uso hacemos de este metalenguaje- y no puedo evitar sospechar que la teoría de las proposiciones "neutras" surgió por la falta de maquinaria para distinguir entre los dos sentidos de "no será", es decir, $\sim Fn$ y $Fn\sim$.

---

[1] En "Temporal Flux", *American Philosophical Quarterly*, Oct. 1966.

Nota: Los postulados para la lógica temporal métrica peirceana (con *Fnp* para la función escrita *Mnp* de la página 139) se encuentran ahora, como parte de una presentación mejorada de la lógica temporal métrica, en mi "Stratified Metric Tense Logic", *Theoria* 1967.

VIII. TIEMPO Y EXISTENCIA

1. La lógica de predicados modal y temporal: los sistemas estándares. Hasta ahora, hemos considerado sólo de un modo la lógica temporal *proposicional*, aunque dispusimos de cuantificadores al vincular variables proposicionales y variables de intervalos. Debemos considerar ahora algunos de los problemas que se derivan de la lógica temporal de *predicados*, con cuantificadores ligando variables individuales, esto es, variables (distintas de las que hemos usado hasta ahora) que representan nombres auténticos de objetos individuales.

Comenzaremos, nuevamente, con la experiencia extraída de la lógica modal. Una de las principales pioneras en esta área fue Ruth Barcan Marcus[1] quien adoptó, ciertos sistemas modales de Lewis y les añadió (a) algunos postulados normales para la cuantificación sobre variables individuales y (b) un "axioma compuesto" especial, $M(\exists x)\phi x \supset (\exists x)M\phi x$, "Si puede ser que algo sea ϕ, entonces hay algo que puede ser ϕ". Éste es llamado, con frecuencia, hoy en día, la "Fórmula Barcan". Pospondremos, la consideración de la justificación intuitiva de la fórmula y, simplemente, mencionaremos una gran herramienta del sistema del cual se derivan estos postulados.

Esto hace que las operaciones modales se comporten más bien como nuevos cuantificadores, "posiblemente," pareciendo "Para algún x" y "necesariamente" pareciendo "Para todo x". Tenemos, en particular, las siguientes equivalencias e implicaciones:

(1) $L(\forall x)\phi x \equiv (\forall x)L\phi x$, "Necesariamente todo es ϕ" = "Todo necesariamente es ϕ" (cf. $(\forall y)(\forall x)\phi xy \equiv (\forall x)(\forall y)\phi xy$, "Todo comparte la propiedad ϕ" = "Todos los ϕ son todos los ϕ").

(2) $L(\forall x)\phi x \supset M(\forall x)\phi x$, "Si necesariamente todo es ϕ, entonces, posiblemente todo es ϕ"; pero no viceversa.

---

[1] Ruth C. Barcan, "A Functional Calculus of First Order Base on Strict Implication", *Journal of Symbolic Logic*, vol. II, no. 1 (March 1946), pp. 1-16. Cf. also R. Carnap, "Modalities and Quantification", ibid., vol. II, no. 2 (June 1946), pp. 33-64.

(3) $(\forall x)L\phi x \supset (\exists x)L\phi x$, "Si todo necesariamente es ϕ, entonces algo necesariamente es ϕ"; pero no viceversa.

(4) $M(\forall x)\phi x \supset (\forall x)M\phi x$, "Si puede ser que todo sea ϕ, entonces todo puede ser ϕ", pero no viceversa (cf. $(\exists y)(\forall x)\phi xy \supset (\forall x)(\exists y)\phi xy$, "Si algo comparte la propiedad ϕ con todos, entonces todos lo ϕ son algo, pero no viceversa).

(5) $(\exists x)L\phi x \supset L(\exists x)\phi x$, "Si algo está vinculado a ϕ, entonces necesariamente algo es ϕ" pero no viceversa.

(6) $(\forall x)M\phi x \supset (\exists x)M\phi x$, pero no viceversa[1].

(7) $L(\exists x)\phi x \supset M(\exists x)\phi x$, pero no viceversa.

(8) $M(\exists x)\phi \equiv (\exists x)M\phi x$.

Tanto la ley (1) como la ley (8) son llamadas, a veces, una (o la) "Fórmula Barcan".

Parece sencilla la cuestión de producir una lógica temporal de predicados que tendrá leyes y advertencias similares (quiero decir, "no las viceversas"). Por ejemplo, se apuntó en la Edad Media que *Semper fuit homo,* que "siempre ha habido (al menos, un) hombre", no puede implicar que hay, al menos, un hombre que ha existido siempre, es decir, no tenemos $H(\exists x)\phi x \supset (\exists x)H\phi x$, más que $L(\exists x)\phi x \supset (\exists x)L\phi x$, la inversa de (5). Los lógicos medievales se movieron como en casa en esta área; pero lo más sorprendente no es el desarrollo de un sistema análogo al anterior sino, más bien, la construcción de ingeniosas objeciones a éste y también, de algunos de los principios modales implicados. Buridan, por ejemplo, objetó (4) que puede ser que todo sea Dios, $M(\forall x)\phi x$, y que éste fuera el caso antes de la creación, $P(\forall x)\phi x$, y podría darse el caso, si Dios fuera a aniquilar a todos los seres; pero no es verdad que todo pueda ser Dios, $(\forall x)M\phi x$, o que todo ha sido Dios, $(\forall x)P\phi x$, la mayoría de nosotros ni hemos sido, ni podríamos ser[2].

2. Objeciones antiguas, medievales y contemporáneas a lo que va a ser, lo que causa el ser y a lo que está impedido de ser. Se encontraron objeciones implícitas a la lógica temporal de predicados de este tipo no sólo en los trabajos técnicos de lógica sino en las discusiones generales de filosofía del concepto

---

[1] N. del T: (3) y (6) son descensos cuantificacionales.
[2] *Sophismata,* ch. 4, *sophisma* 13.

de "llegar a ser" y esto no sólo en el periodo medieval sino también en los periodos antiguos y contemporáneos. Veamos, por ejemplo, el siguiente argumento de la *Física* de Aristóteles[1].

> "El primero de los que estudia la ciencia... dice que ninguna de las cosas que son... llegan a ser..., porque lo que llega a ser debe venir de lo que es, o de lo que no es, no de los dos, que es imposible. En efecto, lo que es, no puede ser (porque ya *es*) y de lo que no es, nada provendría (porque algo debe estar presente como sustrato)".

Creo que este argumento podría resumirse con el siguiente diagrama:

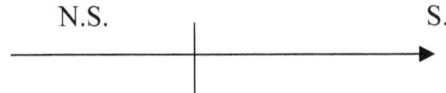

El compartimento del lado izquierdo representa el alcance de la no existencia, el compartimento del lado derecho, el alcance de la existencia y la flecha, el camino de algo que se supone que va a ser. Si el compartimento del lado izquierdo representa exactamente el alcance de la no existencia, la parte de flecha a ese lado de la línea no tiene nada que hacer allí -en ese lado de la línea no hay nada que forme parte de la actuación. Esto queda para el compartimento de la derecha pero lo que sea que vaya a ser allí, no es "lo que deviene" porque lo que está en *ese* compartimento es lo que ya *es*. El argumento me parece concluyente, aunque cabe destacar, nos coloca contra la concepción del *llegar* a ser pero no es imposible para una cosa *comenzar* a ser, es decir, existir por primera vez -esto tiene lugar, claramente, en el lado derecho y, al menos, respecto a este argumento, no hay ninguna razón por la que las cosas *no* tengan lugar allí. Pero esta línea de argumentación va muy en contra de fórmula que se obtendría fácilmente, si añadiéramos las leyes de la teoría de la cuantificación ordinaria a la mayoría de las lógicas temporales que estamos considerando, a saber, $(\exists x)\phi x \supset P(\exists x)F\phi x$, "Si algo es ϕ (por ejemplo, existente), entonces debía ser algo que iba a ser ϕ".

---

[1] 191ª 23-32; y N. del T: Cf. Parménides: *"De la nada nada proviene"*.

Un argumento muy similar fue mencionado por Tomás de Aquino como una posible objeción a la doctrina de la creación de la nada[1]. La objeción es:

> El creador da la existencia a lo que es creado. Si Dios crea una cosa de la nada, otorga la existencia a tal cosa. Por lo tanto, o hay algo que recibe existencia, o no hay nada. Si nada, entonces nada recibe existencia por obra de Dios y, en consecuencia, nada es creado. Si algo... entonces, Dios da la existencia de algo ya existente y no de la nada".

El concepto de *otorgar* o "imprimir" existencia tiene las mismas dificultades que "llegar" a existir. El mismo diagrama servirá para éste como para el anterior; la única diferencia es que se supone que se ayuda al objeto a superar la barrera entre el ser y el no ser; y, nuevamente, si el punto de partida *es*, realmente, el no ser, no hay nada que hacer allí; y si no, no es la *existencia* lo que se está ayudando a conseguir, pues ya la tiene. Con problemas de este tipo en mente, P. T. Geach[2] sugirió que causar la existencia de un hombre a partir de algo, esto es, crear un hombre, puede ser expuesto de la siguiente forma:

(1) Para algún x (Dios ha causado que (x sea un hombre));

mientras que crear un hombre de la nada puede ser expuesto por:

(2) No es el caso que (1); pero Dios ha causado que (para algún x (x sea un hombre)).

De hecho la segunda parte de (ii) no implica (i) significa que no hay una Fórmula Barcan para ("conseguirlo"). Cabe destacar que tenemos también que distinguir como el *sofisma* de Buridan del hombre que dice "prometo darte un caballo"[3]. No puedo realmente *darte* un caballo, si no hay un caballo que darte,

---

[1] Aquino, *De Potentia Dei*, Q. 3, Art. 1, Obj. 17, La importancia filosófica de las discusiones del Aquinate de este tema fueron sugeridas, cordialmente, por A. Sertillanges, *L'Idée de Création et ses Retentissements en Philosophie*.
[2] P. T. Geach, "Causality and Creation", *Sophia* (Melbourne), vol. 1, no. 1 (April 1962), pp. 1-8.
[3] *Sophismata*, ch. 4, *sophisma* 15.

pero *puedo* prometer darte un caballo, sin que haya tal caballo que prometer. Similarmente, según Geach, crear un hombre de la nada, no es decir: "Que *este* hombre sea" y, entonces, este hombre es, sino más bien decir "Sea un hombre" (quizás un hombre con tales y tales nuevas y detalladas especificaciones) y entonces este hombre es. No hay "este" hasta que el hombre no está ya allí.

Una cuestión parecida surge de un pasaje de Jonathan Edwards[1], donde mantiene que Dios no tiene libertad de elección, pues un ser perfecto siempre elegirá lo mejor posible. A la objeción que Dios puede, al menos, decidir si la elección es, moralmente, indiferente, Edwards replica que ninguna elección lo es. Pero, cabe decir que si Dios emplazó dos objetos exactamente iguales, en su creación, en diferentes lugares, no habría diferencia moral, si los hubiera colocado al revés. La primera respuesta de Edwards a esto es que si los objetos no difieren, realmente, en nada salvo en su posición, no hay diferencia entre las dos alternativas.

Reconoce, no obstante, que cabe afirmar que los objetos (él considera dos esferas) son supuestos *numéricamente* distintos, tal que *hay* una diferencia entre que A esté en X y B en Y y su posición opuesta. Su respuesta es oscura pero sugiere que si el estar de A en X y B en Y *es* distinta de la otra posición, la *creación* de Dios de A en X y B en Y no se distinguiría de la decisión divina de crear B en X y A en Y. En efecto, si así fuera, todo tipo de opciones se le presentarían de una forma que sería claramente ridícula.

> "Si, en el ejemplo de las dos esferas, completamente iguales, supongamos que Dios las hizo contrarias en posición; que lo que hace a la derecha, está hecho a la izquierda; entonces, pregunto ¿si no es igualmente posible, si Dios hubiera hecho sólo una de ellas, que en el lugar de la esfera de la derecha, haya hecho otra distinta en número de lo que es y de cómo la hizo, aunque igual y en el mismo sitio...? A saber, ¿si no es numéricamente igual a la de ahora y, por tanto, deja, la que es creada a la izquierda, a la derecha, en un estado de no-existencia? Y si es así, ¿si no habría sido posible hacer una en ese lugar, perfectamente, como ésta y también, distinta de ambas en número? Y, seamos considerados, si de esta noción de una diferencia numérica en los cuerpos, perfectamente iguales, ... no se seguirá, que hay un número infinito de cuerpos posibles, distintos en número,

---

[1] Op. cit., Part IV, Section Viii.

idénticos entre los que Dios elije, por un poder de autodeterminación al crearlos".

Esta conclusión *no* se sigue de esa "noción", pero *puede* seguirse, o algo como tal puede, de la noción de que los individuos tienen distinta identidad *antes de que existan*. Si Dios puede decir "*Éste* va aquí, y *ese* allí" de los objetos que todavía no existen pero que lo harán, no hay nada que le impida tomar decisiones sobre lo que no existe todavía sino también sobre lo que nunca lo hará. Y, efectivamente, la suposición de la igualdad cualitativa en los productos-finales es una circunstancia superflua; si Dios puede decir también, "Permitamos que *ésta* sea una esfera perfecta y *ésa* abollada" respecto de las cosas que todavía no existen pero que lo harán, no hay nada que le impida tomar decisiones sobre lo que no sólo no puede existir sino también sobre lo que nunca lo hará ("Dejemos *ésa* así"). Para Edwards esto es absurdo y lo mismo se diría, sugiero, de la similaridad particular de las *profecías*. Supongamos a un vagabundo dotado con talento, o a un cornuallés en trance, en 1850 decir: "El próximo siglo habrá una persona llamada A. B. con tal y cual carácter e historia y una persona llamada M. N. con tal y cual carácter distinto e historia"; y entonces, supongamos que el hombre todo preocupado dice: "No, quizás el *segundo* hombre, quiero decir, el que se llamará A. B. que tenga el carácter y la historia del primero, y el primero que se llamará M. N. tener el segundo" y después, todavía más preocupado dice: "Quizás me equivoque aún más y tampoco son estas dos personas a las que me refería, quiero decir, las que harán y sufrirán estas cosas sino dos individuos muy distintos". Estas disquisiciones son absurdas y las alternativas, *esta vez,* no son distintas[1].

Ryle, en la actualidad, hizo una puntualización similar a la de Tomás, no sobre lo conferido sino sobre la *prevención* de la existencia:

> "Si mis padres no se hubieran conocido, nunca habría nacido... queremos decir que ciertas circunstancias podrían haberme impedido nacer... pero entonces no habría existido ningún Gilbert Ryle... para los historiadores, describir el no-nacido... lo que no puede existir no puede ser nombrado, indicado individualmente o puesto en lista y, por

---

[1] Cf. A. N. Prior, "Identifiable Individuals", *Review of Metaphysics*, Dec. 1960.

tanto, no puede ser caracterizado como habiéndosele impedido existir".

El mismo diagrama sirve para éste como para los otros, excepto que uno representa el progreso del objeto en el reino del no-ser encontrando una obstrucción, así:

Una vez más, es absurdo suponer algo así instalado *allí*, mientras que si uno transfiere la flecha y la obstrucción al otro lado, no puedo representar algo truncado al comienzo de la existencia, pues sólo lo que ya existe es destruido. Ryle continúa:

> "Este punto me lleva a introducir una importante diferencia entre verdades anteriores y posteriores, o entre profecías y crónicas... Después de 1900[1] habría declaraciones verdaderas y falsas... al mencionarme. Pero antes... de 1900 no habría ninguna declaración individual que me mencionara... Aunque está justificada la cuestión que si mis padres tuvieran un cuarto hijo, no usarían el nombre de 'Gilbert Ryle', o usarían un pronombre al designar su cuarto hijo, el pronombre personal "él". De algún modo, los enunciados en futuro no expresan singulares sino sólo verdades generales"[2].

(Pero sólo de algún modo, porque quizás expresen verdades sobre futuras aventuras de individuos ya existentes.) "Será que alguien es el cuarto hijo de los Ryle" no implica "Existe un tipo que *él* será el cuarto hijo de los Ryle" $\dashv F(\exists x)\phi x \supset (\exists x) F\phi x$.

3. Ampliación. Hay ciertos movimientos de cuantificadores exteriores e interiores respecto a otros operadores que parecen fáciles, pero que en un caso

---

[1] N. del T: Gilbert Ryle nació el 19 de Agosto de 1900.
[2] G. Ryle "Dilemmas", pp. 25-27. El mismo tema está bien manejado por Michael Frayn en "The men who never were", *Observer*, 27 Feb., 1966, p. 10.

como el anterior han encontrado trabas; y la fuente directa de estas trabas es bastante obvia. Cuando un cuantificador es regido por, digamos, un operador temporal, es natural pensarlo como extendiéndose sobre los objetos que abarca tal operador; por ejemplo, "Será que algo es ϕ" es más normal leerlo como "Será, en un futuro, que algo *entonces* existente es ϕ". De otro modo, un cuantificador que *precede* a otro operador es normal que sea regido por "Es el caso que__" que es prefijable a cualquier cosa que digamos y, por tanto, extensible a lo que *ya* existe. Y cuando estos rangos no coinciden -como es el caso cuando consideramos lo que ahora es pero una vez no, o (en el caso de la lógica modal) lo que de hecho es pero no necesita haber sido- debemos andar con cuidado.

Los lógicos medievales eran muy sensibles a este tipo de problemas, pero sus soluciones fueron obstaculizadas por un análisis inadecuado de los cuantificadores y los tiempos. La mayoría manejaron proposiciones como "algún hombre correrá" en la que el cuantificador fue añadido a algún nombre común y el operador temporal seguido del verbo. Mantuvieron que un nombre como "hombre", normalmente significa (*supponit pro*) hombres existiendo ahora, de forma que cualquier hombre ya existente comparte la propiedad ϕ y sólo el hombre existente ahora que comparte la propiedad ϕ, verificará "Algún hombre es ϕ". Pero cuando el verbo es temporal y, en otras circunstancias, la *suppositio* del nombre-sujeto será extendida o "ampliada" para incluir también objetos a los que *fue* aplicable, o a los que *será* (dependiendo del tiempo verbal). "Algún hombre correrá", por ejemplo, se verificará por un hombre corriendo en el futuro, incluso si tal hombre no existe todavía. Esta regla tuvo extrañas consecuencias; Buridan[1] fue impelido a estar de acuerdo con, por ejemplo, *Senex erit puer*, "Un anciano será un chico", basándose en lo que significa que alguien que *es* o *será* un anciano (por ejemplo, alguien que es ahora un bebé o no nacido) será un chico. Para dar el sentido de que "Ningún anciano será un chico" que es verdadero, hay que decir, explícitamente, "Nadie que *ahora sea* un anciano, será un chico". Pero muchos nudos se desataron así, por ejemplo, podría decirse que "Alguna casa no existe" es falso aunque aparezca seguida de "Nada que haya desaparecido existe y alguna casa ha desaparecido"; en efecto, la menor, en este sentido, significa "Alguna casa *actual* o *pasada* ha desaparecido", aunque la conclusión significa "alguna casa *actual* no existe".

---

[1] *Sophismata*, ch. 4, *sophisma* 4.

Con operadores temporales y cuantificadores prefijados a oraciones abiertas, podemos dejar que el rango de los cuantificadores sea fijado por el orden de los prefijos. Si hacemos esto, no obstante, hacemos algo más que ser cuidadosos en *esta* parte de nuestra lógica temporal, pues, también tendría repercusiones en su parte proposicional. Al desarrollar este punto, comenzaremos con una objeción que surgió contra una de las "Fórmulas Barcan" hace unos pocos años por John Myhill[1].

4. Objeciones a la lógica modal estándar sugeridas por Myhill, Ramsey y Crisipo. Myhill, discutiendo la fórmula *($\forall x$)Lϕx$\supset$L($\forall x$)ϕx*, comienza con el supuesto que debe ser una cuestión contingente no sólo *qué* objetos contenga el universo sino también, *cómo son la mayoría*. Supongamos que son cinco - *a, b, c, d* y *e*. Entonces *a* es necesariamente idéntica con *a* (todo es necesariamente idéntico consigo mismo) y también es necesariamente, o idéntica con *a*, o idéntica con *b*, o idéntica con *c*, o idéntica con *d*, o idéntica con *e*, *Lp$\supset$L(p$\vee$q)*. Similarmente, *b* es, necesariamente idéntica a *b*, y por tanto, con *a*, o *b*, o *c*, o *d*, o *e*. *Todos* son, de hecho, cada uno por su propia razón, necesariamente, o idénticos con el primero, o con el segundo, o con el tercero, etc. Si permitimos que la disyunción necesaria de las identidades sea ϕ, tenemos *($\forall x$)Lϕx*. Pero no había más que 5 individuos, por lo tanto, no pudo ser verdadero que todo fuera, o *a*, o *b*, o *c*, o *d*, o *e*, esto es, *no* tenemos L($\forall x$)ϕx; y, por tanto, tenemos un contraejemplo a la Fórmula Barcan. O, si la Fórmula Barcan *es* cierta, no son sólo cinco individuos, pero si los hubiera, la Fórmula Barcan nos llevaría, desde esto, a la falsedad. Por razones similares, si la Fórmula Barcan es cierta, tampoco puede *ningún* número finito *n* ser el número de individuos; por lo tanto, si fuera cierta, el número de individuos sería infinito. Pero esta conclusión haría del número de individuos del universo una cuestión lógica. Así que, la Fórmula Barcan *no puede* ser cierta y debe descartarse.

Si tal es, entonces es. No está muy claro lo que se descarta *de* la descripción de Myhill. Indica que el sistema que está considerando consiste en una base normal del cálculo de predicados, junto con "los" axiomas del S5 de Lewis, la "regla de la necesidad" (para inferir ⊢Lα de ⊢α), y nada más; ante todo, no *($\forall x$)Lϕx$\supset$L($\forall x$)ϕx*. Pero si por "los" axiomas para S5, se refiere al sistema

---

[1] J. Myhill, "Problems arising in the Formalisation of Intensional Logic", *Logique et Analyse*, April 1958, pp. 76-83.

original de Lewis, en efecto, todos éstos comienzan con *LC* y son adaptados a reglas muy especiales; ni la separación de la implicación ni la regla de la necesidad obtendrán ningún teorema de ellos (excepto los axiomas y sustituciones, precedidos por *L*). Esto equivale a la formalización de Gödel, con $Lp \supset p$, $L(p \supset q) \supset (Lp \supset Lq)$, y $\sim Lp \supset L \sim Lp$ añadido al cálculo proposicional o al de predicados con RL. Pero si esto es lo que pretende, no está en posición de tomar o dejar la Fórmula Barcan, ya que es demostrable desde esta base[1].

En la base Barcan original, efectivamente, la fórmula equivalente fue un axioma independiente y podía descartarse, si lo deseábamos, porque el sistema modal usado no fue S5 sino uno más débil. De este modo, podríamos considerar resolver el problema de Myhill debilitando su lógica modal a S4. Lemmon mostró en 1960[2] que el S4 cuantificado, sin adiciones especiales, no contiene $(\forall x) L\phi x \supset L(\forall x)\phi x$. Lemmon también demostró en 1965, que esta fórmula *es* probada en el sistema Brouweriano cuantificado, es decir, $T+p \supset LMp$, o $MLp \supset p$ como sigue:

(1) $M(\forall x)L\phi x \supset ML\phi x$ $(\forall x)\psi x \supset \psi x$, $\psi/L\phi$; RMC. *M* en los dos lados
(2) $M(\forall x)L\phi x \supset \phi x$ 1, $MLp \supset p$, y S.H.
(3) $M(\forall x)L\phi x \supset (\forall x)\phi x$ 2, $\forall 2x$, $\forall$ en el consecuente
(4) $LM(\forall x)L\phi x \supset L(\forall x)\phi x$ 3, RLC, *L* en antecedente y consecuente
(5) $(\forall x)L\phi x \supset L(\forall x)\phi x$ 4, $p \supset LMp$, $p/(\forall x)L\phi x$ y S.H.

Hemos visto que el sistema B es el que se obtiene para $L\alpha = \alpha \wedge G\alpha \wedge H\alpha$, incluso, cuando para *G* y *H* usamos el sistema "mínimo" de lógica temporal K_t. Por tanto, sea como fuere, puede ser útil o justificable descartar la Fórmula Barcan de la lógica *modal* funcionando desde S4 (o algo más débil) en lugar de S5, este movimiento no parece que fuera a funcionar en lógica temporal. Efectivamente, la prueba anterior sólo necesita una ligera modificación para obtener, en K_t, una Fórmula Barcan para *G;* por ejemplo, la siguiente:

---

[1] Para la demostración desde esta base, de la fórmula equivalente $M(\exists x)\phi \supset (\exists x)M\phi x$, véase A. N. Prior, "Modality and Quantification in S5", *Journal of Symbolic Logic*, vol. 21, no. 1 (March 1956), pp. 60-62.
[2] E. J. Lemmon, abstract in *Journal of Symbolic Logic*, vol. 25, no. 4 (Dec. 1960), pp. 391-2.

(1) $P(\forall x)G\phi x \supset PG\phi x$ $(\forall x)\psi x \supset \psi x$, $\psi/G\phi$, RPC. P en los dos lados
(2) $P(\forall x)G\phi x \supset \phi x$ 1, $PGp \supset p$, y S.H.
(3) $P(\forall x)G\phi x \supset (\forall x)\phi x$ 2, $\forall 2x$, $\forall$, en el consecuente
(4) $GP(\forall x)G\phi x \supset G(\forall x)\phi x$ 3, RGC, G en antecedente y consecuente
(5) $(\forall x)G\phi x \supset G(\forall x)\phi x$ 4, $p \supset GPp$, $p/(\forall x)G\phi x$ y S.H.

Una Fórmula Barcan para H, se deduce análogamente y otras apropiadas para F y para P, por contraposición, de éstas. (Cocchiarella, en 1965, consiguió una prueba similar directa de $P(\exists x)\phi x \supset (\exists x)P\phi x$ y su imagen-F en la que, aunque su sistema es más fuerte que K_t, sólo usó tesis del K_t). E, incluso, en lógica modal, como es interpretada ordinariamente, es muy evidente que algo más radical es necesario que el S5 debilitado en uno de los otros sistemas estándar.

Sólo establecemos supuestos modales más débiles en un argumento muy parecido a la primera parte de Myhill que F. P. Ramsey presentó treinta años antes[1]. Ramsey no mantuvo que "Ninguna proposición concerniente a la cardinalidad del universo (excepto una que afirmara su no-vacuidad) sea necesaria"; al contrario, creyó que cualquier proposición sería, o una tautología, o una contradicción -o necesaria, o imposible. Adoptó el punto de vista de Wittgenstein en el *Tractatus* que "Para todo x, ϕx" es una abreviación de la conjunción más larga "ϕa y ϕb, y ϕc...", y que lo que aparentemente cabe añadir a la segunda forma antes de que produzca la primera, a saber, "a, b, c, ... son todos los individuos" que, cuando es verdadera, es lógicamente necesaria. Similarmente, las proposiciones de la forma "$a, b, c... no$ son todos los individuos" es, cuando es verdadera, lógicamente necesaria. Para quienes objetan esto, afirma que, seguramente, admitirán (1) "Diferencia e identidad numérica son relaciones necesarias", que (2) "Hay un x, tal que 'fx' se sigue de 'fa'" y que (3) "Todo lo que se siga necesariamente de una verdad necesaria es, en sí mismo, necesario". Supongamos ahora que el universo contiene, no sólo los objetos $a, b,$ y $c,$ sino un nuevo objeto d. Por (1) será una verdad necesaria que d no es idéntico ni con a, ni con b, ni con c y por (2) y (3), se sigue de esto que es una verdad necesaria que hay algo que tampoco es a, o b, o c, es decir, que éstos no son todos los individuos.

---

[1] En "Facts and Propositions", *Proc. Arist. Soc.*, supp. Vol. 8 (1927), reproducido en *The Foundation of Mathematics*.

Cabe destacar que Ramsey primero *no* dice que, porque *d* sea necesariamente distinta de *a, b* y *c*, *haya algo que sea necesariamente* distinto de ellos, es decir, no pasa de $L\phi d$ a $(\exists x)L\phi x$ y, de esto, a "*Necesariamente allí hay algo* que es distinto de ellos", $L(\exists x)\phi x$, usando una de las fórmulas del cálculo Barcan de la que hemos aprendido a sospechar. Sólo usa $\phi d \supset (\exists x)\phi x$, $L(p \supset q) \supset (Lp \supset Lq)$ y adopta su $L\phi d$ (y, también, $L(\exists x)\phi x$, de las otras dos) del supuesto que "diferencia e identidad numérica son relaciones necesarias". Esta condición ha sido, ciertamente, muy criticada hace poco, pero la formuló en 1927 y casi nunca fue cuestionada hasta que la Sra. Marcus la demostró (al menos, para la identidad) diez años después. Recordemos que no denotó con ésta, nada parecido a "La Estrella de la Mañana es necesariamente idéntica a la Estrella de la Tarde"; operó con nombres propios russellianos y su $x=y \supset L(x=y)$ significa, simplemente, que cada cosa no puede sino ser el individuo que es (¿qué otra cosa podría ser *éste*, si no?) y su $x \neq y \supset L(x \neq y)$ que nada *puede* ser otra cosa. Éste *no es* tan obvio como él y sus contemporáneos pensaban. Pero, ciertamente, no es la única premisa de Ramsey que es cuestionada, si no nos gusta su conclusión.

Otra de ellas, $L(p \supset q) \supset (Lp \supset Lq)$ fue hace tiempo cuestionada por Crisipo. Esta ley es una de las que aparece en Aristóteles con variaciones; Crisipo no sólo dice que lo necesario que se sigue de lo necesario es, en sí mismo, necesario, sino también que la necesidad que se sigue de lo que es posible es en sí misma posible $L(p \supset q) \supset (Mp \supset Mq)$ y que lo imposible no se sigue de lo posible. Fue esta última forma con la que Crisipo estuvo más implicado. Fue, como vimos, una premisa del Argumento Maestro de Diodoro, pero aunque es mencionada en conexión con este argumento, Crisipo no pudo aceptar esta premisa, la única explicación, apenas detallada, que tenemos del porqué, no tiene nada que ver con las definiciones diodorianas de la posibilidad sino más bien con otras cuestiones sobre la no-existencia. Afirmó que "Si Dion está muerto, este hombre está muerto", expresado, cuando Dion es denotado, es un "condicional válido" en el que el consecuente se sigue del antecedente, pero que si bien es posible que Dion esté muerto, "este hombre está muerto" nunca sería verdadera, pues, si Dion no existiera, no habría tal proposición como la que ahora expresa[1]. En general, este argumento no ha impresionado a los historiadores de la lógica y yo también lo encuentro poco convincente por la

---

[1] Ver W. C. Kneale y Martha Kneale, *The Development of Logic*, p. 126; y M. Kneale, "Logical and Metaphysical Necessity", *Proc. Arist. Soc.* 1937-38, pp. 253-68.

oscuridad del sentido en el que se supone que ϕ(Dion) implica ϕ(este hombre). Creo, no obstante, que una pequeña alteración de éste da la razón para negar $L(p\supset q)\supset(Mp\supset Mq)$, o de algún modo para negar $\sim M\sim(p\supset q)\supset(Mp\supset Mq)$ y también para negar el lógico-temporal $\sim P\sim(p\supset q)\supset(Pp\supset Pq)$.

Antes de estas correcciones, cabe decir algo en defensa del argumento de Crisipo que, bajo ciertas circunstancias, no sólo nos impedirían expresar ciertas proposiciones que ahora sí podemos, sino que no habría tales proposiciones y la posición análoga de la lógica temporal, según la cual ha habido periodos en los que no sólo los hombres no eran capaces de expresar ciertas proposiciones que ahora sí pueden, sino que no *hubo* tales proposiciones. Esta opinión está, en cierto modo, ya implícita en los comentarios que hemos hecho antes sobre lo que viene a ser, lo que causa el ser y lo que impide al ser existir y, especialmente, en la discusión de Ryle de la sección anterior. Pero su justificación se aclarará, si buscamos una discusión más filosófica sobre existencia, modalidad y tiempo; descartaremos, definitivamente, la cuantificación de este ejemplo, ya que no hay ninguna evidencia de que nuestros problemas estuvieran allí.

5. *Moore sobre lo que quizás no haya existido y lo que una vez no existió.* Russell dijo, a menudo, que no tiene sentido añadir "existe", o "no existe" a lo que llama un nombre lógicamente propio, esto es, una expresión cuya función en una oración es sólo indicar el objeto del que estamos hablando y no describir el objeto de algún modo. Podemos añadir "existe", o "no existe" a una descripción, por ejemplo, "El hombre en la Luna existe" y después eliminar el predicado como sabemos. Pero "*Este* existe", "*Este* no existe" son sinsentidos. Esta posición, no obstante, ha sido cuestionada por Moore y me parece que Moore, en este tema, expresa una opinión que encaja mejor en la lógica de Russell que la del propio Russell. Lo que Moore sugiere[1] es que "Este existe" y "Este no existe" no son, necesariamente, sinsentidos sino que pueden ser usados de forma que, *si* no carecen de sentido, el primero está obligado a ser verdadero y el segundo falso. En efecto, si la función de "Este" en una oración es indicar sólo el objeto al que se refiere, mas, si no es indicado ningún objeto,

---

[1] G. E. Moore, "Is Existence a Predicate?", *Proc. Arist. Soc.* supp. Vol. 15 (1936), reproducido en *Philosophical Papers*. Los mismos puntos son desarrollados en Moore's *Lectures on Philosophy* (1966), p. 40, y sobre todo en el breve pero perfecto "Necessity" (de las conferencias de 1925-26) en pp. 129-31.

ninguna oración que contenga *este* "Este", expresa nada y, por supuesto, "Este existe" y "Este no existe" caen con el resto. Pero, si "Este" apunta al objeto que expresa, "Este existe", será el caso y lo que expresa "Este no existe", no lo será. Cabe destacar que aunque Russell rechaza "Este existe" como malformada, la forma *"x* es idéntica a *x*" usada en los *Principia Mathematica* tiene exactamente las propiedades que son asignadas a "este existe" por Moore y se usarían para definirla.

Moore alega una razón para creer que "Este existe" puede tener un sentido, al menos, de este tipo, a saber, "Este quizás no haya existido" es algo que no carece de significado y que, en general, es verdadero. Creo que el peso de este hecho en el principal argumento es que una oración compuesta no puede tener pleno significado, si uno de sus componentes no lo tiene y "Este existe" es un componente a partir del cual "Este quizás no haya existido" se construye. La construcción es, presumiblemente, "Habría sido que (no es el caso que (este exista))", $M\sim E!x$ (usando "$E!x$" por "*x* existe"). Pero si esta *es* la construcción, lo que se dice, seguramente, no es cierto. En efecto, el mismo Moore afirma que "Este no existe", es decir, "No es el caso que este exista", no es verdadera bajo ningún concepto en el que se afirme algo y por lo que veo, jamás lo sería; por tanto, $M\sim E!x$ está obligada a ser falsa. Pero *hay* un sentido de "Este quizás no haya existido" en el que lo que se afirma sería el caso (y, generalmente, lo es), es decir, la forma: "No es el caso que (sea necesario que (*x* exista))" $\sim LE!x$. No hay, entonces, ningún estado de cosas posible en el que sea el caso que $\sim E!x$ y, sin embargo, no todos los estados de cosas posibles son aquellos en los que $E!x$. En efecto, los estados de cosas posibles en los que no hay hechos referidos a *x*; no me refiero a aquéllos en los que *sea el caso que no haya* hechos referidos a *x* (para el que este mismo sería uno, si fuera verdadero), sino ésos para los que *no es el caso en ellos que haya* hechos referidos a *x*.

La relación de existencia temporal es similar y Moore fue tan claro en esto como lo fuera para la posibilidad[1]. "Ya no existo" y "Este ya no existe", comenta "son auto-contradictorios". Pero "'Quizás yo no haya existido ahora (en t_1)' o 'Este quizás no', no lo son porque lo que significan es sólo que no habría contradicción al decir de mí mismo en el pasado 'No existiré en t_1' y no caeré en contradicción, si digo de mí mismo en el futuro 'No existí en t_1'". Después, es cuidadoso al añadir "Por supuesto, nadie diría 'este' en el pasado 'este no existirá en t_1', a menos que, este existiera en ese instante pasado en

---

[1] *The Commonplace Book of G. E. Moore*, p. 329; cf. también pp. 236-237.

cuestión; ni nadie diría 'este' en el futuro 'este no existió en t_1' a menos que 'este' exista en el instante futuro en cuestión". Está claro que si alguien dice *rotundamente* "No existí en t_1", la verdad de esto no consiste en que haya habido un hecho en t_1 que alguien expresara al decir "Este no existe", pues es *siempre* "auto-contradictorio"; es decir, no significa "Fue el caso en t_1, que (no existo)"; eso sólo significa "No fue el caso en t_1 que (existo)", es decir, *no es ahora* el caso que mi existencia fuera el caso entonces -ni que mi *no-existencia fuera entonces* el caso.

Todo esto se sigue del borrado de la línea en el compartimento del lado izquierdo del diagrama sobre lo que llega-a-ser. Simplemente, no hay hechos en ese compartimento. Y cabe decir algo ahora sobre la ley lógico-temporal que este borrado falsificaba: *($\exists x$)$\phi x \supset P(\exists x)F\phi x$*, "Si algo es ϕ (por ejemplo, existe) entonces fue el caso que algo sería ϕ (por ejemplo, que existe)". Los cuantificadores parten de ésta; quiero decir, debe negarse, si lo dejas en *$\phi x \supset PF \phi x$* "Si *este* existe, ha sido que existirá"; o, efectivamente, si lo dejas en *$p \supset PFp$*.

6. *Argumentos contra algunos principios comunes de la lógica modal y temporal.* Volvamos ahora con Crisipo y Ramsey y a las leyes $L(p \supset q) \supset (Lp \supset Lq)$ y $L(p \supset q) \supset (Mp \supset Mq)$. Dado que, $\sim L \neq M \sim$ (a veces tenemos, $\sim LE!x$ pero nunca $M \sim E!x$), no podemos, simplemente, igualar L "verdadero en todos los estados de cosas" posibles, con $\sim M \sim$, "falso en ninguno"; consideraremos, si L en estas leyes, realmente, significa "verdadero en todo", o sólo una abreviación de "falso en ninguno". Tomada en el primer sentido, las leyes son verdaderas pero de aplicación muy limitada (¿qué *es* "verdadero en todos los estados de cosas"?);en el segundo sentido, las leyes no son verdaderas. Consideremos $\sim M \sim (p \supset q) \supset (Mp \supset Mq)$ primero, como un ejemplo al modo de Crisipo. "Este hombre no existe", de acuerdo con él, no es en ningún caso verdadera, donde el "este" es supuesto para identificar un individuo, aunque a veces, explícitamente, no se da tal proposición, como la única que expresa ahora. Esto es, no podemos tener $M \sim E!a$ aunque tampoco tenemos $LE!a$. Y "Si nada existe, este hombre tampoco", nunca es falso, $\sim M \sim [\sim (\exists x)E!x \supset \sim E!a]$ en efecto, es verdadero para tal proposición. Y *es* posible que nada deba existir, $M \sim (\exists x)E!x$. Por tanto, tenemos aquí $\sim M \sim (\alpha \supset \beta)$ y un $M\alpha$ que es verdadera, aunque la correspondiente $M\beta$, a saber, $M \sim E!a$, es falsa; esto es, $\sim M \sim (p \supset q) \supset (Mp \supset Mq)$ no puede ser universalmente válida. Y

el ejemplo es *casi* del propio Crisipo, excepto que he sustituido su "Dion no existe" por "Nada existe", la implicación por la cual "Este hombre no existe" quizás está más clara. Quizás resulta más controvertido decir que nada existe, pero si mantuvimos que ser de esta *forma*, por ejemplo, ser un hombre, es "esencial" o "necesario", *en tal género*, diríamos que no sería falso que si ningún *hombre* existe, entonces este hombre tampoco, que podría ser que ningún hombre exista y que no fuera el caso (*no es* el caso, en ningún estado de cosas posible) que, precisamente, *este* hombre, no exista.

Similarmente, con Ramsey y su universo de cuatro individuos. Donde ϕd es "*d* no es ni *a*, ni *b*, ni *c*", tenemos, creo que $\sim M \sim [\phi d \supset (\exists x) \phi x]$, "No sería falso que, si *d* no es ni *a*, ni *b*, ni *c*, entonces algo no es ni *a*, ni *b*, ni *c*". También tenemos $\sim M \sim \phi d$, "No sería falso que *d* no fuera ni *a*, ni *b*, ni *c*" aunque no *tendríamos* tal proposición y así sería, si alguna de *a*, *b*, *c*, o *d* fuera no-existente. Pero $\sim M \sim (\exists x) \phi x$, "No sería falso que (algo, tampoco fuera ni *a*, ni *b*, ni *c*)", *no* es verdadera, porque, ésta sería falsa, si *d* no existiera (realmente falsa y no, en sí misma, no-existente, pues ésta no menciona a *d*). Por tanto, no tenemos $L(p \supset q) \supset (Lp \supset Lq)$, en el sentido de $\sim M \sim (p \supset q) \supset (\sim M \sim p \supset \sim M \sim q)$.

En lógica temporal, los contraejemplos de $\sim P \sim (p \supset q) \supset (Pp \supset Pq)$ ("Si nunca ha sido falso que si *p*, entonces *q*, entonces si ha sido *p*, ha sido *q*") son fáciles de construir. Para falsificarla necesitamos sólo encontrar algún objeto *x* que haya existido más que otro objeto *y*, alguna propiedad ϕ que fuera cierta de *x* antes que *y* existiera pero no ha sido desde entonces, y algún ψ que nunca haya sido en absoluto cierta de *y*, ahora supongamos que nuestra *p* sea ϕx y nuestra *q* sea $\phi x \vee \psi y$. Podríamos adaptar un ejemplo modal usado en *Time and Modality*[1] con Dios y conmigo para *x* e *y*, "Sólo Dios existe" para ϕx y "no existo" para ψy (nunca ha sido falsa, aunque, a veces, ha sido no-enunciable que, si sólo existe Dios, entonces, o sólo existe Dios, o no existo; ha sido el caso -en la hipótesis cristiana- que sólo existe Dios; pero, puesto que, "O sólo existe Dios, o no existo" ha sido enunciable, nunca ha sido verdadera). Pero no es necesario meter a Dios, o a la existencia en esto. Por ejemplo, usaremos "Ese" para indicar un chaval pequeño que, entre otras cosas, nunca ha conducido un Cadillac y "Este" para indicar un anciano que fue a la escuela antes de que este chaval naciera pero no lo ha hecho desde entonces. Tenemos, pues

---

[1] p. 49.

(1) Nunca ha sido falso que si *esta* persona va a la escuela, entonces, o *esta* persona va a la escuela, o *esa* persona conduce un Cadillac, $\sim P \sim [\phi x \supset (\phi x \vee \psi y)]^1$.

(No hubo, efectivamente, una proposición como esta antes de que la persona existiera, pero la proposición nunca ha sido *falsa*)[2]. También tenemos

(2) Ha sido el caso que *esta* persona va a la escuela, $P\phi x$.

Por otro lado, no tenemos

(3) Ha sido el caso que: o *esta* persona va a la escuela, o *esa* persona conduce un Cadillac, $P(\phi x \vee \psi y)$.

En efecto, desde que esa persona comenzó a existir, ambas partes de la disyunción han sido falsas[3] y, por tanto, la disyunción es falsa y *antes* que esa persona existiera, no había tal proposición como el último disyunto ("*esa persona*" -al significar la única que representamos ahora- "conduce un Cadillac") ni tal proposición como la disyunción; lo que la disyunción expresa es algo que *nunca* ha sido el caso, falsificando (3) y la implicación de (1)⊃[(2)⊃(3)].

7. El sistema modal Q, sus modificaciones y su adaptación a la lógica temporal. En *Time and Modality* hay esbozado un sistema modal llamado Q, pensado como una lógica modal razonablemente fuerte, carente de principios tan dudosos como $\sim Lp \supset M \sim p$ y $\sim M \sim (p \supset q) \supset (Mp \supset Mq)$ y combinándose con la teoría de la cuantificación normal sin producir dudas en el terreno mixto que hemos mencionado antes. Q no fue axiomatizado pero fue caracterizado por una matriz, los valores posibles de las proposiciones registrados en infinitas secuencias de 1, 2, y/o 0, el primer miembro nunca siendo un 2. Un 2 en un

---

[1] N. del T y siguientes: es la traducción formal de la primera fórmula $\sim P \sim (p \supset q) \supset (Pp \supset Pq)$.
[2] Nunca ha sido falsa porque la disyunción es verdadera y $v \supset v = v$.
[3] El anciano dejó de ir a la escuela cuando el chaval nació lo que convierte a (3) en falsa.

punto de una secuencia significa que no se da tal proposición como la única en cuestión en el mundo representado por tal punto. *Todos* los componentes tienen 2 en *cualquier* lugar donde *alguno* de sus compuestos tenga 2 (donde no hay p, tampoco hay funciones de p). De otro modo, la secuencia $\sim p$ intercambia 1 y 0 de la secuencia-p; la secuencia $p \wedge q$ tiene 1 donde ambos, la secuencia-p y la secuencia-q, lo tienen; de otra forma, 0; Mp tiene 1 por todas partes (excepto donde hay 2), si p tiene 1 en alguna parte. Lp tiene 0 en todas partes (excepto en los 2) a menos que p tenga 1 por todas partes (*en todas* partes -ningún 1 en Lp, si p tiene 2). Una fórmula es una ley, si su secuencia nunca tiene 0 para ningún valor de sus variables.

En ese momento, no conocimos ningún conjunto de postulados característicos de la matriz pero en un artículo publicado en 1964[1], R. A. Bull demostró la completitud para un conjunto que tuvo como indefinida mi propia L fuerte ("verdadero en todos los mundos") y una débil L equivalente a mi $\sim M \sim$ ("falso en ninguno"). Como un corolario a este resultado, fue posible probar la completitud para algunos postulados más simples que pude adelantar, provisionalmente, en 1959, adoptando como indefinida, mi M original y una función Sp, sugerida por J. L. Mackie, que sería interpretada como "siempre enunciable" y fue equivalente a $L(p \supset p)$ (L fuerte)[2]. Mi Lp original sería definida como $Sp \wedge \sim M \sim p$, "p siempre enunciable y nunca falsa". Los postulados, sumados al cálculo proposicional con sustitución y separación, fueron como sigue:

RS1: $\vdash S\alpha \supset Sp$, donde p es cualquier variable en α;
RS2: $\vdash Sp \supset Sq \supset Sr \supset ... S\alpha$, donde $p, q, r, ...$ son todas las variables en α;
RSM: $\vdash \alpha \supset \beta \rightarrow \vdash Sp \supset Sq ... M\alpha \supset \beta$, donde β está completamente modalizada (es decir, todas sus variables dentro del alcance de una S o M) y $p, q ...$ son todas las variables en β que no están en α;

y el axioma $p \supset Mp$. Si $\vdash Sp$ es añadida a esto, Lp colapsa en $\sim M \sim p$ y el sistema se transforma en S5 (esto equivale a eliminar la posibilidad de las

---

[1] R. A. Bull, "The Axiomatisation of Prior's Modal Calculus Q", *Notre Dame Journal of Formal Logic*, vol. 5, no. 3 (July 1964), pp. 211-14.
[2] A. N. Prior, "Notes on a Group of New Modal Systems", *Logique et Analyse*, April 1959, pp. 122-7.

proposiciones que no figuran en ciertos mundos; o eliminar todas las secuencias con 2 de la matriz).

Presenté Q como una "lógica para los seres contingentes"; entendiendo a través de ella que algunos seres son contingentes y otros necesarios. Lemmon apuntó que una "lógica real para los seres contingentes" excluiría al segundo grupo y, obtendríamos esto, por eliminación de la matriz de Q todas las secuencias que *no* contengan 2 y axiomatizarla añadiendo $\vdash \sim Sp$ a los postulados Q. Lemmon también destacó otras dos posibles modificaciones de Q. En una, eliminamos de la matriz de Q todas las secuencias que contengan 1 y 0 pero no 2; una posible axiomatización es por adición $\vdash Sp \supset (Mp \supset p)$ a Q. Aquí como en Q, hay lugar para los seres contingentes y necesarios pero todas las verdades se refieren *solamente* a los seres necesarios (y, por tanto, siempre enunciables- no tienen 2 en sus secuencias) son, ellas mismas, o necesarias o imposibles; aunque las que se refieren a *ambos* necesarias y contingentes -por ejemplo, quizás "9 es el número de los planetas" -puede ser contingente. Finalmente, podemos eliminar de la matriz de Q todas las secuencias que tengan ambos 1 y 0 y añadir $\vdash Mp \supset p$ a los postulados. Esto convierte $Mp=p$ y $Lp=Sp \wedge p$, "necesariamente enunciables y, realmente, verdaderos". Si llamamos a una proposición "pura", si no contiene ninguna referencia a seres contingentes e "impura," si contiene tales referencias (incluso, si lo que dice de tales seres es, por ejemplo, si son rojos, son rojos), las verdades y falsedades necesarias de este último sistema son la verdad y falsedad "puras" y las contingentes son las impuras. La matriz para esto es equivalente a una de cuatro valores.

Debemos intentar una modificación de la lógica temporal análoga a Q, aunque Q puede, por supuesto, adoptarse sustituyendo con L, el temporal "siempre", M por "a veces", $\sim M \sim$ por "nunca no" y $\sim L \sim$ por "no siempre". Uno o dos detalles del Cálculo presupuesto *GPHF* son obvios. Por ejemplo, podemos tener $H(p \supset q) \supset (Hp \supset Hq)$ pero no tener $\sim P \sim (p \supset q) \supset (Pp \supset Pq)$ (H y P no son interdefinibles); y no tenemos la regla RH, para inferir $\vdash Ha$ de $\vdash a$. Por ejemplo, tenemos $\vdash (\forall x) \phi x \supset \phi y$ "Si todo es ϕ, entonces los y son ϕ", esto es válido para cualquier y que se refiera la fórmula, es decir, cualquier y que hubiera; pero no tenemos $\vdash H[(\forall x) \phi x \supset \phi y]$ "Siempre ha sido que, si todo es ϕ, entonces y también", porque incluso $(\forall x) \phi x \supset \phi y$ que es verdadera ahora, no lo fue, ni nada, antes de que y existiera. Es una cuestión delicada, si debemos tener una regla para inferir el débil $\vdash \sim P \sim \alpha$ de $\vdash \alpha$. La teoría de la cuantificación ordinaria y la teoría de la identidad nos da $\vdash(\exists x)x=x^1$, "Algo es sí mismo", que puede equipararse con "Algo existe", y esto con la regla propuesta, nos da $\vdash \sim P \sim (\exists x)x=x$, "Nunca ha sido falso que (algo existe)", esto es, nunca ha sido el caso que nada existe. Podemos abordar este problema o (1) adoptando alguna teoría de la cuantificación no-estándar con la identidad en la que $(\exists x)x=x$ no está probada, o (2) negamos la regla de inferencia $\vdash \sim P \sim \alpha$ de $\vdash \alpha$, o (3) justificando $\vdash \sim P \sim (\exists x)x=x$, por ejemplo, sobre la base de que antes de que nada existiera, no había tal proposición y, por tanto, ninguna proposición verdadera tal como $\sim(\exists x)x=x$. Esta última puede sonar incluso, trivialmente, correcta -si no hay nada ¿cómo puede haber proposiciones? -pero la "existencia" proposicional no es tan literal: es más bien un ser-el-caso o no, antes que un ser literal; tal que ese fragmento de la eliminación del universal no funcionará. Tampoco funcionará $\sim(\exists x)x=x$, directamente, *sobre* cualquier individuo, en el sentido en que $a \neq a$, funcionaría, por tanto, no deducimos que no habría tal proposición en un universo vacío porque no hallamos allí el objeto al que se refiere.

La respuesta correcta, es decir, la respuesta acorde con las intuiciones detrás de este tipo de sistema es la siguiente: Descartamos la solución (2), sobre la base que la regla de inferencia $\vdash \sim P \sim \alpha$ de $\vdash \alpha$, simplemente, refleja el hecho de lo que significa nombrar una fórmula un "teorema" del sistema, es que cualquier constante que coloquemos para sus variables libres nos dará algo que nunca es falso. Aceptaremos, o $\sim P \sim (\exists x)x=x$ como un teorema, en su sentido normal, como representando que el universo, de hecho, nunca ha estado vacío, o si no nos comprometemos con este punto, rechazar $(\exists x)x=x$, como un teorema, es decir, algo que nos compromete a no ser nunca falso. Si adoptamos esta última línea, deberíamos modificar la regla de separación, pues ambas $a=a$ y $a=a \supset (\exists x)x=x$, son, ciertamente, teoremas en el sentido anterior, pero $(\exists x)x=x$, no lo es. Una forma de la teoría de la cuantificación con esta peculiaridad, designada para afrontar la posibilidad de universos vacíos, fue presentada por Mostowski en 1951[2]. Mostowski modificó la separacion para:

---

[1] N. del T: $\vdash(\exists x)x=x$; (1) $a=a$, I=; (2) $(\exists x)x=x$, I∃.
[2] A. Mostowski, "On the Rules of Proof in the Pure Functional Calculus of the First Order", *Journal of symbolic Logic*, vol. 16, no. 2 (June 1951), pp. 107-11.

Si todas las variables individuales libres en α, ocurren libres en β, entonces si $\vdash\alpha$ y $\vdash\alpha\supset\beta$, entonces $\vdash\beta$.

En otros casos su teoría de la cuantificación es normal; por ejemplo, tiene ambas $\vdash\phi y\supset(\exists x)\phi x$ y $\vdash(\forall x)\phi x\supset\phi y$, y la regla de inferencia $\vdash(\forall x)a$ de $\vdash\alpha$. Esta complicación también afecta al sistema análogo Q y en *Time and Modality*[1], pude prever problemas con la separación en las extensiones de Q, aunque fui superoptimista sobre la posibilidad de conservarla ahora.

La construcción del Cálculo-U correspondiente a una lógica-temporal al estilo Q presenta, además, problemas, contendría $Ta\sim p\supset\sim Tap$ pero no su inversa $\sim Tap\supset Ta\sim p$; que tendría ambas: $Ta(p\supset q)\supset(Tap\supset Taq)$ y $Ta(p\wedge q)\supset(Tap\wedge Taq)$ y sus inversas; que P, H, F y G serían tratadas separadamente por

    TP: $TaPp\equiv(\exists b)(Uba\wedge Tbp)$
    TH: $TaHp\equiv(\forall b)(Uba\supset Tbp)$
    TF: $TaFp\equiv(\exists b)(Uab\wedge Tbp)$
    TG: $TaGp\equiv(\forall b)(Uab\supset Tbp)$;

que la regla para inferir $\vdash Ta\alpha$ de $\vdash\alpha$ se sustituiría por una para inferir $\vdash\sim Ta\sim\alpha$ de $\vdash\alpha$ y, quizás también, una (llamada RTC) para inferir $\vdash Ta\alpha\supset Ta\beta$ de $\vdash\alpha\supset\beta$, si β no tiene variables libres en α; y que α sería una tesis en una lógica-temporal si, y sólo si, $\sim Ta\sim\alpha$ fuera una tesis en el correspondiente Cálculo-U. Así, deduciríamos, por ejemplo, la regla correspondiente para inferir $\vdash\sim P\sim\alpha$ de $\vdash\alpha$, como sigue:

(1) $\sim Ta\sim\alpha$ Tesis del Cálculo-U
(2) $\sim Tb\sim\alpha$ 1 sust.; α no está afectada pues, siendo una fórmula lógico-temporal, no contiene a.
(3) $Uba\supset\sim Tb\sim a$ 2, $p\supset(q\supset p)$, paradoja del condicional
(4) $(\forall b)(Uba\supset\sim Tb\sim a)$ 3, I.U.
(5) $\sim(\exists b)(Uba\wedge Tb\sim a)$ 4, $p\supset\sim q\vdash\sim(p\wedge q)$
(6) $\sim TaP\sim\alpha$ 5, TP
(7) $Ta\sim\sim p\supset Tap$ $\sim\sim p\supset p$, RTC, Ta en los dos lados

---

[1] pp. 45-47 y 46, cf. además, p. 60.

(8) $\sim Ta\sim\sim P\sim\alpha$ 6, 7, $(p\supset q)\supset(\sim q\supset\sim p)$, $\sim Tap\supset\sim Ta\sim\sim p$,
$p/P\sim\alpha$, $\sim TaP\sim\alpha\supset\sim Ta\sim\sim P\sim\alpha$.

Impondríamos varias condiciones especiales sobre U como antes, pero no con las mismas consecuencias.

8. *Lógica de predicados temporales con nombres ahora-vacíos, en Cocchiarella, Rescher y Hamblin.* Los últimos trabajos en el cálculo de predicados temporal y modalizado tienden a evitar estos problemas aproximándose a la cuestión de otra manera, esto es, con una "regla de ampliación" diferente. Por ejemplo, en el cálculo de predicados temporal de Cocchiarella, se dictamina que *x, y,* y *z* son los individuos particulares que se hallan incluso antes y después de su existencia y maneja cuantificadores que alcanzan al conjunto de ellos en todo momento. Los individuos identificables *pueden* concebirse como "existentes" y también como existibles, aunque es cuestionable, si lo segundo se describiría realmente como creación de la *nada*. Ciertamente, no puede encajar en la fórmula de Geach, por la que, para cuando Dios da la existencia y la existencia humana en especial, a uno de estos pacientes que espera en la sala de espera, afirmamos que "Dado un *x*, Dios concibe tal *x* como un hombre". Podemos, también, responder a las objeciones de Buridan a $P(\forall x)\phi x\supset(\forall x)P\phi x$. En un sentido relevante de "Todo" que nunca ha sido el caso (incluso en la hipótesis cristiana) que todo es Dios -siempre ha habido *x* de las que diríamos "Eso sí que no es Dios", aunque antes de la creación lo único que diríamos es que estarían aguardando la existencia. Las leyes de este tipo de cuantificación temporal son "barcanianas" y, no es cuestión, en un sistema de este tipo en absoluto, revisar la lógica temporal *proposicional* subyacente.

Si tenemos algún medio de simbolizar la forma "*x* existe ahora", definiremos, en un sistema de este tipo, otro sentido de "todo", a saber, "Todo lo que realmente existe", en términos en los que las objeciones de Buridan se plantearían, pero, ahora, la ley que objeta no tendría la forma $P(\forall x)\phi x\supset(\forall x)P\phi x$ sino más bien $P(\forall x)(\psi x\supset\phi x)\supset(\forall x)(\psi x\supset P\phi x)$, "Si ha sido el caso que (todos los ψ son ϕ), entonces todo lo que es ψ ha sido ϕ", y esto no es una ley de ningún sistema; por ejemplo, "Ha sido que (cualquiera de la habitación E es un jugador)" no implica que todo el que esté ahora en la habitación ha sido un jugador. En efecto, pudo ser que la habitación E estuviera una vez llena de jugadores pero ahora alberga gente que nunca ha jugado en su vida. Similarmente, pudo ser que aunque en la sala de Existencia, una vez no hubo nadie excepto Dios, ahora hubiera también otros.

El uso de "*E!x*" ("*x* realmente existe") para definir "Todo-real" y "Algo-real" en términos de "Todo" y "Algo" sin restricción ("Todo-real es ϕ" como "Todos son ϕ, si existen" y "Algo-real es ϕ" como "Algo existe y es ϕ") es recomendado por Rescher[1]. Cocchiarella invierte el procedimiento añadiendo un cuantificador universal restringido *indefinido* al suyo sin restricción, definiendo los cuantificadores particulares en términos de los correspondientes universales en la forma típica y, después, usando el cuantificador particular restringido para definir "*x* realmente existe" como "Algo-real es idéntico a *x*". Si los cuantificadores restringidos son introducidos, definimos el menos restrictivo "Algo que existe o existirá, será ϕ" como "Será que (algo-real es ϕ)" y, similarmente, con el pasado; igual que haríamos en un sistema al estilo Q donde al no-existente no se le permite ser designado individualmente. No obstante, Rescher está equivocado, al sugerir que sus cuantificadores restringidos se comportan, *exactamente,* como lo hacen los del estilo Q. Sin duda, pueden, involucrarnos en salidas similares desde los principios tipo Barcan mezclando cuantificadores y tiempos pero en una teoría pura de la cuantificación, los cuantificadores restringidos de Rescher y Cocchiarella se comportan peor que los del tipo Q. Lo que está claro, en este punto, es garantizar la lógica-temporal estándar (y la separación sin restricción) descartando la teoría de la cuantificación estándar; por ejemplo, con nombres de largo alcance pero con cuantificadores restringidos no es una ley que, si *a* es ϕ, entonces algo es ϕ, quizás la única *a* que es ϕ todavía no existe (y, por tanto, no cuenta como "algo" en el sentido de "algo real"). Los cuantificadores *sin* restricción incluyen, por supuesto, las leyes estándar.

Cocchiarella plantea la cuestión, si los cuantificadores sin restricción son, realmente, necesarios y decide que sí -me parece que es correcto, dado su uso comprehensivo de los nombres. Hemos visto que en el lugar exacto, los operadores-temporales y los cuantificadores restringidos bastarán para definir formas como "Algo que es o será real, será ϕ" y cabe pensar que "Algo es ϕ", sin restricción, se definiría generalmente como "Es, o ha sido, o será que algo-real es ϕ"; y "Todo es ϕ", análogamente. Pero si permitimos que las *x* para las que "*x* no existe" sea ahora verdadera, debe, seguramente, haber *algún* modo

---

[1] N. Rescher, "On the Logic of Chronological Propositions", *Mind*, Jan. 1966.

de este "algo" del que deduzcamos que algo no existe; pero la traducción propuesta de esta conclusión –"Es, o ha sido, o será que (algo-que existe, no existe)"- es, simplemente, falsa.

El sistema de Cocchiarella es consistente usando la forma ϕa para cubrir no sólo las afirmaciones sobre lo que todavía no, o ya no existe sino también las afirmaciones sobre "objetos" que no existen, nunca han existido y nunca existirán; aunque esta interpretación se excluiría mediante la introducción de un axioma al efecto que "todo", o existe, o ha existido, o existirá. (Tal axioma podría ser fácilmente formulable en el sistema de Cocchiarella). Hamblin sugirió, efectivamente, en 1958 que la lógica-temporal necesitaba tres cuantificadores -uno correspondiente a la interpretación liberal del cuantificador "posible" de Cocchiarella, otro para su interpretación más restrictiva y otro para el cuantificador "propiamente dicho" de Cocchiarella; tomando *(∃x)ϕx*, en el primer sentido, como primitivo, definió el tercer sentido (a la manera de Rescher) como *(∃x)(E!x∧ϕx)* y el segundo como *PF(∃x)(E!x∧ϕx)*. Son posibles también otros cambios; por ejemplo, Dana Scott ideó un sistema en el que los nombres pueden aplicarse a las cosas antes y después, así como también, durante su existencia pero antes y después de su existencia individual son indistinguibles (cf. Edwards).

En lógica modal también evitamos las complicaciones del sistema Q mediante la cuantificación de la *possibilia*. En ambas áreas, de hecho, tenemos que elegir entre una cierta suma de dificultades y superstición. Presumiblemente porque la noción de un mero *possibile* es algo menos "ajustado" y lógicamente exigente que la de un individuo meramente pasado o futuro, los lógicos modales han estado mejor preparados que los lógicos temporales para aceptar soluciones en las que la sola *possibilia* es incluida entre los individuos que los nombres designan, pero sólo la propiedad ϕ, de algunos (o todos) los individuos *reales*, está permitida para verificar la aserción que algo (o todo) es ϕ. Tal solución ha sido desarrollada, por ejemplo, por Kripke, quien minimiza el resultado confuso en la teoría de la cuantificación omitiendo las tesis con variables libres[1]. En especial, no puede y no debe afirmar en su sistema $\vdash(\forall x)\phi x\supset\phi y$, "Si todo-real es ϕ, entonces *y* es ϕ", que produciría una proposición falsa, si el nombre de un mero *possibile* sustituyera a *y*; Kripke sólo afirma $\vdash(\forall y)[(\forall x)\phi x\supset\phi y]$, esto es, "Si es verdadero de

---

[1] S. A. Kripke, "Semantical Considerations on Modal Logic", *Acta Philosophica Fennica*, Fasc. 16 (1963) pp. 83-94.

cualquier cosa real que, si todo lo real es ϕ, entonces tal cosa es ϕ". Este sistema es "Myhilliano" en el sentido de tener S5 y la mayor parte de la teoría de la cuantificación pero no $(\forall x)L\phi x \supset L(\forall x)\phi x$ desarrollado por un deliberado agotamiento de la maquinaria formal.

No obstante, Kripke hace, una sugerencia en una nota a pie de página que tomaría algunas direcciones interesantes, ambas en lógica modal y temporal. La sugerencia quizás sea reformulada del siguiente modo: los lógicos medievales distinguieron entre predicados (como "es rojo", "es duro", etc.) que implican existencia y predicados (como "se piensa que es rojo", "se piensa de", etc.) que no[1]. Supongamos que usamos ϕ, ψ, etc., para predicados y f, g, etc., para la anterior subclase de predicados. f, g, etc., son sustituibles por ϕ, ψ, etc., pero no viceversa; y compuestos como $\sim f$, Mf, etc., son sustituibles por ϕ, etc., pero no por f, etc. (tales compuestos *son* predicados, pero no son predicados que implican existencia). Similarmente, con predicados monádicos. Lo que Kripke afirma entonces es que podríamos sumar a estos axiomas el "cierre" de la fórmula $[fy \wedge (\forall x)\phi x] \supset \phi y$, es decir, podríamos sumar $(\forall y)[(fy \wedge (\forall x)\phi x) \supset \phi y]$. Ésta, sin embargo, sería una adición redundante, pues se sigue, en su sistema, de $(\forall y)[(\forall x)\phi x \supset \phi y]$ que ya tiene. Lo más interesante es que estas nuevas variables hacen posible la reformulación de su sistema *con* variables libres, y con $(\forall x)\phi x \supset \phi y$ sustituida por la forma cualificada $fy \supset [(\forall x)\phi x \supset \phi y]$. Las variables restringidas, ofrecen, de hecho, otra forma de expresar la idea de existencia -la última fórmula equivale a "*Si y existe*, entonces si todo es ϕ, entonces y es ϕ". Dado este axioma, el incalificado $(\forall x)fx \supset fy$ y el $fy \supset (\exists x)fx$ son fácilmente deducibles para los predicados restringidos. Tenemos

1. $fy \supset [(\forall x)\phi x \supset \phi y]$ Fórmula de partida de Kripke, 1963
2. $fy \supset [(\forall x) \sim \phi x \supset \sim \phi y]$ 1, $\phi / \sim \phi$
3. $fy \supset (\phi y \supset \sim (\forall x) \sim \phi x)$ 2, $[p \supset (q \supset \sim r)] \supset [p \supset (r \supset \sim q)]$
4. $fy \supset (\phi y \supset (\exists x)\phi x)$ 3, Df. $\exists$, $\sim (\forall x) \sim = \exists x$
5. $fy \supset (fy \supset (\exists x)fx)$ 4, ϕ / f
6. $fy \supset (\exists x)fx$ 5, $[p \supset (p \supset q)] \supset (p \supset q)$
7. $(\forall y)fy \supset [(\forall x)fx \supset fy]$ 1, ϕ/f, $\forall 1$
8. $(\forall x)fx \supset [(\forall x)fx \supset fy]$ 7, renombrando las variables ligadas.

---

[1] Véase, por ejemplo, W.Burleigh, *De Puritate Artis Logicae Tractatus Longior* (Franciscan Institute, 1955), pp. 57-58.

9. $(\forall x)fx \supset fy$ 　　　　　　8, $[p \supset (p \supset q)] \supset (p \supset q)$.

También podemos usar los "cuantificadores posibles" de Cocchiarella con las reglas normales y, después, usar los predicados restringidos para definir "x existe" como $(\exists f)fx$ y, por tanto, definir los cuantificadores "reales" de forma típica.

9. Ontología temporal. Como destacamos en *Time and Modality*, podemos mantenernos en la lógica modal o temporal estándar y en una teoría simple de la cuantificación, si no manejamos variables-nominales de individuos russellianas ligadas o libres, sino sólo recursos para referirnos a los individuos indirectamente, como en la "ontología" de Leśniewski. La problemática que nos obliga *este* procedimiento es una necesidad para distinguir operadores que forman predicados compuestos de aquellos que forman las correspondientes proposiciones compuestas. Por ejemplo, donde *a* y *b* no son nombres propios sino nombres comunes, "Para algún *a* (será que (*a* es *b*))" es equivalente a "Será que (para algún *a* (*a* es *b*))" (la Fórmula Barcan); pero ninguna de éstas es equivalente a "Para algún *a*, *a* es una cosa-que-será-*b*". Y, más simple, omitiendo el cuantificador, "Será que (*a* es *b*)" no es equivalente a "*a* es una cosa-que-será-*b*". Lo segundo implica, lo primero no, que lo que será *b* ya existe, pues sólo lo que existe puede, propiamente, ser llamado "*a*"; o, más exactamente, la forma "*a* es *b*", sea lo que sea que *b* pueda ser (incluso si es de la forma "cosa-que-será-*b*") implica que "*a* existe", es decir, "*a* es un objeto", o "Hay una cosa como *a*"; pero la forma "Será que *a* es *b*" sólo implica "Será que hay tal cosa como *a*". De otro modo, "Será que *a* es *b*" implica que lo que será *b*, será *a* cuando sea *b*, mientras "*a* es una cosa-que-será-*b*" no implica esto (puede, para todo lo que nos dice, haber dejado de ser *a* para cuando sea *b*).

Si simbolizamos "*a* es *b*" como $a \in b$, y el término "objeto" como V, tenemos como ley $a \in b \supset a \in V$; y, efectivamente, la forma $a \in V$, "*a* es un objeto", puede ser *definida* como $(\exists b)a \in b$ ("Hay algo que es *a*"), tal que nuestra ley equivale a la introducción del existencial $a \in b \supset (\exists b)a \in b$. Si escribimos fb para el término "Cosa que será *b*", obtenemos $a \in fb \supset a \in V$, o $a \in fb \supset (\exists b)a \in b$, por sustitución de *b* libre. Pero no tenemos $Fa \in b \supset (\exists b)a \in b$, sino sólo $Fa \in b \supset (\exists b)Fa \in b$ (y $Fa \in b \supset F(\exists b)a \in b$).

Nuevamente, "No ha sido siempre verdadero que (*a* existe)", ~*Ha*∈*V*, es equivalente a "Ha sido en el algún momento falso que (*a* existe)", *P*~*(a*∈*V)*; pero el primero no es equivalente a "*a* es una cosa-que-no-siempre-ha-existido", *a*∈*nhV*[1], ni el segundo, a "*a* es una cosa-que-en-algún-momento-fue-no-existente", *a*∈*pnV*, o *a*∈*pΛ*, escribiendo *Λ* por *nV*, es decir, el "no-objeto", el "no-existente"; tampoco estas dos últimas formas son equivalentes. Tomando el primer punto: "No siempre ha sido el caso que (*a* existe)", no decimos que ningún objeto particular haya durado sólo un tiempo finito sino, más bien, que sólo por un tiempo finito cualquiera ha sido "*a*"; mientras "*a* es una cosa-que-no-siempre-ha-existido", se dice del primero, pero es compatible con "*a* existe" haber sido siempre verdadera, aunque diferentes cosas hayan sido "*a*" en distintos momentos.

El otro punto es más complicado. Notemos, primeramente, que "*a* es un no-objeto", *a*∈*Λ*, es siempre falso, pues cualquier cosa de la forma "*a* es *b*" (incluso *a*∈*Λ*, en sí misma) implica que *a no* es un no-objeto sino un objeto (aunque "No es el caso que *a* sea un objeto", "No hay tal cosa como *a*", ~*(a*∈*V)*, que *no* es la forma *a*∈*b* es, en ocasiones, verdadera). Notemos, en segundo lugar, que es una ley razonable que, si *a* es una cosa-que-ha-sido-*b*, entonces ha sido el caso que algo es *b* (aunque puede no haber sido entonces "*a*"), es decir, tenemos *a*∈*pb*⊃*(∃c)P(c*∈*b)*, incluso, si no podemos tener *a*∈*pb*⊃*P(a*∈*b)*. Por tanto, poniendo *Λ* por *b*, tenemos *a*∈*pΛ*⊃*(∃c)P(c*∈*Λ)*. Pero *c*∈*Λ siempre* ha sido falso, para cualquier *c*, esto es, ~*(∃c)P(c*∈*Λ)* y, también, ~*(a*∈*pΛ)*, esto es, no puede ser el caso que *a* sea una cosa-que-haya-sido-un-no-objeto. Por otro lado, *puede* ser el caso que *a* sea una cosa-que-no-siempre-haya-sido-un-objeto, *a*∈*nhV*. Parecería que la temporalidad de los términos no es sólo no definible por medio de proposiciones temporales sino que, en sí misma, tiene algo tipo Q, no obstante, puede darse la ortodoxa temporalidad de las proposiciones. Incluso si *P*~ tiene la misma fuerza que ~*H*, *pn* (como en *pnV*, esto es, *pΛ*) no es intercambiable con *nh*.

Destacamos también en *Time and Modality* que en la ontología temporal, tenemos algunas ventajas, si adoptamos como indefinida, no la forma "débil" *a*∈*b*, significando "el único que *ya* es *a*, ya es *b*", sino la forma "fuerte" *a*∈'*b*, significando "*a* que es el único que *siempre* al ser *a*, es *b*". Ciertas

---

[1] N. del T: *f, h, p* y *n* (negación) minúsculas sirven para caracterizar la ontología temporal.

observaciones que hicimos allí de estas dos formas fueron mejoradas por Geach en 1957. Una sucesión, en aumento, de axiomas simples abreviados que fueron encontrados por Leśniewski para una ontología atemporal incluía los siguientes[1]:

1. $(\forall a)(\forall b)[a \in b \equiv (\exists c)[(c \in a \wedge (\forall c)(\forall d)(c \in a \wedge d \in a \supset c \in d)] \wedge (\forall c)(c \in a \supset c \in b)]$ (1920)
2. $(\forall a)(\forall b)[a \in b \equiv (\exists c)(c \in a \wedge c \in b) \wedge (\forall c)(\forall d)(c \in a \wedge d \in a \supset c \in d)$ (1921)
3. $(\forall a)(\forall b)[a \in b \equiv (\exists c)(a \in c \wedge c \in b)]$ (1929)

En *Time and Modality,* se mencionó que 1 se cumple pero 3 no, para el simple $\in$ de la ontología temporal; que 1 no se cumple en la ontología temporal, si $\in$ es sustituida en todas partes por $\in$', aunque sí se cumple, si la sustitución es hecha sólo a la derecha del argumento de la principal equivalencia, esto nos da un modo de definir $\in$ en términos de $\in$'. Geach señaló que lo que se ha dicho de 1 es, igualmente, cierto de la fórmula 2, más corta (de la que 1 puede ser deducida y viceversa, sin recurrir a principios que valgan en una ontología atemporal pero no en una temporal) y también que la fórmula 3, la más corta de todas, vale si $\in$ es sustituida por $\in$'.

Una función tipo-$\in$ de la ontología temporal, que tiene que ser todavía investigada, pero que tiene algunas propiedades útiles, si la tomamos como indefinida, es la simple "El único que siempre fue a, ya es b", comprendida *no* como implicando que tal cosa es ya a (sino incluso implicando que, o es, o ha sido, o será a). Reinterpretando $\in$' de esta forma, la débil $\in$ es definible todavía en términos de ella, aunque no tan simple como en los términos $\in$' de *Time and Modality*. Con la segunda, equiparamos

(a) El único que es ahora Presidente de los Estados Unidos es Tejano, $a \in b$.

con

---

[1] N. del T: Se entiende mejor, si sustituimos $a \in b$ por $a=b$, en las tres fórmulas. No es lo mismo $a \in b$ (identidad débil) de $a \in 'b$ (identidad fuerte), es algo similar a la distinción que hacíamos entre F (ockamista) y F (peirceana).

(β) Para algún c, c es el único que siempre al ser c, ya es, simultáneamente, Presidente de los Estados Unidos y Tejano, $(\exists c)(c\in'a \land c\in'b)$.

y

Para cualquier c y d, si c es el único que siempre puede ser c y d es el único que siempre puede ser d, ya es el Presidente de los Estados Unidos, entonces, c es el único que siempre al ser c, ya es d, $(\forall c)(\forall d)(c\in'a \land d\in'a \supset c\in'd)$.

(Al menos, afirmamos esta equivalencia, si asumimos que para todo objeto, hay algún c que ya es y que no ha sido nada más). Si en esta equivalencia, omitimos las frases "c que es" y "d que es", es decir, si suponemos la nueva forma $\in$', no garantizamos "ya es d" con el que acaba la equivalencia; pero esta equivalencia se cumplirá, si la sustituimos por "es, o ha sido, o será d", esto es, si convertimos la última cláusula

$$(\forall c)(\forall d)[(c\in'a \land d\in'a) \supset [c\in'd \lor P(c\in'd) \lor F(c\in'd)]].$$

(Ésta sólo supone que para todo objeto, existe c, que es, ha sido o será, y nada más). O, (usando la condición más fuerte), convertimos la última cláusula

$$(\forall c)(\forall d)[[c\in'a \land (c\in'd \land d\in'd)] \supset c\in'd].$$

($a\in'b$ de *Time and Modality* es definible en términos de la nueva forma como $a\in'b \land a\in'a$).

La definibilidad de $\in$ significa que formas como $a\in fb$ son definibles en términos de formas como $a\in'fb$ y esto es importante porque, en este último, la temporalidad de un término *es* sustituida mediante el cálculo temporal proposicional ordinario. Igualamos, simplemente

(α) El único que siempre al ser a, ya es b futura $a\in'fb$

con

(β) El único que siempre que ha sido a, ya existe $(\exists c)a\in'c$ y será el único que siempre que sea a, es b $F(a\in'b)$.

Las formas $a\in{'}nhV$, "El único que al ser a, es uno que no siempre ha existido" y $a\in{'}pnV$, o $a\in{'}p\Lambda$, "El único que siempre al ser a, es uno-que-fue-una vez-un-no-existente", se distingue, entonces, por igualación del primero con

El único que al ser siempre a, existe $(\exists c)a\in{'}c$, o $a\in{'}V$ y no siempre ha sido el caso que el único que al ser siempre a existe $\sim H(a\in{'}V)$,

y del segundo con

El único que siempre al ser a, existe y ha sido el caso que el único que siempre al ser a, es un no-existente, $P(a\in{'}nV)$,

este, a la vez, equivale a

El único que siempre al ser a, existe y ha sido el caso que (i) el único que siempre al ser a, existe y (ii) no es el caso que el único que siempre al ser a, existe, $P(a\in{'}V)\wedge\sim(a\in{'}V)$,

cuyo último componente es imposible. Creo que la cuestión no es tanto que *nh* es diferente de *pn*, como que con los prefijos compuestos de los términos, la yuxtaposición no es asociativa; las formas que estamos distinguiendo son, realmente, $a\in{'}(pn)V$ y $a\in{'}p(nV)$. La diferencia es, aproximadamente, entre "el que anteriormente no existió" y "el que anteriormente fue un no-existente". Es una ambigüedad como el alcance-de la ambigüedad que se plantea de la teoría de las descripciones de Russell; y no sería de importancia, si estuviéramos seguros de que las formas con términos compuestos son, en este sistema, completamente evitables en favor de las proposiciones compuestas. Con los términos de predicado compuestos, esto parece, ciertamente así y los términos de sujeto pueden siempre colocarse en la posición del predicado por medio de la equivalencia

$$a\in{'}b\equiv(\exists c)[c\in{'}b\wedge M(c\in{'}a)\wedge(\forall d)L[d\in{'}a\supset M(d\in{'}c)]].$$

("El único que siempre al ser a, es b si, y sólo si, para algún c, 1. el único que al ser siempre c, es b, 2. el único que al ser siempre c, es, o ha sido, o será a, y

3. para todo *d,* si necesariamente, el único que siempre al ser *d,* es *a,* entonces el único que siempre sea *d*, es, o ha sido, o será *c*").

Al dar el significado de la forma $a\in 'b$ en el sistema de Cocchiarella con variables individuales libres, interpretamos *a* y *b* como verbos y el conjunto resulta

Para algún *x* ahora existente, es ya el caso que *bx* y es, o ha sido, o será el caso que *ax* y para cualquier *y* que exista, o siempre haya existido, o siempre existirá, es y siempre ha sido y, siempre será el caso que, si *ay* entonces *y=x*.

Cabe destacar que necesitamos los dos tipos de cuantificadores de Cocchiarella -un "particular real" externo y un "universal posible" interno. La definición de la misma forma en un sistema tipo-Q presenta dificultades que no puedo resolver ahora. La última cláusula no puede ser traducida

(A) Es y siempre ha sido (*H*) y siempre será (*G*) que para cualquier *y* (real), si *ay*, entonces *y=x*.

En las ocasiones en las que no es el caso que *x* exista en ellas, habrá veces en que "Para cualquier *y*, si *ay* entonces *y=x*" no sea verdadera sino no enunciable, esto es, con las transitorias *x,* esta cláusula (A) nunca será satisfecha. Ni tampoco puede ser

(B) No es y nunca ha sido (~*P*) y, nunca será (~*F*) que, para algún *y*, *ay* e *y≠x,*

en efecto, ésta puede ser satisfecha muy fácilmente -lo será, si las únicas veces en las que las cosas que han sido *a,* fueron las únicas veces en las cuales *y≠x* fue (en ausencia de *x*) no enunciable.

10. Complejidad interna y externa en los sistemas con variables individuales libres. Distinguir entre la formación de predicados compuestos y la formación de las correspondientes proposiciones compuestas, es una complicación que algunos autores han encontrado digna de soportar incluso en los sistemas que contienen variables individuales libres. Encontramos esto en el desarrollo por G. E. Hughes y D. G. Londey de la lógica de los "universos vacíos"[1].

Al comienzo de su tratamiento de la lógica de predicados de primer-orden, efectivamente, Hughes y Londey sencillamente, forman, sin variables nominales individuales, proposiciones cuantificadas directamente de predicados. Usando su técnica pero modificando su simbolismo, podemos escribir $\forall \phi$ por "Todos los ϕ" y $\exists \phi$ por "Algo es ϕ". Los predicados compuestos se forman de la misma manera que las proposiciones compuestas, tal que, tenemos formas como $\exists \sim \phi$ por "Algo no puede ser ϕ", para ser contrastada con $\sim \exists \phi$, "No es el caso que algo sea ϕ"; y $\exists(\phi \wedge \psi)$, "Algo es ϕ y ψ", para ser contrastado con $\exists \phi \wedge \exists \psi$ "Algo *es* ϕ y algo es ψ". En un universo vacío $\exists \phi$ ("Algo es ϕ") nunca es verdadero, mientras que $\forall \phi$ ($= \sim \exists \sim \phi$) siempre lo es, tal que una lógica que permite tal posibilidad carecerá de la ley $\forall \phi \supset \exists \phi$[2].

Cuando Hughes y Londey introducen, al final, variables nominales individuales, permiten a la forma ϕx tener significado en un universo vacío o, al menos, permiten la cuestión de si esto es, o no es el caso, en un universo tal que ϕx sea un caso auténtico y dictaminan que, de hecho, en tal universo *no* es el caso que ϕx para ningún ϕ. Esta decisión parece convertir la negación de ϕx, esto es, $\sim \phi x$, automáticamente *verdadera* en tal universo; pero, si permitimos $\sim \phi$ como un caso especial de ϕ, la misma decisión puede tomarse para convertir $\sim \phi x$, automáticamente, *falsa*. Para evitar esta contradicción, Hughes y Londey distinguen la forma $\sim(\phi x)$ que es siempre verdadera en un universo vacío de la forma $(\sim \phi)x$, que allí es siempre falsa. Tenemos la ley $\phi x \supset \exists \phi$, correspondiente a $\phi y \supset (\exists x)\phi x$, en los sistemas típicos pero no $\forall \phi \supset \phi x$ correspondiente a $(\forall x)\phi x \supset \phi y$. La prueba típica de la segunda, por la primera por sustitución y contraposición falla. La sustitución nos da de $\phi x \supset \exists \phi$ a $(\sim \phi)x \supset \exists(\sim \phi)$ y, después, por contraposición a $\sim \exists(\sim \phi) \supset \sim(\sim \phi)x$, pero no podemos pasar de esto a $\sim \exists \sim \phi \supset \phi x$, como $\sim(\sim \phi)x$ no implica $\sim \sim (\phi x)$ y, por tanto, ϕx.

Es obvio que estas ideas pueden ser usadas en lógica temporal con individuos que existen en algunos momentos pero no en otros. Al esbozar tal extensión, adoptaré una idea de Hughes -que, sin embargo, no se presenta en

---

[1] G. E. Hughes y D. G. Londey, *The Elements of Formal Logic* (Methuen, 1965), chs. 26 y 36.
[2] N. del T: Descenso cuantificacional.

el libro- para eliminar los paréntesis. Simplemente, escribiremos "ϕ de x" no como ϕx sino como $x\phi$, tal que "x es un no ϕ-miembro" cambia a $x\sim\phi$, aunque "No es el caso que ϕ de x" se convierte en $\sim x\phi$. Similarmente, "x es una cosa-que-una-vez-fue ϕ" puede cambiar a $xP\phi$, así como "Fue una vez el caso que x fue ϕ" cambia a $Px\phi$. "x existe ahora", $xE!$, es definible como $x(\phi\supset\phi)$. $x\phi\supset x\phi$ difiere de ésta en que es verdadera también para los no-existentes. En su cálculo de predicados para universos no vacíos, tienen el axioma $\sim x\phi\supset x\sim\phi$, mientras en su cálculo de predicados para universos vacíos y no vacíos indistintamente, éste es debilitado a $\exists\psi\supset(\sim x\phi\supset x\sim\phi)$. En una lógica que afronte *términos* que pueden estar vacíos, incluso cuando el universo no lo está, es necesario debilitar aún más $x\psi\supset(\sim x\phi\supset x\sim\phi)$ (la otra diría, en efecto, que x, o es ϕ, o no es ϕ, es decir, x existe, siempre que exista *algo*, incluso, *otra cosa*). De esto (y $x\phi\supset\exists\phi$), podemos obtener $x\psi\supset(\forall\phi\supset x\phi)$, que puede ser comparado con la fórmula $fy\supset[(\forall x)\phi x\supset\phi y]$ al estilo de la lógica de Kripke mencionada al final de la sección 8.

Enumerando y probando algunos casos de leyes raras de este tipo de lógica temporal, destacamos que el sistema tiene una regla (llamada Rx) que si α' y β' son construidas de variables predicativas, de la misma forma en que α y β son construidas de variables proposicionales, entonces si $\vdash\alpha\supset\beta$ en el cálculo proposicional, se sigue $\vdash x\alpha'\supset x\beta'$ en este cálculo de predicados. Tenemos ahora

1. $x\phi\supset x(\phi\supset\phi)$ $p\supset(p\supset p)$, Rx, x en los dos lados
2. $x\phi\supset xE!$ 1, Df. $E!$
3. $xP\phi\supset xE!$ "Si x es un anterior-ϕ-er[1], entonces x existe ahora" 2, $\phi/P\phi$.
4. $Px\phi\supset PxE!$ "Si, anteriormente, x ϕ'd, entonces, anteriormente, x existió" 2, RPC. P en los dos
5. $xP\phi\supset Px\phi$ "Si x es un anterior-ϕ-er, entonces, anteriormente, x ϕ'd" (ver abajo).
6. $xP\phi\supset PxE!$ "Si x es un primer-ϕ-er, entonces, anteriormente, x existió", 5, 4, S.H.

---

[1] N. del T: He mantenido las terminaciones -er y -d por economía, significando -er (ser miembro de) y -d (como participio de pasado).

Probablemente, 5 deba establecerse como un axioma especial, aunque su análogo $x\sim\phi\supset\sim x\phi$ es deducido como un teorema básico desde el cálculo de predicados de Hughes-Londey. $Px\phi\supset xP\phi$ ("Si, anteriormente, x ϕ'd, entonces x es un anterior-ϕ-er") su inversa, no es más ley que $\sim x\phi\supset x\sim\phi$ ("Si x no es ϕ, entonces x es un no-ϕ-er"); ni tampoco lo es $Px\phi\supset xE!$ ("Si x ϕ'd con anterioridad, entonces, x existe ahora"); ni aunque tengamos $\exists P\phi\supset P\exists\phi$ ("Si algo, anteriormente-ϕ'd, entonces, anteriormente, algo-ϕ'd"), podemos tener $P\exists\phi\supset\exists P\phi$ (la Fórmula Barcan: "Si anteriormente algo-ϕ'd, entonces algo, anteriormente-ϕ'd"). Ya hemos visto que la teoría de la cuantificación en este sistema es un poco excéntrica; pero parece ser otro modo de preservar la lógica temporal proposicional estándar. Su principal defecto es que hay dificultades en extender esta clase de simbolismo más allá del cálculo de predicados monádico; pero esto puede que no sea insuperable.

11. Las dificultades de proceder sin no-existentes. Un argumento a favor de la opinión que, si usamos variables nominales individuales, debemos dejar que cubran lo no existente, es que, a menudo, queremos expresar *relaciones* entre lo que ya existe y lo que no, por ejemplo, "soy más alto de lo que fue mi bisabuelo". Comparaciones de este tipo, no obstante, presentan problemas incluso cuando no son entre objetos que no existen simultáneamente. Pongamos el ejemplo "Estoy más gordo que antes", o su equivalente "Solía estar más delgado de lo que estoy". Algo que se diseña en lógica-temporal precisamente para facilitar es hablar de la persistencia de los objetos y algo que se diseña para evitar es la introducción de pseudo-entidades como "yo-en-t", "yo-en-t'", etc.; por tanto, una lógica temporal no querrá hacer que "Solía estar más delgado de lo que estoy" exprese una comparación entre tales entidades. Pero "Me he quedado más flaco de lo que soy", ciertamente, no significa "Fue el caso que (estoy más flaco de lo que soy)", dado que esto es algo que *jamás* fue el caso[1]. Creo que tenemos dos elecciones. Si tallas y medidas son absolutas, podemos decir "Para algunas cinturas, G y G', fue el caso que mi cintura es G y es el caso que mi cintura es G' y G es (es-siempre) menos que G'". Y si las tallas y las medidas son relativas, lo que tenemos es que "para

---

[1] Debo este simple puzle a P. T. Geach. (Está relacionado con uno de Moore de sus *Lectures on Philosophy*, p. 8, point (3)). Cabe destacar que los investigadores describieron estas relaciones como "irreales" tan parciales como cuando (a) se da entre objetos que no existen o (b) se da entre un objeto y sí mismo.

algún objeto *x* (esto es, la talla standard), fue el caso que estoy más delgado que *x* y no es el caso ahora que estoy más delgado que *x*". La comparación entre mi bisabuelo y yo puede abordarse similarmente. –"Fue el caso que (para algún *x*, *x* es mi bisabuelo y mide *H*) y mi altura es *H'*, y *H'* es mayor que *H*".

Sigue habiendo una dificultad sobre el compuesto "Fue el caso que (para algún *x*, *x* es mi bisabuelo)", esto es, "Alguien fue mi bisabuelo" o "Yo soy el bisnieto de alguien". Si nos mantenemos tan firmes como empezamos y no admitimos ningún hecho directamente sobre individuos no-existentes y, si el bisabuelo de *y* muere antes de que *y* naciera, no puede ahora haber o habido, ningún hecho de la forma "*x* es el bisabuelo de *y*". No obstante, podemos analizar "alguien fue el bisabuelo de *y*" dentro de unas relaciones compuestas entre contemporáneos del siguiente modo: "Fue el caso que (para algún *z*, *y* nace de *z*, esto resulta del hecho que fue el caso que (para algún *w*, *w* tuvo trato con *z* y fue el caso que (para algún *u*, *z* nace de *u*, resultando el hecho de que ...)))" y así, sucesivamente; el conjunto influye, directamente, sólo sobre *y*, y las formas *aRb* que intervienen en el componente *general* de los hechos (para tal efecto, que si fue el caso para algún...) expresando todas las relaciones entre contemporáneos. No obstante, si nos decidimos por estos ejemplos especiales, sentimos como intolerable negar tales relaciones auténticas no generalizadas entre no-contemporáneos.

12. La admisión de los existentes pasados pero no los futuros. Diremos algo sobre la combinación de soluciones que estamos barajando, en general, difícil sobre los objetos futuros y supersticiosa respecto a los pasados. Las cosas que *han* existido parecen ser, individualmente identificables y discutibles de una forma en que las cosas que todavía no existen no lo son (la muerte es, metafísicamente, menos aterradora que el nonato). Los habitantes de esta casa medio hacer usan nombres que se refieren sólo a objetos del pasado y presente y cuantificadores que significan "Algo que es, o ha sido" y "Todo lo que es, o ha sido". (Podrían introducirse cuantificadores adicionales restringidos para los que definir "existe" a la manera de Cocchiarella, pero tal predicado podría introducirse de otras formas y los cuantificadores restringidos definidos en términos de éste). Por ejemplo, este procedimiento, eliminaría, $\sim P \sim (p \supset q) \supset (Pp \supset Pq)$ pero no atacaría su imagen especular $\sim F \sim (p \supset q) \supset (Fp \supset Fq)$; por ejemplo, si nunca será falso que, si nada existe, entonces, este hombre tampoco implica, si será que nada existe, será que este hombre tampoco; porque ahora que ha llegado a ser, siempre habrá hechos sobre él. Nuevamente, la objeción de Buridan a $P(\forall x)\phi x \supset (\forall x)P\phi x$ aparecerá, pero no se podrá hacer la misma objeción a $F(\forall x)\phi x \supset (\forall x)F\phi x$. "Si será que todo es Dios, entonces todo será Dios" será válida sólo porque ya *no puede ser* el caso que *todo* sea Dios -incluso después de que yo deje de existir, por ejemplo, seré una excepción contable a "Para todo *x*, *x* es Dios".

Al ordenar las "Fórmulas Barcan" que serían verdaderas y falsas en este sistema, es más sencillo considerar qué sucede cuando combinamos los cuantificadores con una específica *Pn* y *Fn*, más que con formas generalizadas. Entonces podemos tener estas leyes para el pasado:

$$(\exists x)Pn\phi x \supset Pn(\exists x)\phi x$$
$$Pn(\exists x)\phi x \supset (\exists x)Pn\phi x$$
$$(\forall x)Pn\phi x \supset Pn(\forall x)\phi x$$

y estas para el futuro:

$$(\exists x)Fn\phi x \supset Fn(\exists x)\phi x$$
$$Fn(\forall x)\phi x \supset (\forall x)Fn\phi x,$$

pero carecemos de estas tres:

$$Pn(\forall x)\phi x \supset (\forall x)Pn\phi x$$
$$Fn(\exists x)\phi x \supset (\exists x)Fn\phi x$$
$$(\forall x)Fn\phi x \supset Fn(\forall x)\phi x.$$

(La observación de que los valores de las variables ligadas pueden recibir adiciones pero no supresiones, conforme pasa el tiempo, facilita intuitivamente estos resultados).

Cabe sugerir (por ejemplo, por A. J. Kenny) que nombrar los individuos pasados es más fácil que los futuros solo por la indeterminación del futuro. Encontramos hechos directos sobre individuos futuros igual que hechos directos sobre los pasados siempre que su existencia futura esté tan definida como la existencia pasada de los otros. Sospecho, no obstante, que esta conexión posible entre la materia de este capítulo y la del anterior, puede ser expuesta mejor en sistemas que no usan nombres de individuos sino sólo formas de individualización proposicional de la ontología temporal insertada en algo como la lógica GHF peirceana antes que la estándar GH. Formas como $a \in 'b$, $P(a \in 'b)$, y $F(a \in 'b)$, se adoptarían como implicaciones que hay, o ha habido, o habrá tal cosa como a, o "lo único que siempre es a"; necesitamos, quizás, un fuerte $\in$, así utilizadas, las formas correspondientes son todas falsas a menos que haya, o haya habido o, *definitivamente,* habrá (la *F* fuerte peirceana) tal cosa como a (por ejemplo, "el cuarto hijo de *XY*"). En tal lógica, sin embargo, habrá complicaciones no sólo cuando el único objeto que puede satisfacer tal descripción como "a" todavía no exista (como cuando todavía no esté definido que *XY* tendrán un cuarto hijo) sino también cuando la descripción sea satisfecha por algún objeto que exista, aunque todavía no está definido qué será, o cuando todavía no está definido *qué* existente-objeto inmediato la satisfará. Algunos de estos problemas han sido discutidos, de un modo preliminar, en *Time and Modality*[1] y no hay nada que pueda añadir ahora a lo que dije allí. Conocemos más hoy sobre la lógica temporal proposicional indeterminista que en 1956, pero no más sobre ontología temporal.

13. Resumen de las posibles posiciones. En resumen, esta es, la parte de la lógica temporal más confusa y oscura, a pesar de que aquí, las alternativas que se nos abren empiezan a surgir con cierta claridad. Podemos (1) tratar el pasado y el futuro indistintamente y, dado que podemos hacer tal cosa, reconoceremos (1.1) que hay hechos que inciden, directamente, sobre individuos de la forma ϕa. Entonces, concederemos (1.11) que haya hechos que inciden solo en individuos existiendo ahora, en cuyo caso, nuestra lógica-temporal proposicional se complicará al estilo Q. Si, no obstante, permitimos *(∃x)ϕx* ser un hecho tan persistente como los de la forma ϕa, nuestra teoría de la cuantificación será estándar, tendremos $\vdash \phi y \supset (\exists x) \phi x$ y $\vdash (\forall x) \phi x \supset \phi y$; aunque la separación tendrá que ser restringida. O, permitiremos (1.12), que haya hechos, de la forma ϕa que inciden directamente sobre individuos tanto existentes como no-existentes. Esto nos dará, una lógica temporal proposicional, comparativamente, sin complicaciones, de los tipos discutidos en el capítulo III y IV. Si (1.121) (Rescher y Cocchiarella) concedemos, incluso, *(∃x)ϕx* ser un hecho tan persistente como los de la forma ϕa, esto es, si permitimos a los individuos tanto existentes como no existentes ser valores de variables ligadas, nuestra teoría de la cuantificación, de nuevo, será

---

[1] pp. 101-3.

estándar. Pero $E!x$ *no* será una ley y necesitaremos, de alguna manera, distinguir los individuos existentes de los no-existentes. Podemos hacer esto (1.1211; Rescher) mediante una función indefinida $E!x,$ o podemos (1.1212; Cocchiarella) introducir cuantificadores adicionales tal que, *(∃x)ϕx*, sea sólo verdadera, si hay hechos de la forma *ϕa* en los que *a* es existente; y la teoría de *estos* cuantificadores *no* será estándar, sino que carecerá de *ϕy⊃(∃x)ϕx* y *(∀x)ϕx⊃ϕy*, o ambos (normalmente, ambos). O, podemos (1.122) permitir hechos de la forma *ϕa* incidir directamente sobre individuos no existentes y usar *solo* cuantificadores "restringidos" del tipo descrito (un procedimiento que es más una opción activa en lógica modal que en lógica temporal). O, podemos (1.2) *no* conceder que haya hechos que inciden directamente sobre los individuos y usar *a* en *ϕa* sólo para los nombres comunes, aunque la única cosa que esta forma podría significar sería "Hay, exactamente, una *a*" y, otra sería, "La única *a* que hay, es *b*". Esto, de nuevo, nos dará, en comparación, una lógica temporal proposicional sin complicaciones y si asumimos *(∃x)ϕx*, ser un hecho tan persistente como los de la forma *ϕa*, también con una teoría de la cuantificación estándar. Pero los predicados compuestos (por ejemplo, los negativos y los temporales) se forman de distintos modos de proposiciones compuestas. Esta última complicación puede ser aceptada en las alternativas 1.212 y 1.22 (Hughes y Londey). Y, finalmente, (2) podemos tratar el pasado y el futuro distintamente, con un tipo de solución para los existentes futuros y otro diferente para los pasados; hay, obviamente, muchos modos de hacer esto.

Me gustaría terminar, sin embargo, con una observación más filosófica que formal, aunque puede apoyarse en nuestros formalismos. Todos los problemas de la lógica temporal de predicados se derivan del hecho de que las cosas de las que hacemos nuestras predicaciones, "los valores de nuestras variables ligadas" incluyen cosas que no siempre han existido y/o no siempre lo harán. Y creo que esto *es* un hecho; es inadmisible decir, una de dos, que las únicas cosas que son individuos auténticos son "los más simples" que persisten en el tiempo y se organizan de distintos modos, o que sólo hay un individuo auténtico (el Universo) de la forma John Smith o Mary Brownie en tal y tales regiones por tal y tales períodos. Pero la alternativa a estas dos teorías insatisfactorias ha sido presentada en estas páginas de forma muy cruda; realmente, no la hemos presentado con un escueto "sea" de un objeto individual sin ningún antecedente. Más aproximado, las "cosas" contables son compuestos, o trozos de materia de otras "cosas" contables que ya están allí.

La lógica exacta de estos procesos todavía no se ha formulado y hasta que lo sea, parece probable que cualquier lógica de predicados temporal sólo pueda tener un carácter provisional[1].

---

[1] Para un comienzo insatisfactorio de tal investigación, ver A. N. Prior, "Time, Existence and Identity" *Proc. Arist. Soc.* 1965-6, pp. 183-92. (On p. 189, line 17, "todos los tiempos" deben ser "ese tiempo").

APÉNDICE A

POSTULADOS PARA LA LÓGICA MODAL, LA LÓGICA TEMPORAL Y EL CÁLCULO-U

(Todos los postulados se pueden añadir al cálculo proposicional con sustitución y separación).

I. LÓGICA MODAL

(Sólo se incluyen los sistemas de lógica modal que correlacionan con los sistemas de lógica temporal).

§ 1. *Los sistemas de Gödel-Feys* (con L indefinida)
§ 1.1. *El sistema T de Feys de 1950* (= Al sistema M de von Wright de § 2.1)
   Df. $M:M=\sim L\sim$
   RL: $\vdash\alpha \to \vdash L\alpha$
   Axiomas: 1. $L(p\supset q)\supset(Lp\supset Lq)$, 2. $Lp\supset p$.
§ 1.2. *El sistema S4* (la axiomatización de Gödel, 1933): T+$Lp\supset LLp$.
§ 1.3. *El sistema S5* (Gödel, 1933): T+$\sim Lp\supset L\sim Lp$ (o $MLp\supset Lp$).

§ 2. *Los sistemas de Von Wright de 1951* (M indefinida)
§ 2.1. *El sistema M* (= T de § 1.1):
   Df. $L:L=\sim M\sim$
   RL: $\vdash\alpha \to \vdash\sim M\sim\alpha$
   RE: $\vdash \alpha\equiv\beta \to \vdash M\alpha\equiv M\beta$
   Axiomas: 1. $M(p\vee q)\supset(Mp\vee Mq)$; 2. $p\supset Mp$.
(Si el Ax. 1 es reemplazado por $\sim M\sim(p\supset q)\supset(Mp\supset Mq)$, la RE puede ser omitida y la equivalencia de T se hace más obvia).
§ 2.2. *El sistema M'* (=S4): M+$MMp\supset Mp$.
§ 2.3. *El sistema M''* (=S5): M+$M\sim Mp\supset\sim Mp$ (o $Mp\supset LMp$).

§ 3. *Sistemas entre T y S5*

§ 3.1. *El sistema "brouweriano" o sistema B*: T+$p\supset LMp$ (o $MLp\supset p$).
§ 3.2. *El sistema S4.2*: S4+$MLp\supset LMp$ (simplificada del $MLp\supset LMLp$ de Prior; Geach 1957).
§ 3.3. *El sistema S4.3*: S4+$L(Lp\supset q)\vee L(Lq\supset p)$ (simplificada de $L(Lp\supset Lq)\vee L(Lq\supset Lp)$ de Lemmon; Geach 1957), o
$Mp\wedge Mq\supset M(p\wedge Mq)\vee M(q\wedge Mp)$, Hintikka, 1957.
§ 3.4. *El sistema D "diodoriano"*: S4.3+$L[L(p\supset Lp)\supset p]\supset (MLp\supset p)$ (simplificada de la fórmula de Dummett $L[L(p\supset Lp)\supset Lp]\supset (MLp\supset Lp)$, Geach 1959; completitud probada por Kripke 1963, y Bull 1963).

II. LÓGICA TEMPORAL

§ 4. *El sistema mínimo lógico temporal K_t* (Lemmon, 1965)
§ 4.1. *Con G y H indefinidas:*

Df. *F*: $F = \sim G\sim$
RG: $\vdash\alpha \rightarrow \vdash G\alpha$
Axiomas:
1.1. $G(p\supset q)\supset (Gp\supset Gq)$
2.1. $\sim H\sim Gp\supset p$

Df. *P*: $P = \sim H\sim$
RH: $\vdash\alpha \rightarrow \vdash H\alpha$

1.2. $H(p\supset q)\supset (Hp\supset Hq)$
2.2. $\sim G\sim Hp\supset p$.

§ 4.2. *Con F y P indefinidas*:
Df. *G*: $G = \sim F\sim$
RG: $\vdash\alpha \rightarrow \vdash\sim F\sim\alpha$
Axiomas:
1.1. $\sim F\sim(p\supset q)\supset (Fp\supset Fq)$
2.1. $P\sim F\sim p\supset p$

Df. *H*: $H = \sim P\sim$
RH: $\vdash\alpha \rightarrow \vdash\sim P\sim\alpha$

1.2. $\sim P\sim(p\supset q)\supset (Pp\supset Pq)$
2.2. $F\sim P\sim p\supset p$.

Notas. (a) Los 2, en cada caso pueden abreviarse a $PGp\supset p$ y $FHp\supset p$ y podrían ser sustituirse por $p\supset GPp$ y $p\supset HFp$.

(b) Con $L\alpha$ para $\alpha\wedge G\alpha$, o $M\alpha$ para $\alpha\vee F\alpha$, el fragmento "modal" del K_t, es el sistema T de § 1.1, o el *M* de § 2.1.

(c) Con $L\alpha$ para $\alpha\wedge G\alpha\wedge H\alpha$, o $M\alpha$ para $\alpha\vee F\alpha\vee P\alpha$, el fragmento "modal" del K_t es el sistema B de § 3.1.

§ 5. *Extensiones estándar del sistema mínimo*
§ 5.1. *Axiomas extraídos de arriba para añadir al K_t*:
3. $Gp \supset GGp$ (= $FFp \supset Fp$ = $Hp \supset HHp$ = $PPp \supset Pp$ = $FHp \supset Hp$ = $Pp \supset GPp$ = $PGp \supset Gp$ = $Fp \supset HFp$; Lemmon, 1965)
4. $GGp \supset Gp$ (= $Fp \supset FFp$ = $HHp \supset Hp$ = $Pp \supset PPp$ = $Hp \supset HFp$ = $PGp \supset Pp$ = $Gp \supset GPp$ = $FHp \supset Fp$)
5.1 $Gp \supset \sim G \sim p$ (= $\sim F \sim p \supset Fp$ = $\sim Fp \supset F \sim p$ = $G \sim p \supset \sim Gp$, $\sim G \sim (p \supset p)$ = $F(p \supset p)$
5.2. $Hp \supset \sim H \sim p$ (= $\sim P \sim p \supset Pp$ = $\sim Pp \supset P \sim p$ = $H \sim p \supset \sim Hp$, $\sim H \sim (p \supset p)$ = $P(p \supset p)$ (Por definición, 5.1. = $Gp \supset Fp$ y 5.2. = $Hp \supset Pp$).
6.1. $Fp \wedge Fq \supset [F(p \wedge q) \vee F(p \wedge Fq) \vee F(Fp \wedge q)]$ (= $G[p \supset (Gq \supset r)] \vee G[\sim p \supset (Gr \supset q)]$; Lemmon, 1965) (= $G[p \supset (Gp \supset q)] \vee G[G(q \supset p)]$; C. Howard, 1966)
6.2. $Pp \wedge Pq \supset [P(p \wedge q) \vee P(p \wedge Pq) \vee P(Pp \wedge q)]$ (= $H[p \supset (Hq \supset r)] \vee H[\sim p \supset (Hr \supset q)]$ = $H[p \supset (Hp \supset q)] \vee H[H(q \supset p)]$
7.1. $p \wedge Gp \wedge Hp \supset HGp$ (= $PFp \supset p \vee Fp \vee Pp$)
7.2. $p \wedge Gp \wedge Hp \supset GHp$ (= $FPp \supset p \vee Fp \vee Pp$)[1].

§ 5.2. *Sistema de "La sintaxis de las distinciones-temporales"* (1954), *para el tiempo denso, infinito en una dirección o en ambas.*

Añadimos, 3, 4, 5.1 y 5.2 al K_t.

§ 5.3. *Sistema para el tiempo causal relativista* (Cocchiarella, 1965; los axiomas superfluos eliminados).

Añadimos sólo 3 al K_t.

Con $L\alpha$ para $\alpha \wedge G\alpha$, o $M\alpha$ para $\alpha \vee G\alpha$, el fragmento "modal" es S4 de § 1.2 o § 2.2.

§ 5.4. *Sistema para el tiempo lineal* (Cocchiarella, 1965; los axiomas superfluos eliminados).

Añadimos 3, 6.1 y 6.2 al K_t.

Con $L\alpha$ para $\alpha \wedge G\alpha$, o $M\alpha$ para $\alpha \vee G\alpha$, el fragmento "modal" es S4.3 de § 3.3.

Con $L\alpha$ para $\alpha \wedge G\alpha \wedge H\alpha$, o $M\alpha$ para $\alpha \vee G\alpha \vee H\alpha$, el fragmento "modal" es S5 de § 1.3 o § 2.3.

§ 5.5. *Sistema para tiempo lineal e infinito en ambas direcciones* (Scott, 1965).

---

[1] N. del T: 3 expresa la transitividad; 4, la densidad; 5.1 y 5.2 la infinitud; 6.1 y 6.2, así como 7.1 y 7.2 expresan la linealidad del futuro y el pasado, respectivamente.

Añadimos 3, los 5 y los 7 al K_t.
Los fragmentos "modales" como en § 5.4.

§ 5.6. *Sistema para el tiempo denso, lineal e infinito en ambas direcciones* (Prior, 1965; los axiomas superfluos eliminados).
Añadimos 3, 4, los 5 y los 7.
Fragmentos "modales" como en § 5.4.

§ 5.7. *Sistema diseñado para el funcionamiento del 5.6* (Hamblin, 1958) *y adoptando la lógica de F como "es o será" y P como "es o ha sido". (F y P indefinidas, dff. G y H como en § 4.2).*

RG: $\vdash\alpha \to \vdash G\alpha$
RE: $\vdash\alpha\equiv\beta \to \vdash F\alpha\equiv F\beta$
RM1: En cualquier tesis, podemos sustituir, simultáneamente, cada F por P, cada P por F, cada G por H, y cada H por G.

Axiomas: 1. $Gp\supset Fp$
2. $F(p\lor q)\equiv(Fp\lor Fq)$ 4. $(p\lor Pp)\equiv GPp$
3. $FFp\equiv Fp$ 5. $(p\lor Pp\lor Fp)\equiv FPp$.

§ 5.8. *El sistema equivalente con G y H indefinidos.*
RG, RM1, y los axiomas 1. $G(p\supset q)\supset(Gp\supset Gq)$, 2. $Gp\supset p$, 3. $Gp\supset GGp$, 4. $p\supset GPp$, 5. $Gp\supset(Hp\supset GHp)$; o, simplemente, añadir 2, 3, 5, y las imágenes de los 5 al K_t.

§ 6. *Los sistemas para el tiempo circular*

§ 6.1. *Sin cambio de signo*
Añadimos al § 5.3 los axiomas
1. $Gp\supset Hp$ (= $Hp\supset Gp$ = $Fp\supset Pp$ = $Pp\supset Fp$ = $FGp\supset p$ = $PHp\supset p$ = $p\supset GFp$ = $p\supset HPp$; Lemmon, 1965).
2. $Gp\supset p$ (= $Hp\supset p$ = $p\supset Fp$ = $p\supset Pp$).
3. $Gp\supset GGp$.

§ 6.2. *Con cambio de signo y en las antípodas el pasado y el futuro* (Lemmon, 1965).
Añadimos al K_t el axioma $Gp\supset Pp$ (= $Hp\supset Fp$ = $GGp\supset p$ = $HHp\supset p$ = $p\supset FFp$ = $p\supset PPp$).

§ 6.3. *Con cambio de signo y en las antípodas ni el pasado ni el futuro.*

Añadimos al K_t, el axioma $FGp \supset Pp$ (Hamblin 1965), que = $PHp \supset Fp$ = $Gp \supset HPp$ = $Hp \supset GFp$ = $GGp \supset Hp$ = $HHp \supset Gp$ = $Pp \supset FFp$ = $Fp \supset PPp$ = $FGGp \supset p$ = $PHHp \supset p$ = $p \supset GFFp$ = $p \supset HPPp$.

§ 7. Los sistemas para el momento siguiente (T) y el instante precedente (Y)

§ 7.1. *Para añadir a S5 (de § 1.3) para la L indefinida ("siempre")* (Scott, 1964):

    1. $Lp \equiv TLp$ 2. $Lp \equiv LTp$
    3. $T \sim p \equiv \sim Tp$ 4. $T(p \supset q) \equiv (Tp \supset Tq)$
    5. $TYp \equiv p$
    6. $L(p \supset Tp) \supset [L(q \supset Yq) \supset [M(p \wedge q) \supset L(p \vee q)]]$.

§ 7.2. *En uso de G por "Es y siempre será" y H como "Es y siempre ha sido"* (Lemmon, 1964). El uso de RG y los axiomas 1 y 2 de § 5.8, y los axiomas 3. $T \sim p \equiv \sim Tp$, 4. $T(p \supset q) \equiv (Tp \supset Tq)$, 5. $TGp \equiv GTp$, 6. $Gp \supset TGp$, 7. $G(p \supset Tp) \supset (p \supset Gp)$ y el 8. $TYp \equiv p$; y sus imágenes especulares.

§ 7.3. Para usar con *la G y H normal* (Scott, 1965).
    Añadimos al sistema de § 5.5 los axiomas 1. $Gp \supset Tp$, 2. $\sim T \sim p \equiv Tp$,
    3. $T(p \supset q) \supset (Tp \supset Tq)$, 4. $p \supset YTp$,
    5. $Tp \supset [G(p \supset Tp) \supset Gp]$ y sus imágenes especulares.

§ 7.4. *Para uso exclusivo* (Clifford, 1965):
    RT: $\vdash \alpha \rightarrow \vdash T\alpha, \vdash Y\alpha$
    Los axiomas: 1. $T \sim p \supset \sim Tp$, 2. $\sim Tp \supset T \sim p$, 3. $T(p \supset q) \supset (Tp \supset Tq)$,
    4. $p \supset YTp$ y sus imágenes de espejo.
    (Los axiomas con sólo T bastan para las fórmulas con sólo T; ditto Y).

§ 7.5. *El equivalente al fragmento T con primitivos diádicos* (von Wright, 1965).

    (La forma primitiva es pTq para "p ahora y q en el momento siguiente).
    RE: $\vdash \alpha \equiv \beta \rightarrow \vdash f\alpha \equiv f\beta$ (para cualquier f del sistema).
    Los axiomas: 1. *$(p \vee q)T(r \vee s) \equiv (pTr \vee pTs) \vee (qTr \vee qTs)$*,
    2. *$(pTq \wedge rTs) \equiv (p \wedge r)T(q \wedge s)$*, 3. *$p \equiv pT(q \vee \sim q)$*,
    4. *$\sim[pT(q \wedge \sim q)]$*.

III. EL CÁLCULO-*U*

§ 8. *Postulados básicos U-T*
  U1. $Ta\mathord{\sim}p \equiv \mathord{\sim}Tap$
  U2. $Ta(p \supset q) \equiv (Tap \supset Taq)$
y para la lógica temporal
  U3. $TaGp \equiv (\forall b)(Uab \supset Tbp)$
  U4. $TaHp \equiv (\forall b)(Uba \supset Tbp)$
y para la lógica modal
  U5. $TaLp \equiv (\forall b)(Uab \supset Tbp)$.

(Todos pueden añadirse no sólo al cálculo proposicional con sustitución y separación, sino al cálculo de predicados de primer orden con la identidad).

Si, y sólo si, $\vdash \alpha$ determinada en el sistema modal por RL: $\vdash \alpha \to \vdash L\alpha$, y el axioma A1. $L(p \supset q) \supset (Lp \supset Lq)$, entonces $\vdash Ta\alpha$, en el sistema determinado por U1, U2 y U5.

Si, y sólo si, $\vdash \alpha$ en K_t de § 4, entonces $\vdash Ta\alpha$, en el sistema determinado por U1, U2, U3 y U4.

§ 9. *Correspondencias entre el Cálculo-U, las lógicas modales y las lógicas temporales* (la mayoría sugeridas por Lemmon)

Escribimos "$\gamma \infty \beta$" para " $\vdash \alpha$ en la lógica modal determinada por RL, A1, y $\vdash \beta$, si, y sólo si, $\vdash Ta\alpha$ en el Cálculo-U determinada por U1, U2, U5 y $\vdash \gamma$", o para " $\vdash \alpha$ en la lógica temporal determinada por $K_t + \vdash \beta$, si, y sólo si, $\vdash Ta\alpha$ en el cálculo-U determinada por U1, U2, U3, U4 y $\vdash \gamma$".

§ 9.1. *Correspondencia de las fórmulas*
1. Uaa (reflexividad) $\infty Lp \supset p$, $Gp \supset p$, $Hp \supset p$
2. $Uab \supset Ubb$ (reflexividad derecha)
     $\infty L(Lp \supset p)$, $G(Gp \supset p)$
3. $Uab \supset Uba$ (simetría) $\infty p \supset LMp$, $p \supset GFp$
4. $Uab \supset (Ubc \supset Uac)$ (transitividad) $\infty Lp \supset LLp$,
     $Gp \supset GGp$
5. $Uab \supset (Uac \supset Ubc)$ $\infty MLp \supset p$
6. $(Uab \wedge Uac) \supset (Ubc \vee Ucb)$ $\infty Mp \wedge Mq \supset M(p \wedge Mq) \vee M(q \wedge Mp)$
7. $(Uab \wedge Uac) \supset (\exists d)(Ubd \wedge Ucd)$ (convergencia) $\infty MLp \supset LMp$
8. $(Uab \wedge Uac) \supset (b = c \vee Ubc \vee Ucb)$ (no ramificación a la derecha)

9. *(Uba∧Uca)⊃(b=c∨Ubc∨Ucb)*

∞*Fp∧Fq⊃F(p∧q)∨F(p∧Fq)∨F(q∧Fp)*
(no ramificación a la izquierda)
∞*Pp∧Pq⊃P(p∧q)∨P(p∧Pq)∨P(q∧Pp)*

10. *(∃b)Uab* (existencia de un sucesor)
∞*Gp⊃Fp (Lp⊃Mp)*
11. *(∃b)Uba* (existencia de un predecesor)
∞*Hp⊃Pp*
12. *(∃b)(Uab∧Uba)* ∞*GGp⊃p, LLp⊃p*
13. *Uab⊃(∃c)(Uac∧Ucb)* (densidad) ∞*GGp⊃Gp,*
LLp⊃Lp.

§ 9.2. *Implicaciones de las fórmulas*
(Donde *n* y *m* son condiciones numeradas de § 9.1, "*n* implica *m*" significa que (*a*) si la *fórmula-U n* es añadida como un axioma al cálculo de predicados inferior, *m* es deducible de éste, y también (*b*) si la fórmula modal *n* es añadida como un axioma al sistema modal determinado por RL y A1, o la fórmula de lógica temporal *n* es añadida al K_t, la fórmula modal o lógico-temporal *m* es deducible).

    1 implica 2, 10, 11, 12, 13.
    2 implica 13 y es implicada por 1, 5, 6.
    3 implica 7.
    5. implica 2, 6, 8.
    6 implica 2, 8 y es implicada por 5.
    7 es implicada por 3.
    10 es implicada por 1, 12.
    11 es implicada por 1, 12.
    12 implica 10, 11 y es implicada por 1.
    13 es implicada por 1, 2.
    (1+5) implica 3, 4.
    (3+4) implica 5.
    (1+6) implica 7.

§ 9.3. *Correspondencia de los sistemas*
("Condición "*n*" significa la condición-*U de n* de § 9.1, supuestamente añadida a los postulados básicos de § 8).
El sistema T de § 1.1   ∞Condición 1

El sistema S4 de § 1.2   ∞Condición 1+4
El sistema S5 de § 1.3   ∞(1+5), esto es, (1+3+4)
El sistema B de § 3.1   ∞(1+3)
El sistema S4.2 de § 3.2   ∞(1+4+7)
El sistema S4.3 de § 3.3   ∞(1+4+6)
El sistema de § 5.3 (Cocchiarella, el tiempo causal relativista) ∞4
El sistema de § 5.4 (Cocchiarella, el tiempo lineal) ∞(4+8+9)
El sistema de § 5.5 (Scott: el tiempo infinito doble lineal) ∞(4+8+9+10+11)
El sistema de § 5.6 (Prior: el tiempo denso de Scott) ∞(4+8+9+10+11+13)
El sistema de § 6.1 (El tiempo normal circular) ∞(1+3+4) (como el S5)
El sistema de § 6.2 (El tiempo circular "Este-Oeste" con antípodas) ∞12.

APÉNDICE B

NUEVOS AVANCES

1. *Los cálculos de von Wright "y el siguiente" y "después"; "y el siguiente" y la lógica temporal métrica.* El cálculo de von Wright para "y el siguiente", esbozado en el capítulo IV, Sección 3, ha sido enriquecido por un cálculo de otro *pTq* que von Wright lee como "*p* y después *q*". Lo que esto significa no es como lo entiende Miss Anscombe, sino, simplemente, "Es ahora el caso que *p* y antes o después será el caso que *q*". Esto no parece un uso muy idiomático del "y después", excepto cuando la forma completa está regida por algún operador que la aleja del presente –"Fue el caso que (*p* ahora y *q* por venir)" y "Será que (*p* ahora y entonces *q* por venir)" se leería como "Fue el caso que *p* y después *q*" y "Será que *p* y después *q*"; pero, apenas usaríamos esta forma para la simple "*p* ahora y *q* por venir". Esto, no obstante, no tiene mucha importancia y la función de von Wright se presta a un tratamiento formal muy sencillo.

Von Wright[1] repite sus axiomas para "y el siguiente", a saber (en nuestra modificación de su simbolismo)

A1. *(p$\vee$q)T(r$\vee$s)$\equiv$(pTr$\vee$pTs)$\vee$(qTr$\vee$qTs)*   A3. *p$\equiv$pT(q$\vee$~q)*
A2. *(pTq$\wedge$rTs)$\equiv$(p$\wedge$r)T(q$\wedge$s)*   A4. *~[pT(q$\wedge$~q)]*

(para ser añadidos al cálculo proposicional con sustitución, separación y una regla de extensionalidad, permitiendo el intercambio de expresiones lógicamente equivalentes); y apunta que A2, puede ser sustituido por el más corto *(pTq$\wedge$pTr)$\supset$pT(q$\wedge$r)*. Los postulados para "y después" son los mismos, excepto que A2 ha sido extendido, en cierto modo. Von Wright los enumera, tomando esta forma

B1. *(p$\vee$q)T(r$\vee$s)$\equiv$(pTr$\vee$pTs)$\vee$(qTr$\vee$qTs)*   B3. *p$\equiv$qT(q$\vee$~q)*

---

[1] G. H. von Wright, "And Then" (1966), the comm. Phys. Math. of the Finnish Society of Sciences, vol. 32. no. 7 (1966).

B2. *(pTq∧rTs)≡(p∧r)T(q∧s)∨(qTs∨sTq)*   B4. *~[pT(q∧ ~q)].*

Von Wright apunta que B2 puede ser sustituido por el más corto

B2'. *(pTq∧pTr)≡[pT(q∧r)∨(qTr∨rTq)],*

o, por el par

B2.1. *(pTq∧pTr)⊃[pT[(q∧r)∨(qTr∨rTq)]*
B2.2. *pT(qTr⊃pTr).*

Está claro que este nuevo *pTq* es, fácilmente, definible dentro de la lógica temporal ordinaria como *p∧Fq*. Inversamente, *Fp* es definible dentro del cálculo "y después" como *(p⊃p)Tp*, o como *τTp*, donde *τ* es cualquier arbitraria tautología. (A3 y A4 y, por supuesto, B3 y B4, equivalen a *p≡pTτ* y *~(pT~τ)*, respectivamente). Dadas estas definiciones, es fácil mostrar que el cálculo "y después" es equivalente a un cálculo en tiempo futuro con los axiomas (añadidos al cálculo proposicional con sustitución, separación, y la regla de inferencia ⊢*Fα≡Fβ* de ⊢*α≡β*):

F1: *F(p∨q))≡(Fp∨Fq)*
F2: *Fp∧Fq≡F(p∧q)∨[F(p∧Fq)∨F(Fp∧q)]*
F3: *F(p∨ ~p)* (o *Fτ*)
F4: *~F(p∧ ~p)* (o *~F~τ*)

Obtenemos F1 de B1, poniendo *τ* por *p* y *q* y omitiendo las disyunciones repetidas del resultado; F2 y F4 de B2' y B4 (en la forma *~(pT~τ)* poniendo *τ* por *p*; F3 de B3 poniendo *τ* por *p* y eliminando la primera *τ*). O, podríamos sustituir F2 por la correspondiente implicación, más *FFp⊃Fp* (derivable como B2.2 *p/τ, q/τ*). La equivalencia *pTq≡p∧(q⊃q)Tq* correspondiente a la definición de *pTq* en el sistema *F* como *p∧Fq*, está menos resumida pero es más fácil de demostrar. Y las derivaciones inversas de los postulados *T* de los postulados *F* tampoco son difíciles. El propio von Wright iguala su sistema T con una lógica temporal (que describe como una lógica "modal") con *G* antes que *F* como primitiva y, como postulados, los "dobles" de antes (por ejemplo, *G(p∧q)≡(Gp∧Gq)* en lugar de F1). En ambos casos, la lógica temporal es equivalente al fragmento en futuro de Scott para el tiempo lineal, transitivo e infinito, es decir, el sistema de § 5.5 del Apéndice A.

Para el pasado y el futuro juntos, von Wright dispone de una imagen especular de la forma *pTq* que significa "*p* ahora pero *q* primero" y que podemos escribir como *pYq*. El sistema completo tiene los postulados *T* y sus imágenes, y el par de axiomas mixtos

$$pT(qYr) \equiv (p \wedge r)Tq \vee pT(rTq) \vee (pYr) \wedge (pTq)$$
$$pY(qTr) \equiv (p \wedge r)Yq \vee pY(rYq) \vee (pTr) \wedge (pYq).$$

Si igualamos *Pp* con *τYp*, y *pYq* con *p∧Pq*, y recordamos que $\tau \wedge p = p$ la sustitución *p/τ* en estos, da

$$F(q \wedge Pr) \equiv (r \wedge Fq) \vee F(r \wedge Fq) \vee (Pr \wedge Fq)$$

y su imagen. Estos son los axiomas de Cocchiarella que Lemmon demostró ser superfluos, junto con sus inversas, de los cuales, derivamos las tesis $K_t p \supset GPp$ y *p⊃HFp* usadas en las pruebas de Lemmon. (La inversa de *F(q∧Pr)⊃(r∧Fq)∨*, etc. implica que tenemos entre otras cosas, *(r∧Fq)⊃F(q∧Pr)* y, por tanto, por contraposición, *~F(q∧Pr)⊃~(r∧Fq)* y también, *G(q⊃~Pr)⊃(r⊃~Fq)*[1] y, de este modo, por sustitución *G(~Pq⊃~Pq)⊃(q⊃~F~Pq)*[2], de forma que, *q⊃~F~Pq,* por separación *G(~Pq⊃~Pq))*. *(p∧r)Tq⊃pT(qYr)* y su imagen, de la que estas tesis del K_t se siguen, sustituirían el par largo de von Wright.

Para un cálculo en dos direcciones de "y el siguiente", los "axiomas mixtos" de von Wright son *pT(qYr)≡(p∧r)Tq* y su imagen. Creo que estos pueden ser sustituidos por *pT(qYr)⊃rTq* y su imagen.

Ambos el cálculo "y el siguiente" y el "después" presentan axiomatizaciones que son más parecidas al estilo del sistema lógico T de Feys que al M de von Wright. Los conjuntos de postulados más compactos de este tipo que he podido encontrar son los que se siguen; cuando las equivalencias de von Wright se amplían a los pares de implicaciones, estará claro que los

---

[1] N. del T: por interdefinición entre implicación y conjunción.
[2] N. del T: Sustitución *q/~Pq,* y *r/q.*

postulados al estilo de Feys son más compactos que los suyos, aunque ellos no lleven tan rápidamente a las formas normales y a la toma de decisiones. Seguiré a von Wright colocando una A ante los axiomas del sistema "y el siguiente" y una B ante los axiomas del "y después". En ambos casos, los axiomas son añadidos al cálculo proposicional con sustitución, separación y la regla

$$\vdash \alpha \to \vdash \sim(pT\sim\alpha).$$

Y para "el siguiente", tenemos

A1. $\sim[pT\sim(q\supset r)]\supset(pTq\supset pTr)$
A2. $p\supset(qTr\supset pTr)$ A4. $p\supset[\sim(pTq)\supset pT\sim q]$, o $(p\supset p)T(p\supset p)$
A3. $pTq\supset p$ A5. $pT\sim q\supset\sim(pTq)$.

(La completitud de esta base, se demuestra más fácilmente, deduciéndola de los postulados de Clifford para la T monádica de Scott). Para "después", tenemos

B1. $\sim[pT\sim(q\supset r)]\supset(pTq\supset pTr)$
B2. $p\supset(qTr\supset pTr)$ B4. $p\supset[\sim(pTq)\supset pT\sim q]$, o $(p\supset p)T(p\supset p)$
B3. $pTq\supset p$ B5. $pT(qTr)\supset pTr$
   B6. $(pTq \land pTr)\supset pT(q\land r)\lor[(qTr)\lor(rTq)]$.

Leyendo en voz alta estos postulados, cabe destacar, que la forma $\sim(pT\sim q)$, "No (p ahora y no-q de inmediato)", o "No (p ahora y después no-q)", es equivalente a "Si p ahora, entonces, el siguiente q" (primer sistema), o "Si p ahora, entonces, en todos los futuros q" (segundo sistema). A1, $[pT(q\supset r)]\supset(pTq\supset pTr)$, por lo tanto equivale a "Si (si p ahora, y el siguiente, si-q-entonces-r-de inmediato), entonces, si (p ahora y el siguiente q), entonces (p ahora y r de inmediato)", mientras B1, $[pT(q\supset r)]\supset(pTq\supset pTr)$, equivale a "Si, (si p ahora, y después, si-q-entonces-r en todos los momentos subsiguientes), entonces, si (p ahora y q después), entonces (p ahora y r después)".

Los axiomas A y B tienen 1, 2, 3 y 4 en común; y B5 y B6 son, simplemente, los B2.1 y B2.2 de von Wright. Las pruebas de independencia para nuestro A4,

B4, A5, B5 y B6 son simples. A4 (= B4), $p\supset[\sim(pTq)\supset pT\sim q]$, es el único axioma que depende del tiempo infinito; asegura, en efecto, que si alguna vez, pongamos p, es cierto, entonces algo –o q, o no q- es verdadero después. El axioma correspondiente en el conjunto de von Wright es $p\equiv pT(q\vee\sim q)$. El A5 es el único axioma-A que no sobrevivirá a la interpretación de T como "y después" y el B5 el único axioma-B que no sobrevivirá a la interpretación de T como "y el siguiente". A5, $pT\sim q\supset\sim(pTq)$ $(=pTq\supset\sim(pT\sim q)$[1] supone que hay un intervalo en el cual T siempre nos conduce hacia delante (si esto no fuera así, p-ahora quizás sea seguido por $\sim q$ en un momento posterior y por q en otro); B5, $pT(qTr)\supset pTr$ supone que no (si el intervalo en cuestión se refiere a $pT(qTr)$, sólo garantiza que tenemos r *dos* pasos después, mientras pTr requiere que lo tengamos, precisamente, *un* paso después). El postulado de von Wright con la misma peculiaridad que A5 es $(pTq\wedge rTs)\equiv(p\wedge r)T(q\wedge s)$, o su abreviatura $(pTq\wedge pTr)\supset pT(q\wedge r)$. El A5 (como su contraparte de von Wright) también supone que el futuro no puede bifurcar (si lo hiciera, tendríamos $\sim q$ a un paso de una bifurcación y q un paso de otra); en el conjunto B esto es expresado, de manera apropiada para intervalos no específicos, por el B6, con su parecido obvio con el postulado F de la linealidad al estilo Hintikka.

B1, 2 y 3, y la tesis TY, $(p\wedge r)Tq\supset pT(qYr)$ con su reflejo especular, determina el cálculo-TY que es equivalente, dadas las definiciones de F en términos de T y viceversa, al K_t "mínimo" lógico-temporal. Las deducciones más relevantes en el cálculo-T son

1. $\sim[\tau T\sim(p\supset q)]\supset(\tau Tp\supset\tau Tq)$ B1 p/τ, q/p, r/q
*2. $\sim F\sim(p\supset q)]\supset(Fp\supset Fq)$ 1, Df. F
3. $pTq\supset\tau Tq$ B2, p/τ, q/p r/q; τ
4. $pTq\supset p\wedge\tau Tq$ B3, 3, $[(p\supset q)\supset(p\supset r)]\supset[(p\supset q\wedge r)]$
5. $p\wedge\tau Tq\supset pTq$ B2, q/τ, r/q, $[p\supset(q\supset r)]\supset[(p\wedge q)\supset r]$
6. $pTq\equiv p\wedge\tau Tq$ 4, 5, equivalencia
*7. $pTq\equiv p\wedge Fq$ 6, Df. F.

(7 es la correspondiente equivalencia a Df. T en el sistema F).

En el sistema A, mientras es esencial que T nos lleve adelante por un intervalo específico, este intervalo no tiene que ser un "átomo" de tiempo

---

[1] N. del T: por contraposición.

discreto. Como Rescher y Garson observaron[1] el sistema "y el siguiente" es interpretable dentro de una lógica temporal métrica con *pTq* significando que *p* es verdadera ahora y *q* verdadera después de *cualquier* intervalo específico, siempre que se utilice el mismo intervalo en todo el sistema, es decir, *pTq=p∧Fnq* para alguna constante *n*. Con esta definición, los postulados al estilo de Feys para esta *T* son muy fáciles de deducir de los postulados normales de la lógica temporal métrica. A2 y A3, con *pTq* extendidos hacia *p∧Fnq*, se convierten en sencillas sustituciones en las leyes del cálculo proposicional *p⊃(q∧r⊃p∧r)* y *(p∧q)⊃p*; y A1, A4, y A5 usa ambas leyes para ∧ y leyes para *Fn*. Nuestros postulados B al estilo-Feys (para "y después"), similarmente, se siguen muy directamente de los conjuntos estándar para la *F* "topológica" (no necesitamos recurrir a la variante "equivalente" de antes).

Rescher y Garson destacan además que, inversamente, la lógica temporal métrica puede desarrollarse dentro del cálculo "y el siguiente", con la condición de que los enteros sean usados en los intervalos de medida. Hay varias formas de hacerlo. Si usamos sólo enteros no-negativos, el fragmento de la lógica temporal métrica del tiempo futuro puede desarrollarse dentro de cálculo "y el siguiente" usando la definición inductiva

$$F0p=p$$
$$F(n+1)=\tau TFnp.$$

Y, una vez más, las pruebas son fáciles con la axiomatización al estilo Feys. Por ejemplo, probaremos FN2, *~Fnp⊃Fn~p*, como sigue: Para *n*=0, esto es, *~p⊃~p*. Y dada cualquier *n* para la que tenemos ⊢*~Fnp⊃Fn~p*, lo demostraremos para *n*+1. Así pues, *~F(n+1)p⊃F(n+1)~p* extendido a

$$\sim(\tau TFnp)\supset\tau TFn\sim p,$$

que podemos probar silogísticamente, ya que (a) tenemos *~(τTFnp)⊃τT~Fnp* por A4 *p/τ, q/Fnp* y la separación de *τ* y (b) tenemos

---

[1] Nicholas Rescher y James W. Garson, "A Note on Chronological Logic", 1966, disponible en *Theoria*.

$$\tau T \sim Fnp \supset \tau TFn \sim p$$

de la hipótesis inductiva por RT y A1. De forma similar, pero más simple, son posibles las interdefiniciones con la *T* monádica de Scott (*Tp=Fnp* y *F(n+1)p=TFnp*).

Una nueva cuestión sobre el sistema de von Wright "y el siguiente". Cuando Kripke señaló en 1958 que mi matriz de *Time and Modality* para la modalidad diodoriana no era característica de S4, también destacó que la matriz que di, al mismo tiempo, para el sistema *M* o *T* tampoco era característica de tal sistema. En esta matriz, los elementos son, de nuevo, secuencias de 0 y 1, la secuencia para *Lp* con un 1 en un lugar si, y sólo si, la secuencia para *p* tiene un 1 allí y en el lugar inmediato. (Esto verifica tales fórmulas no-*T* como *M(p∧q)∧M(p∧~q)⊃Lp*). Independientemente, K. Segerber hizo en 1966 la misma corrección, quien subrayó que una *Lp* para la que la matriz *sería* característica, estaría definida dentro del sistema de von Wright "y el siguiente" como *pTp*, *pTq*, siendo, inversamente, definible como *p∧[Mq∧(q⊃Lq)]* (*M=~L~*).

La *L* de Segerberg es la del fragmento modal diodoriano del cálculo en futuro en la que *G* es igualada con la *T* monádica de Scott y que, por tanto, tiene el postulado RG, *G(p⊃q)⊃(Gp⊃Gq)*, *~Gp⊃G~p*, y *G~p⊃~Gp*. Estos corresponden al cálculo-*U* en el que tenemos además de U1, U2 y U3, la condición *Uab⊃(Uac⊃b=c)*. Esta condición implica pero no es implicada por la condición de no ramificación

$$Uab \supset [Uac \supset (Ubc \lor Ucb \lor b=c)],$$

y tampoco implica, ni es implicada por la transitividad (cf. los parecidos y las diferencias entre las dos *T* de von Wright); ésta es satisfecha en un futuro no ramificado, por la interpretación de *Uab* como "*a* es antes que *b* por el intervalo específico *n*" (cf. la interpretación de Rescher de von Wright).

2. *Lógica temporal mínima de dirección única.* En el apéndice A, § 8 y § 9, se hace referencia a un sistema modal o cuasi-modal determinado por RL: $\vdash \alpha$ → $\vdash L\alpha$ y A1. *L(p⊃q)⊃(Lp⊃Lq)*, añadido al cálculo proposicional con sustitución y separación. Este sistema ha sido llamado *T(C)* por E. J. Lemmon, a quien debemos el resultado que tenemos ⊢α en este sistema si, y sólo si, tenemos ⊢Taα en el cálculo-U determinado por U1: $Ta\sim p \equiv \sim Tap$, U2: $Ta(p \supset q) \equiv (Tap \supset Taq)$ y U5: $TaLp \equiv (\forall b)(Uab \supset Tbp)$, sin ninguna condición especial sobre U como la reflexividad, transitividad, etc.[1] Éste es, en efecto, el sistema T, menos el axioma $Lp \supset p$ y es equivalente al sistema M de von Wright, menos el axioma $p \supset Mp$. Si leemos L como G, obtenemos el fragmento temporal puro del futuro (y si leemos L como H, el fragmento puro del pasado) del mínimo K_t de lógica temporal.

3. *El rango de las variables-mundo y la interpretación del cálculo-U en el cálculo de mundos.* En el capítulo V, sección 6, sugerimos que usamos variables a, b, c, etc. para estados de mundos instantáneos, con los dos axiomas

A1. $M\alpha$ A2. $L(a \supset p) \vee L(a \supset \sim p)$,

donde $M\alpha = \alpha \vee P\alpha \vee F\alpha$ y $L\alpha = \alpha \wedge H\alpha \wedge G\alpha$ y sugerí que, dadas las definiciones $L(a \supset p)$ por Tap y $TbPa$ por Uab, debemos ser capaces de demostrar los postulados de un cálculo-U de la lógica temporal correspondiente más los anteriores para los "mundos". En especial, deberíamos ser capaces de deducir los postulados-U mínimos

U1. $Ta\sim p \equiv \sim Tap$ U3. $TaGp \equiv (\forall b)(Uab \supset Tbp)$
U2. $Ta(p \supset q) \equiv (Tap \supset Taq)$ U4. $TaHp \equiv (\forall b)(Uba \supset Tbp)$

usando el K_t mínimo de lógica temporal. U1 y U2 se demostraron en esa sección y las implicaciones derecha e izquierda en U3 y U4 se demuestran usando un sistema lógico-temporal más fuerte que el K_t, en el que tenemos tesis no-K_t tales como $Lp \supset LHp$. Puede mostrarse ahora que los problemas insolubles aquí (al demostrar U3 y U4 usando el K_t y el A1 y el A2) no son tan solubles como establecimos, pero se solucionan en unas formas ligeramente modificadas.

Será útil comenzar con una objeción que podemos hacer al postulado A1[2]. Observamos que el A1 es equivalente a $\sim a \supset (Pa \vee Fa)$, "No es ahora el caso

---

[1] E. J. Lemmon, "Algebraic Semantics for Modal Logics 1", *Journal of Symbolic Logic*, vol., 31, no. 1 (March 1966), pp. 46-65.
[2] Me fue proporcionada por Mr. Richard Campbell del Magdalen College.

que *a*, luego, o ha sido, o será el caso que *a*" y hay algo curioso en esto. Si *a* es una proposición de estado de mundo, será una proposición muy "fuerte" en el sentido de implicar mucho (como, efectivamente, A2 deja claro), tal que su negación será una proposición muy débil, implicando muy poco; e, incluso, reformulada por A1, es demasiado fuerte como para implicar *Pa∨Fa* y esto parece una consecuencia muy sustancial. De nuevo, ¿no hay muchas combinaciones posibles de los elementos del mundo que no puedan realizarse nunca y no deben nuestras *a, b,* etc., representarlas también?

Hay mucho que desenredar aquí; aunque veremos que el objetor tiene razón. En primer lugar, debemos evitar la tentación de pensar que las proposiciones de mundo se distinguen de otras en virtud de su *forma,* o teniendo la extensión de un contenido intuitivo (afirmando que tal-y-tal, siendo "tal-y-tal", una conjunción cuyos coyuntos son o serían todos los hechos sobre lo que es, lo que ha sido, o lo que será). Esta concepción de una proposición de mundo (yo mismo comienzo con ella) tiene cierta utilidad pero debemos dejarla para el final. En segundo lugar, debemos evitar confundir el sentido, más bien artificial, que asignamos aquí a *M* con "posibilidad" en el sentido modal ordinario, por ejemplo, como posibilidad lógica. Estos malentendidos están conectados; sólo las proposiciones con este enorme contenido serán (*a*) "posibles", en el sentido modal ordinario, y (*b*) "*L*-completas", en el sentido modal. Y, si consideramos un cálculo que incluya, *a la vez*, nociones modales ordinarias *y* lógico-temporales, será necesario dividir la totalidad de los estados de mundo posibles entre los que se realizan en algún momento, y los que nunca se realizan. Pero en el capítulo V, sección 6 y aquí, estamos considerando un cálculo sin condición para la expresión de la posibilidad "lógica" ordinaria, tal que, si consideramos los estados de mundo distintos del actual, deben ser aquéllos cuya relación con el actual sea expresable en términos lógico-temporales y aquí *a∨Pa∨Fa* dota las *a* de (aunque, como veremos, no del todo) una gama tan amplia como podamos conseguir. Además, en un cálculo lógico-temporal puro, no podemos medir la "fortaleza" y "debilidad" relativa de las proposiciones por su contenido, o por lo que implican *necesariamente*; sólo podemos decir que *p* es más "fuerte" que *q*, si *p no es en algún momento* el caso sin que *q* lo sea, aunque *q* sea *en el algún momento* el caso sin que *p* lo sea; tal que, incluso una proposición con muy poco contenido sería "fuerte", en este sentido, aunque fuera rara vez verdadera.

Una proposición de estado de mundo en el sentido lógico-temporal es, simplemente, un *índice de un instante*; efectivamente, me gustaría decir, que *es* un instante en el único sentido en el que los "instantes" no son entidades en sumo ficticias. Ser el caso *en* tal-y-tal instante es, simplemente, ser el caso *en* tal-y-cual mundo; y esto es, a su vez, sencillamente, el caso *cuando* tal o cual proposición de mundo es el caso. En este sentido de "instante", es una tautología que una proposición de mundo sea verdadera en un único instante (es verdadera sólo cuando *esa* proposición de mundo es verdadera) y, por tanto, es tan "fuerte" como pueda serlo cualquier proposición que sea verdadera siempre; aunque, si el tiempo es circular, no se seguirá de ésta que, si una proposición de mundo *es* verdadera, ni ha sido, ni será verdadera (en un tiempo circular, "ha sido" y "será", al final, nos devuelven *al mismo* instante). Es, también, una tautología que cualquiera que sea verdadera en un único instante servirá como proposición de mundo; pues, por muy trivial que sea su contenido, será lo bastante "fuerte" para implicar, permanentemente cualquiera que sea verdadera, esto es, nunca será verdadera sin que todas las cosas que son verdaderas-en-ese-instante- lo sean (o bien será falsa, o tales cosas serán verdaderas junto con ésta -ser "verdadera en ese instante" *es* sencillamente ser verdadera con esta proposición).

(Debo comentar aquí que mi deseo de barrer "instantes" bajo la mesa metafísica no está motivado por ninguna preocupación de su carácter puntual o adimensional sino, puramente, por su abstracción. No tengo duda que algunas cosas son "verdaderas instantáneamente"[1] y "*p* ahora, instantáneamente" es una afirmación fácilmente expresable en el cálculo Φ y Ψ de Kamp. Esto equivale a "*p* ahora pero $\sim p$ sólo antes e, inmediatamente, después de ahora", es decir $p \wedge H' \sim p \wedge G' \sim p$ donde $H'p = \Phi(p \supset p)p$, "*p* a través del intervalo entre algún pasado y ahora"; y $G'p = \Psi(p \supset p)p$. El uso de H' y G' me lo sugirió Richard Harschman en 1965, antes de su definición por Kamp basada en sus funtores. Pero los "instantes" como objetos literales, o como secciones transversales de un objeto literal van junto con la imagen del "tiempo" como un objeto literal, una especie de serpiente que, o se muerde la

---

[1] Ver el argumento en Broad's *Examination of McTaggart's Philosophy*, vol. ii, pp. 273-5, reproducido, sustancialmente en Miss Anscombe's "Before and After" (*Philosphical Review*, Jan. 1964), sect. 8 (pp. 17 ff.).

cola, o no, tiene extremos, o no, o está compuesta de segmentos separados, o no; y creo que esta imagen debe ser descartada. Cf. capítulo IV, sección 7).

Si vamos a usar la concepción anterior de "mundos" e "instantes" para identificar los valores de las variables para los instantes anteriores y posteriores en un Cálculo-U con los valores de las variables para "mundos" en un cálculo que los tenga, nuestros axiomas de mundos deberían darnos, exactamente, un mundo para cada elemento en el dominio de la relación U. De hecho, los axiomas A1 y A2 del capítulo V, sección 6, no lo consiguen del todo. A1, *Ma*, asegura que cada proposición de mundo es verdadera en un momento u otro; pero también debería haber un postulado que asegurara que cada instante tuviera un estado de mundo que lo "ocupa" (o que es). Lo que queremos es sencillamente *(∃a)a,* del que deducimos *L(∃a)a*, por RL. Podemos llamar *(∃a)a* el A3, pero, en lo que sigue, sólo usaremos una derivada de éste, afirmando que, si algo es siempre verdadero, hay un estado de mundo "en" el cual es verdadero, es decir, que necesariamente lo implica: *Mp⊃(∃a)L(a⊃p)*. Podemos llamar a éste el A3'. Al deducirlo del A3, usamos la Fórmula Barcan (BF) para mundos, que sabemos que tenemos cuando se da el sistema B para *L* y *M*. (Lo que nos interesa aquí es el engranaje de las lógicas temporales para el Cálculo-U tipo estándar). También usamos el teorema de la teoría de la cuantificación que aunque no disponemos de *(∃x)ϕx∧(∃x)ψx⊃(∃x)(ϕx∧ψx)* ("Si algo es ϕ y algo es ψ, simultáneamente, entonces algo es ϕ y ψ"), disponemos de *(∃x)ϕx∧p⊃(∃x)(ϕx∧p)* ("Si algo es ϕ y p es el caso, entonces hay algo tal que: es ϕ y p es el caso"). La prueba es

(1) *Mp*   Supuesto
(2) *L(∃a)a*   A3, RL
(3) *M[(∃a)a∧p]*   1, 2, *Mp∧Lq⊃M(p∧q)*
(4) *M(∃a)(a∧p)*   3
(5) *(∃a)M(a∧p)*   4, BF
(6) *(∃a) ~L(a⊃~p)*   5, *p∧q ≡ ~(p⊃~q)*
(7) *(∃a)L(a⊃p)*   6, A2. *L(a⊃p)∨L(a⊃~p)* y SD.

No esperamos derivar el Cálculo-U dentro de la correspondiente lógica temporal más el cálculo de mundos, a menos que el segundo tenga el A3. (Encontraremos que el A3 es necesario para la deducción de las implicaciones derecha e izquierda en U3 y U4). Incluso, con este fichaje, no esperamos hacerlo en cualquier lógica temporal excepto en el tiempo *lineal* (no ramificado), si definimos, *Mα* como α∨P*α*∨F*α* y *Lα* como α∧H*α*∧G*α*. Me ha parecido que es más fácil verlo, asociando el Cálculo-*U* con los diagramas lineales. En el cálculo de mundos en el cual (junto con alguna lógica temporal) queremos desarrollar el Cálculo-*U*, nos gustaría que *Lp* significara, en efecto, que *p* es verdadera en *todo el diagrama* y *Mp* que *p* es verdadera en *alguna parte* del diagrama. Y es sólo en el tiempo lineal que *p* es-verdadera-en-alguna-parte-del-diagrama si, y sólo si, o ya es, o ha sido, o será verdadera. En efecto, en un diagrama no lineal, tal como el siguiente, donde *Fp* es verdadera en un punto dado si, y sólo si, *p* es verdadera en algún punto conectado hacia la derecha y *Pp* es verdadera si, y sólo si, *p* es verdad en algún punto conectado a la izquierda:

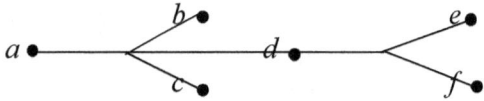

Supongamos que el mundo *d* es el caso ahora. Entonces *a, d, e* y *f* satisfacen la condición "O es verdad ahora (como en *d*), o ha sido verdad (como en *a*), o en algún futuro será verdad (como en *e* y *f*)". Pero los futuribles de *b* y *c* no satisfacen esta condición, aunque *son* "verdaderos-en-alguna-parte-del-diagrama".

Además, sólo podemos estar seguros de que *a, e* y *f* satisfacen esta condición, si la relación anterior-posterior es transitiva. La transitividad parece, efectivamente, ser asumida en cualquier representación del futuro por estar en "alguna parte" a la derecha y lo pretérito por estar "en algún lugar" a la izquierda. Los únicos modelos no-transitivos de la relación anterior-posterior que conozco son aquéllos en los que este elemento de *dirección* pura se complementa con uno de *distancia*. En el modelo circular de Hamblin, por ejemplo, *FFp* deja de dar *Fp*, si vamos *muy lejos* alrededor del círculo. *FFp* además nos lleva demasiado lejos para dar *Fp*, si interpretamos lo segundo como "*p* a punto de suceder", es decir, como la *Tp* de Scott o como "*p*⊃*p* y *el siguiente p*" de von Wright. En todo caso, está claro que nuestros mundos fracasarán al "cubrir el diagrama" a menos que tengamos *FFp*⊃*Fp* (y, en consecuencia, $F^n p \supset Fp$ para cada n), si todo lo que decimos para colocarlos en el diagrama es $a \lor Pa \lor Fa$.

¿Habría otra definición alternativa lógico-temporal de M que *fuera* satisfecha por lo que fuera cierto en cualquier punto de un diagrama temporal, incluso en ausencia de supuestos especiales sobre el carácter de la relación anterior-posterior? Si así fuera, es, obviamente, M que debe ser usada (con la correspondiente $\sim M \sim$ como L) en los postulados para los "mundos". Como paso para tal revisión, cabe destacar que, ciertamente, no necesitaremos postular la linealidad completa para encontrar una función lógico temporal que fuera satisfecha por lo que sea verdadero en cualquier parte del diagrama. Pero incluso, si tenemos ramificación, con la condición de que sólo sea en una dirección y también tenemos transitividad, todo lo que sea verdadero en cualquier punto del diagrama satisfará una función M' que, si usamos $M\alpha$ para $\alpha \lor P\alpha \lor F\alpha$, será definida como MM. Tenemos entonces

$$M'p = (p \lor Pp \lor Fp) \lor P(p \lor Pp \lor Fp) \lor F(p \lor Pp \lor Fp)$$
$$= (p \lor Pp \lor Fp) \lor P(p \lor PPp \lor PFp) \lor F(p \lor FPp \lor FFp)$$
$$= (p \lor Pp \lor Fp \lor PFp)$$

Aquí, la segunda línea viene de la primera por $P(p \lor q) \equiv (Pp \lor Pq)$ y $F(p \lor q) \equiv (Fp \lor Fq)$ que están en el K_t y la tercera forma, de la segunda por (*a*) reagrupamiento de los disyuntos omitiendo los repetidos y (*b*) descartando los disyuntos que implican otros ya presentes $(p \supset q) \supset [(p \lor q) \lor r \equiv (q \lor r)]$ o por $PPp \supset Pp$ y $FFp \supset Fp$ (transitividad) o $FPp \supset (p \lor Pp \lor Fp)$ (no ramificación en el pasado -ver capítulo III, sección 7). Similarmente, la nueva $L'p = p \land Hp \land Gp \land HGp$. En el diagrama anterior, la nueva $M'p$ cubre todos los mundos que habrían sido en *b* y *c*, para los que tenemos PF (fue el caso que se encontrarían en lo que entonces era uno de los "futuros"). Y cualquier secuencia posible de P o F que pueda darse alrededor del diagrama implicará uno u otro de los cuatros disyuntos en nuestra nueva M', por ejemplo, tenemos $PFPp \supset M'p$ por

$PFPp \rightarrow P(p \lor Pp \lor Fp)$, por $FPp \supset (p \lor Fp \lor Pp)$ y RPC, P en los dos lados;
$\rightarrow p \lor PPp \lor PFp$, por $P(p \lor q) \equiv (Pp \lor Pq)$;
$\rightarrow Pp \lor PFp$, por $PPp \supset Pp$

→ $p \lor Pp \lor Fp \lor PFp$, por $p \supset (q \lor p)$, etc.;

y $FPFp \supset M'p$ por

$FPFp \to Fp \lor PFp \lor FFp$
$\to Fp \lor PFp \to M'p$.

La ramificación en *ambas* direcciones, como en la secuencia temporal "relativista-causal" discutida por Cocchiarella, nos llevaría a "tiempos" no cubiertos por esta M'. Ésta nos daría pasados alternativos como también futuros y estructuras como

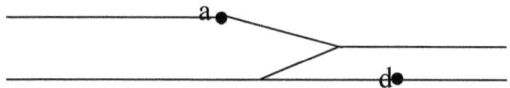

que quizás representan una $PFPa$ donde no disponemos ni de a (a no es verdadera ahora), ni de Pa (a no ha sido verdadera), ni de Fa (a no será verdad) e, incluso, $\sim PFa$ (no ha sido que a en lo que fue una vez un futuro). Una forma de cubrir los casos de este tipo, y más difíciles, es introduciendo en nuestro cálculo formal los superíndices numéricos que son, a menudo, usados por los lógicos modales para las M y L como en $Lp \supset L^2 p$ por $Lp \supset LLp$ y definiríamos una nueva $M''\alpha$ como $(\exists n) M^n \alpha$, donde $M^1 \alpha = \alpha \lor P\alpha \lor F\alpha$, y $M^{n+1}\alpha = M^1 M^n \alpha$. Esto también funciona en los mundos no-transitivos. Incluso en el K_t, tenemos el metateorema que si ϕ es alguna secuencia de P y F, hay algún n, tal que ϕp implica lógicamente $M^n p$. Por ejemplo, $FPFp \supset MMMp$ es deducida también en K_t, desde

$$MMMp = (\underline{}) \lor F[\underline{} \lor P(p \lor Pp \lor Fp)]$$
$$= (\underline{}) \lor [F[\underline{} \lor FP(p \lor Pp \lor Fp)]]$$
$$= (\underline{}) \lor [\underline{} \lor (FPp \lor FPPp \lor FPFp)],$$

y el mismo uso repetido de $F(p \lor q) \equiv (Fp \lor Fq)$ y $P(p \lor q) \equiv (Pp \lor Pq)$ garantizará el resultado necesario con secuencias más largas de M. En general, si ϕ contiene n símbolos, ϕp implica $M^n p$ y $(\exists n) M^n p$. Similarmente, si ψ es cualquier secuencia de *H* y *G*, y contiene *n* símbolos, $L^n p$ y, también, $(\forall n L^n p)$ implica ψp. Intuitivamente, M^t equivale a "Es, o ha sido, o será que es, o ha sido, o será que..." hasta que se alcancen las repeticiones de *n*; mientras que $(\exists n) M^t \alpha$ equivale a "Es, o ha sido, o será que α, o también, es, o ha sido, o será *que* es, o ha sido, o será que α, o de otro modo, es, o ha sido, o será (el anterior)..." y así, sucesivamente, *ad infinitum*.

Estas consideraciones sugieren dos líneas de avance en esta área. En primer lugar, retenemos nuestra definición original y simple de $M\alpha$ como $\alpha \vee P\alpha \vee F\alpha$, pero supeditando los resultados a una lógica temporal transitiva y lineal. Entendiendo esto, quedamos satisfechos con las pruebas encontradas para las implicaciones izquierda y derecha en U3 y U4, y podemos empezar a tratar de demostrar las implicaciones derecha e izquierda; y también, la condición de la linealidad de *U* (la transitividad ya está hecha). De igual modo, intentaremos demostrar U1-U4 y las condiciones apropiadas de *U*, en especial, las lógicas del tiempo más débiles con las definiciones de *M*, bien ajustadas; por ejemplo, en el tiempo parcialmente ramificado transitivo usando *M'*. No intentaré ninguna de estas pruebas en este punto, sino que haré algo parecido pero más sencillo. Hay una definición más *simpliste* de $M\alpha$ que $\alpha \vee P\alpha \vee F\alpha$ que sólo "abarca el diagrama", si tomamos el tiempo no sólo como lineal sino circular, de la forma más sencilla (es decir, sin cambio de signo en las antípodas). Para éste, disponemos que $M\alpha = P\alpha = F\alpha$ y nuestra lógica temporal subyacente será simplemente S5 para esta *M*. Aún sirven las pruebas dadas en el capítulo V, sección 6, incluyendo la prueba de $Uab \supset (Ubc \supset Uac)$ (transitividad). Esto nos deja con las implicaciones de derecha a izquierda en U3 y U4, $Uab \supset Uba$ (simetría) y Uaa (reflexividad) para ser probadas. Nuestra definición de Uab como $TbPa$ es ahora equivalente a $TbM\alpha$, es decir, $L(b \supset Ma)$, también Uaa es $L(a \supset Ma)$ que obtenemos en S5 de $p \supset Mp$ y RL. $Uab \supset Uba$, es decir, $L(b \supset Ma) \supset L(a \supset Mb)$, que demostramos *ad absurdum*, por tanto,

(1) $L(b \supset Ma)$ Supuesto, antecedente
(2) $\sim L(a \supset Mb)$ Supuesto por RA
(3) $L(a \supset \sim Mb)$ 2, A2, $L(a \supset p) \vee L(a \supset \sim p)$ y SD
(4) $L(Ma \supset M \sim Mb)$ 3, $L(p \supset q) \supset (Mp \supset Mq)$, *M* en dos lados
(5) $L(Ma \supset \sim Mb)$ 4, $M \sim Mp \supset \sim Mp$
(6) $L(Ma \supset \sim b)$ 5, $L(\sim Mp \supset \sim p)$

(7) $L(b\supset\sim b)$ 1, 6. S.H.
(8) $\sim Mb$ 7, $L(p\supset\sim p)\supset\sim Mp$,

que contradice A1 (tal que la combinación de (1) y (2) no se sigue). Dado este resultado, U4, se sigue de U3 (pues éste sólo difiere de U3 en tener Uba, donde el segundo tiene Uab), y demostramos la implicación de derecha a izquierda $(\forall b)(Uab\supset Tbp)\supset TaLp$ al demostrar primero el lema $TMap\supset TaLp$, por tanto:

(1) $L(Ma\supset p)$ Supuesto
(2) $L[LMa\supset Lp]$ 1, $L(p\supset q)\supset(Lp\supset Lq)$, L en los dos lados
(3) $L(a\supset Lp)$ 2, $L(p\supset LMp)$, y S.H.

y después probando $(\forall b)(Uab\supset Tbp)\supset TMap$ por *reductio ad absurdum* como sigue:

(1) $(\forall b)[L(b\supset Ma)\supset L(b\supset p)]$ Supuesto
(2) $\sim L(Ma\supset p)$ por RA es la negación de $TMap$
(3) $M(Ma\wedge\sim p)$ 2, $\sim L(p\supset q)\equiv M(p\wedge\sim q)$
(4) $(\exists b)L[b\supset(Ma\wedge\sim p)]$ 3, A3', $Mp\supset(\exists a)L(a\supset p)$, a/b, p/$Ma\wedge\sim p$
(5) $(\exists b)L[b\supset(\sim p\wedge p)]$ 4, 1, $L[b\supset(Ma\wedge\sim p)]$ y
                                                     $L(b\supset Ma)\supset L(b\supset p)$ que se convierte
                                                     en $L[b\supset(Ma\wedge p)]$ y, por tanto,
                                                     $L[b\supset(\sim p\wedge p)]$
(6) $(\exists b)\sim Mb$ 5,

que contradice $(\forall b)Mb$ (de A1 y RL).

La segunda línea de avance es demostrar U1-U4 usando el K_t con una M, modificada radicalmente, con M'' mencionada antes. La lógica de esta función y de la correspondiente L'', es S5, incluso dentro del K_t. Para esto podemos mostrar que las leyes de L'', es decir, $(\forall n)L^n$, incluyen las análogas de RL, $L(p\supset q)\supset(Lp\supset Lq)$, $Lp\supset p$, $Lp\supset LLp$, y $MLp\supset p$ (las dos últimas juntas dan $MLp\supset Lp$: $ML \rightarrow MLL \rightarrow L$). La infinidad del rango de las n nos da $(\forall n)L^n p\supset(\forall n)L^n(\forall n)L^n p$ (aunque, cabe destacar, no nos da el simple $L^n p\supset L^n L^n p$; no obtenemos esto sin $L^1 p\supset L^1 L^1 p$ que no es demostrable en K_t).

Tenemos todos los otros por $L^1\alpha$, es decir $\alpha \wedge H\alpha \wedge G\alpha$ y puede demostrarse que si tenemos $\vdash \alpha \to \vdash L^n\alpha$, $L^n(p \supset q) \supset (L^np \supset L^nq)$ y $L^np \supset p$ para cualquier n, también los tenemos para n+1. Tenemos $\vdash \alpha \to \vdash LL^n\alpha$ de la hipótesis $\vdash \alpha \to \vdash L^n\alpha$ junto con $\vdash \alpha \to \vdash L\alpha$ (con $L^n\alpha$ para nuestra α) y con los axiomas, tenemos

(1) $L^n(p \supset q) \supset (L^np \supset L^nq)$ por hipótesis
(2) $L^np \supset p$ por hipótesis
(3) $LL^n(p \supset q) \supset L(L^np \supset L^nq)$ 1, RLC, L, en los dos lados
(4) $L(L^np \supset L^nq) \supset (LL^np \supset LL^nq)$ $L(p \supset q) \supset (Lp \supset Lq)$, sust.
*(5) $LL^n(p \supset q) \supset (LL^np \supset LL^nq)$ 3, 4, S.H.
(6) $L^nLp \supset Lp$ 2, p/Lp
*(7) $L^nLp \supset p$ 6, $Lp \supset p$, S.H.

De estos resultados (y la teoría de la cuantificación) está claro que, si α es una ley, también lo es $(\forall n)L^n\alpha$ (al menos, si el sistema tiene el simbolismo), que $(\forall n)L^n(p \supset q)$ implica que $(\forall n)L^np$ implica $(\forall n)L^nq$, y que $(\forall n)L^np$ implica p. $(\exists n)M^n(\forall n)L^np \supset p$ es, un poco más complicado. Tenemos, primero, la siguiente prueba inductiva de $M^rL^np \supset p$, dado que tenemos $MLp \supset p$ para M^1 y L^1:

(1) $M^rL^np \supset p$ por hipótesis
(2) $M^rL^nLp \supset Lp$ 1, p/Lp
(3) $MM^rL^nLp \supset MLp$ 2, RMC, M en los dos lados
(4) $MM^rL^nLp \supset p$ 4, $MLp \supset p$, S.H.

Ahora $(\exists n)M^r(\forall n)L^np \supset p$ es equivalente a $(\exists m)M^m(\forall n)L^np \supset p$, que, a su vez, es equivalente $(\forall m)M^m(\forall n)L^np \supset p$, que podemos demostrar:

(1) $M^m(\forall n)L^np$ Supuesto
(2) M^mL^mp 1, E.U.
(3) p 2, lema recién demostrado.

Una consecuencia de este resultado es la eliminación de un cargo posible de arbitrariedad contra nuestra definición de la forma Uab, "a es un mundo anterior a *b*". ¿Por qué *TbPa*, "Es verdadero en *b* que el estado de mundo fue, anteriormente, *a*", antes que *TaFb*, "Es verdadero en *a* que el estado de mundo será, al final, *b*"? Dado que *L* en términos de los cuales *T* es definida es la misma que tenemos en S5 y que esto implica todas las secuencias de *G* y *H*, demostraremos la equivalencia de estas dos formas; una implicación por *reductio ad absurdum*, por tanto:

(1) *L(b⊃Pa)*   Supuesto
(2) *~L(a⊃Fb)*   Supuesto
(3) *L(a⊃~Fb)*   2, A2 *L(a⊃p)∨L(a⊃~p)* y SD
(4) *L(a⊃G~b)*   3, *~F=G~*
(5) *LL(a⊃G~b)*   4, *Lp⊃LLp*
(6) *LH(a⊃G~b)*   5, *Lp⊃Hp*, RLC
(7) *L(Pa⊃PG~b)*   6, *H(p⊃q)⊃(Pp⊃Pq)*, RLC, *P*, en los dos lados
(8) *L(Pa⊃~b)*   7, *PGp⊃p*
(9) *L(b⊃~b)*   8, 1 y S.H.
(10) *~Mb*   9,

que contradice A1. (la implicación inversa se demuestra, similarmente). Una consecuencia de esta equivalencia es que nuestra prueba en el capítulo V, sección 6, de *TaGp⊃(∀b)(Uab⊃Tbp)*, es decir, *L(a⊃Gp)* ⊃ *[(∀b)L(b⊃Pa)⊃L(b⊃p)]*, puede ser paralela mediante una prueba exactamente igual de *TaHp⊃(∀b)(Uba⊃Tbp)* que equiparamos ahora a *L(a⊃Hp)⊃[(L(b⊃Fa)⊃L(b⊃p)]*. Ambas pruebas incluyen sólo las leyes que disponemos para *L* que estamos empleando ahora (en especial, disponemos de *Lp⊃LHp*, y *Lp⊃LGp*, a partir de *Lp⊃LLp*, *Lp⊃Hp* y *Lp⊃Gp*).

Otra equivalencia que podemos demostrar con nuestra nueva *L* es *TaGp* con *TPap*. Que el primero implica el segundo se deduce como sigue:

(1) *L(a⊃Gp)*   Supuesto
(2) *LH(a⊃Gp)*   1, *Lp⊃LHp*
(3) *L(Pa⊃PGp)*   2, *H(p⊃q)⊃(Pp⊃Pq)*, RLC, *P* en los dos lados
(4) *L(Pa⊃p)*   3, *PGp⊃p*

y que el segundo implica el primero, como sigue:

(1) $L(Pa \supset p)$ Supuesto
(2) $LG(Pa \supset p)$ 1, $Lp \supset LGp$
(3) $L(GPa \supset Gp)$ 2, $G(p \supset q) \supset (Gp \supset Gq)$, RLC, G en los dos lados
(4) $L(a \supset Gp)$ 3, $p \supset GPp$.

Dada esta equivalencia[1], podemos igualar la implicación de derecha a izquierda en U3, es decir, la implicación de $TaGp$ por $(\forall b)(Uab \supset Tbp)$ con $(\forall b)(Uab \supset Tbp) \supset TPap$ que podemos demostrar *ad absurdum*, por tanto:

(1) $(\forall b)L(b \supset Pa) \supset L(b \supset p)$ $L(b \supset Pa) = Uab$ y $L(b \supset p) = Tbp$, supuestos
(2) $\sim L(Pa \supset p)$ lo contrario de $TPap$, por RA
(3) $M(Pa \wedge \sim p)$ 2, $\sim(p \supset q) \supset (p \wedge \sim q)$
(4) $(\exists b)L[b \supset (Pa \wedge \sim p)]$ 3, A3, $Mp \supset (\exists a)L(a \supset p)$
(5) $(\exists b)L[b \supset (\sim p \wedge p)]$ 4, 1, $L(b \supset Pa) \supset L(b \supset p) = L[b \supset (Pa \wedge p)]$ que contradice $L[b \supset (Pa \wedge \sim p)]$
(6) $(\exists b) \sim Mb$ 5,

contradiciendo $(\forall b)Mb$ (cf. la prueba análoga de $(\forall b)(Uab \supset Tbp) \supset TaLp$ en el tiempo circular). La implicación derecha-izquierda en U4, se deduce similarmente. Dado que nuestras pruebas originales de U1 y U2, no suponen nada para L que no esté en el T de Feys y, por tanto, también pueden llevarse a cabo con esta L, hemos presentado ahora cómo desarrollar el Cálculo-U mínimo completo dentro de cálculo de mundos y el K_t mínimo lógico-temporal.

Nuestra nueva L, por otro lado, no es *demasiado* fuerte para lo que le exigimos y, en especial, nuestra prueba de $Uab \supset (Ubc \supset Uac)$ (la transitividad de U) en el capítulo V, sección 6, no pasará, incluso con esta L, si nuestra lógica-temporal subyacente es sólo K_t, dado que la prueba usa no sólo $Lp \supset LLp$, sino también $PPp \supset Pp$.

Cuando pasamos del K_t a sistemas más fuertes, las condiciones sobre U que corresponden a los axiomas lógico-temporales que añadimos incluyen, a veces,

---

[1] N. del T: $L(Pa \supset p) \equiv L(a \supset Gp)$.

la función $a=b$, "a es b en el mismo instante", que requiere cierta interpretación en el cálculo de mundos, si utilizamos los nuevos métodos. Una traducción natural sería $L(a\equiv b)$, pero, de hecho, $L(a\supset b)$ (*Tab*), bastará, pues, de éste, podemos demostrar $L(b\supset a)$ (y, también, $L(a\equiv b)$ *ad absurdum* como sigue:

(1) $L(a\supset b)$ equivale a *Tab*
(2) $\sim L(b\supset a)$ lo contrario de $L(b\supset a)$, por RA
(3) $L(b\supset\sim a)$ 2, A2, $L(a\supset p)\vee L(a\supset\sim p)$ y SD
(4) $L(a\supset\sim b)$ 3, contraposición
(5) $L[a\supset(\sim b\wedge b)]$ 1, 4, contradicción
(6) $\sim Ma$ 5,

contradiciendo A1. Para esta =, tenemos $a=a$ (obviamente) y también (inductivamente) $a=b\supset(\phi a\supset\phi b)$, donde $\phi\alpha$ es cualquier función de α que puede ser construida dentro del sistema.

Como ejemplo de las pruebas que son posibles ahora, podemos tener la condición de U

$$Uab\supset[Uac\supset(Ubc\vee Ucb\vee b=c)],$$

que es equivalente a

$$Uab\supset[Uac\supset[\sim Ubc\supset(\sim Ucb\supset b=c)]],$$

de su contrapartida lógico-temporal

$$Fp\wedge Fq\supset F(p\wedge q)\vee F(p\wedge Fq)\vee F(q\wedge Fp).$$

Tenemos

(1) $L(a\supset Fb)$ $(=Uab)$
(2) $L(a\supset Fc)$ $(=Uac)$
(3) $\sim L(b\supset Fc)$ $(=\sim Ubc)$
(4) $\sim L(c\supset Fb)$ $(=\sim Ucb)$
(5) $L[a\supset F(b\wedge c)\vee F(b\wedge Fc)\vee F(c\wedge Fb)]$ 1, 2, Axioma de la linealidad futura

(6) $L(b{\supset}{\sim}Fc)$ 3, A2, $L(a{\supset}p){\vee}L(a{\supset}{\sim}p)$, y SD
(7) $L(c{\supset}{\sim}Fb)$ 4, A2, $L(a{\supset}p){\vee}L(a{\supset}{\sim}p)$, y SD
(8) $L{\sim}(b{\wedge}Fc)$ 6, $p{\supset}{\sim}q\equiv{\sim}(p{\wedge}q)$
(9) $L{\sim}(c{\wedge}Fb)$ 7, $p{\supset}{\sim}q\equiv{\sim}(p{\wedge}q)$
(10) $LG{\sim}(b{\wedge}Fc)$ 8, $Lp{\supset}LGp$
(11) $LG{\sim}(c{\wedge}Fb)$ 9, $Lp{\supset}LGp$
(12) $L{\sim}F(b{\wedge}Fc)$ 10, $G{\sim}={\sim}F$
(13) $L{\sim}F(c{\wedge}Fb)$ 11, $G{\sim}={\sim}F$
(14) $L[a{\supset}F(b{\wedge}Fc)]{\supset}{\sim}Ma$ 12, 5, MT; $L[a{\supset}F(b{\wedge}Fc)]$,
                                                     $L{\sim}F(b{\wedge}Fc),\vdash L{\sim}a={\sim}Ma$
(15) $L[a{\supset}F(c{\wedge}Fb)]{\supset}{\sim}Ma$ 13, 5, MT; $L[a{\supset}F(c{\wedge}Fb)]$,
                                                     $L{\sim}F(c{\wedge}Fb),\vdash L{\sim}a={\sim}Ma$
(16) ${\sim}L[a{\supset}F(b{\wedge}Fc){\vee}F(c{\wedge}Fb)]$ 14, 15, A1, $M\alpha$, MT
(17) $L[a{\supset}{\sim}[F(b{\wedge}Fc){\vee}F(c{\wedge}Fb)]]$ 16, A2, SD
(18) $L[a{\supset}F(b{\wedge}c)]$ 5, 17, SD
(19) $L[a{\supset}FL(b{\supset}c)]$ 18, $(b{\wedge}c){\supset}L(b{\supset}c)$, intro L
(20) $L[a{\supset}L(b{\supset}c)]$ 19, $FLp{\supset}Lp$
(21) $ML(b{\supset}c)$ 20, A1
(22) $L(b{\supset}c)$ 21, $MLp{\supset}Lp$.

Resumiendo y ordenando: con $L^1\alpha$ para $\alpha{\wedge}H\alpha{\wedge}G\alpha$, definimos L como $(\forall n)L^n$; usamos, a, b, c, como variables que representan las proposiciones para las que tenemos A1. Ma, A2. $L(a{\supset}p){\vee}L(a{\supset}{\sim}p)$, y A3. $(\exists a)a$; definimos Uab como $L(a{\supset}Fb)$, Tap como $L(a{\supset}p)$ y $a=b$ como $L(a{\supset}b)$. Esto nos da todo lo que necesitamos para movernos, libremente, dentro y fuera de los cálculos-U desde las lógicas temporales que les corresponden. Vemos más claramente el sentido en el que la serie B es definible en términos de la serie A pero no viceversa. La p temporal sólo entra en la lógica de la serie B como parte de la forma Tap (que, sin embargo, es definible en sí misma lógico-temporalmente); La lógica de la serie B no tiene contrapartida de la simple p temporal.

4. La unicidad de la serie temporal. La introducción de formas como L^n con la cuantificación sobre los numeros, en el lenguaje objeto es, en cierto modo, un dispositivo difícil de manejar y merece la pena considerar su sustitución mediante el uso de largos enunciados infinitos con formas como $L^\infty p$ abreviadas. Para las pruebas, como la última de la sección anterior, es posible una base más simple en la que introducimos L (esto es, la L usada en los axiomas de mundo y en las definiciones de T, U e I^1) sin definirla en absoluto, como una primitiva especial (con M como $\sim L\sim$) con los postulados S5+$Lp{\supset}Gp$+$Lp{\supset}Hp$. Pero por muy útil que sea esto como simplificación simbólica, decir que *debemos* proceder de este modo, esto es, que esta L sea no sólo *no definida*, en un cálculo especial sino que sea *indefinible* en términos lógico-temporales, es un movimiento que tendría enormes consecuencias tanto filosófica, como formalmente. Significaría, después de todo, que no podemos reducir el Cálculo-U (la lógica de la serie B) completamente a la lógica-temporal (la lógica de la serie A); y esto, de acuerdo con nuestro punto de vista, se consideraría una ventaja, o una desventaja.

Si Lp, al afirmar que p es verdadera "en todo el diagrama", es decir, en todos los estados de mundo instantáneos que se dan, no es definida lógico-temporalmente, podemos preguntarnos cómo es que hay muchas series temporales distintas, no conectadas temporalmente. Y *sólo* si Lp no es definible lógico-temporalmente, podemos plantear esta cuestión; en efecto, definir L lógico-temporalmente, sería definirla a través de los tiempos pasados y futuros (o, más sencillo y sutil, como la Φ y Ψ de Kamp) que parten de *nuestro* "ahora" (o como yo prefiero señalar, de lo que *realmente* es ahora el caso). Sólo en un Cálculo-U que se sostiene, al menos en parte, sobre sus propios pies, con L no-definida-lógico-temporalmente entre sus primitivos, podemos afirmar o negar que nuestra serie temporal es única. Podemos hacer esto, por ejemplo, al afirmar o negar que $Lp=(\forall n)L^n p$. Claro está, para afirmar esto, e incluso, más directamente, para cambiar al enunciado equivalente $Mp=(\exists n)L^n p$, haremos que el postulado Ma (A1) disponga que cada término en el ámbito de relación de U esté de *algún* modo conectado temporalmente con el mundo actual. Si, por otro lado, L es *definida* como $(\forall n)L^n$ y es considerada sólo inteligible en alguno de tales términos, no hay alternativa a esta equivalencia.

Cabe sentir que este mismo hecho es un argumento en favor de *no* definir L de esta manera. Así pues, ¿no es legítimo preguntar si "nuestra" serie temporal (independiente de su estructura) es única? Quisiera insistir en la

---

[1] N. del T: I es la identidad.

siguiente consideración contra decir que lo es o, en todo caso, contra decirlo muy deprisa: sólo si tenemos una concepción más o menos "platónica" de lo que es una serie-temporal, podemos plantear la cuestión. Si, como sostengo, es sólo mediante los enunciados temporales que podemos dar un valor efectivo a las expresiones "temporales", la cuestión de si las series temporales están o no desconectadas es absurda. Pensamos que podemos darle un sentido porque es tan fácil como representar líneas y redes tanto conectadas como desconectadas; pero estos diagramas no representan *el tiempo*, como tampoco puede traducirse a un lenguaje básico temporal no figurativo. Si intentamos traducirlas, caemos en contradicciones de tipo inverso a las de McTaggart, "Ya mismo hay cosas sucediendo que no guardan una relación temporal respecto del ahora", "Hay cosas que suceden y que no *suceden*, ni sucederán, ni han sucedido, ni siquiera habrán sucedido, ni estuvieron en disposición de suceder -ni *nada* por el estilo- existe, realmente". Sólo evitamos esta autocontradicción, al decir que "hay" mundos atemporales en que, o instantes en los que, el tal-y-cuál es el caso, tal-y-cuál ha sido el caso, o el tal-y-tal será el caso, *(∃a)Tap, (∃a)TaPp, (∃a)TaFp*, estando estos mundos e instantes, temporalmente desconectados con *éste* (el actual); esta discusión de mundos e instantes es en sí misma irreductible a hablar de lo que es, ha sido, será, habrá sido, etc.

La cuestión de la unicidad de la serie temporal es, por tanto, una cuestión de distinto tipo a las cuestiones relativas a la infinitud o finitud, discreción o densidad, o continuidad, circularidad o no circularidad, ramificado o no ramificado, etc. Pero formular una cuestión auténtica no es sólo invitarnos a considerar una lógica temporal no-estándar sino sugerir que hay verdades sobre el tiempo que no son expresables lógico-temporalmente. En efecto, esto no es negar, rotundamente, la existencia de la serie A, o la posibilidad y el valor de una lógica temporal, sino negar su primacía y relativizarla a una serie B, una secuencia de "posiciones" ordenadas atemporalmente "allí" (y a lo que puede ser sólo una de entre un número de tales series).

Este es un punto en el que McTaggart me parece haber sido demasiado jovial. Considera pero rechaza el argumento que una serie A no puede ser esencial al tiempo porque puede haber otra serie B, aunque ninguna otra serie A, más que la propia. No tiene dificultad en disponer de ésta en el caso donde otra serie B sea ficticia[1]. La serie de aventuras de Don Quijote, "se dice que no

---

[1] *The Nature of Existence,* ch. 33, §§ 319-21.

forma parte de la serie A. Tampoco puedo, en este momento, juzgarlas como pasado, presente o futuro. Incluso, se dice, que es, ciertamente, una serie B. La aventura de los presos a galeras, por ejemplo, es antes que la aventura de los molinos de viento". La respuesta es fácil; la aventura de los presos a galeras *no* fue antes que la aventura de los molinos de viento porque ninguna de ellas en absoluto ocurrió. Ciertamente, *se dice que* y un lector crédulo quizás *cree que,* una fue antes que la otra, pero esto significa que se dice o cree que una fue pasado cuando la otra fue presente, u ocurría. Los términos de la serie-B, en resumen, son sustituidos por sus definiciones de la serie-A dentro del ámbito de operadores como "Se dice que", "Se cree que", así como también, de otros más sencillos. Pero McTaggart maneja, menos satisfactoriamente, el argumento de que "hay, *en realidad,* muchas series-temporales reales e independientes[1]". Admite que si fuera así, "ningún presente sería *el* presente". Pero entonces, replica, "ningún tiempo sería *el* tiempo – sólo sería el tiempo de un cierto aspecto del universo. Sería una serie-temporal real pero no veo que el presente fuera menos real que el tiempo". Y, nuevamente, "si hubiese alguna razón para suponer que hubiera muchas y distintas series B, no habría ninguna dificultad adicional en suponer que debería haber una serie A distinta, por cada serie B". Correcto; pero estas son series-A, definibles, de algún modo, "por" varias series B o "tiempos"; la definición no va en sentido contrario. Ni puede el "presente" no-único de esta hipótesis ser el "presente" dominante de una lógica-temporal fundamental, por la que "Es (ahora) el caso que p" es equivalente a la simple p y la simple p a "Es (ahora) el caso que p". Por tanto, me parece que nadie que insista en que la serie-A es fundamental, debe negar esta posibilidad.

    Estoy seguro de que estas observaciones se apoyan en el tema de la siguiente sección, la lógica temporal en las teorías de la relatividad; me gustaría aclarar su relación. Al anticipar esa sección, me siento como alguien quien, después de dar un ataque berkeliano al cálculo diferencial, lo utilizará en breve. Instantes-Puntos (e, incluso, sucesos) me parecen tan míticos como lo fueron para Berkeley; y lo que comprendo de la teoría de la relatividad me deja tan feliz como el cálculo le dejó a él. Aún así, es Ciencia, pero entretanto, sólo intentaremos (como lo haré en la siguiente sección) hacer bien nuestros cálculos, a pesar de su oscuro significado y esperar a Weierstrass.

---

[1] *The Nature of Existence*, ch. 33, §§ 322-3.

Volveremos ahora a las consecuencias *formales* de definir, o no, L como $(\forall n)L^n$. Si hay cuestiones (auténticas o espurias) que esta definición nos impide plantear (o nos impide usar el símbolo L para elevar), hay también teoremas que nos permiten demostrarlo (esto es la otra cara de la misma moneda). Obviamente, el teorema $Lp\equiv(\forall n)L^n p$ (que la definición convierte en una abreviatura simple notacional de $(\forall n)L^n p\equiv(\forall n)L^n p$); pero, en consecuencia mucho más. En especial, la definición produce los metatoremas que (1) si añadimos $Gp\supset GGp$, $p\wedge Hp\wedge Gp\supset HGp$, y $p\wedge Hp\wedge Gp\supset GHp$ (es decir, las expresiones lógico-temporales de la transitividad y la no-ramificación en ambos sentidos), a K_t, $L^1 p$ (=$p\wedge Hp\wedge Gp$) se convierte en equivalente a Lp; que (2) si añadimos el primero y sólo uno de los otros dos, $L^2=L$; y que (3) si añadimos $Gp\supset GGp$, $Gp\supset Hp$, y $Gp\supset p$ (postulados para el tiempo circular), incluso la simple $G=L$. Para probar (1), por ejemplo, primero probamos $L^1 p\supset L^2 p$ como sigue:

(1) $L^1 p$	Supuesto
(2) $p\wedge Hp\wedge Gp$	1, Df. L^1
(3) HHp	2, E$\wedge$ Hp y $Hp\supset HHp$
(4) HGp	2, $p\wedge Hp\wedge Gp\supset HGp$
(5) $Hp\wedge HHp\wedge HGp$	2, 3, 4 por I$\wedge$
(6) $H[p\wedge Hp\wedge Gp]$	5, $Hp\wedge Hq\supset H(p\wedge q)$
(7) $HL^1 p$	6, Df. L^1
(8) $GL^1 p$	análogamente
(9) $L^1 L^1 p$	1, 7, 8, Df. L^1.

Al poner $L^n p$ por p en esta prueba, podemos probar $L^{n+1}p\supset L^{n+2}p$ para cualquier n y esto nos da $L^1 p\supset L^n p$, inductivamente, y también $L^1 p\supset(\forall n)L^n p$, es decir, $p\wedge Hp\wedge Gp\supset Lp$ mediante la teoría de la cuantificación.

Este resultado produce cada vez nuevas pruebas de las condiciones-U desde los postulados de lógica-temporal. Lemmon destacó en 1965 que no había ninguna fórmula lógico-temporal pura que correspondiese, exactamente, con la condición-U $Uab\vee Uba\vee a=b$ que llama linealidad estricta o fuerte. Hay, efectivamente, fórmulas lógico-temporales, por ejemplo, $p\wedge Hp\wedge Gp\supset HGp$, y $p\wedge Hp\wedge Gp\supset GHp$ que corresponden, exactamente, con la no-ramificación en ambas direcciones, es decir, el par de condiciones:

$Uab \supset [Uac \supset (Ubc \lor Ucb \lor b=c)]$
$Uba \supset [Uca \supset (Ubc \lor Ucb \lor b=c)]$.

Pero Lemmon apuntó que estas condiciones y estas fórmulas son compatibles con la existencia de muchas series temporales desconectadas, cada una de las cuales es, por separado, lineal; la categórica $Uab \lor Uba \lor a=b$ no es compatible con ésta y es esta exclusión de la posibilidad de las distintas serie-temporales, lo que ninguna fórmula lógico-temporal pura parece capturar[1]. Pero podemos capturarla mediante la fórmula demostrada antes, $p \land Hp \land Gp \supset Lp$, que, en efecto, dice que, si p es, y siempre ha sido, y siempre será, es verdadera en todos los mundos. Ésta excluye, intuitivamente, una pluralidad de series-temporales y podemos usarla, formalmente, para deducir la condición de linealidad estricta de U. Así que, la utilizaremos para demostrar el absurdo de la negación de los tres disyuntos en $Uab \lor Uba \lor a=b$, por tanto:

(1) $\sim L(a \supset Fb)$ $(= \sim Uab)$, por RA
(2) $\sim L(b \supset Fa)$ $(= \sim Uba)$, por RA
(3) $\sim L(a \supset b)$ $(=a \neq b)$, por RA
(4) $L(a \supset \sim Fb)$ 1, A2, $L(a \supset p) \lor L(a \supset \sim p)$ y SD
(5) $L(b \supset \sim Fa)$ 2, A2 y SD
(6) $L(a \supset \sim b)$ 3, A2 y SD
(7) $L(a \supset G \sim b)$ 4, $\sim F = G \sim$
(8) $L(Fa \supset \sim b)$ 5, $(p \supset \sim q) \equiv (q \supset \sim p)$ por contraposición
(9) $L(HFa \supset H \sim b)$ 8, $Lp \supset LHp$, $H(p \supset q) \supset (Hp \supset Hq)$, H en los dos
(10) $L(a \supset H \sim b)$ 9, $p \supset HFp$
(11) $L(a \supset \sim b \land H \sim b \land G \sim b)$ 6, 10, 7
(12) $L(a \supset L \sim b)$ 11, $p \land Hp \land Gp \supset Lp$
(13) LMb A1, RL, ($M\alpha$ y L)
(14) $\sim Ma$ 12, 13, MT.

---

[1] Este punto es desarrollado en la tesis de Cocchiarella, "Tense Logic", ch. 3, § 4; ver sus notas **8**, **12** y **13**.

que contradice A1. La verdad del argumento de Lemmon, depende, por tanto, de si $p \land Hp \land Gp \supset Lp$ es una fórmula lógico-temporal pura o no. Si L no está definida lógico-temporalmente, no lo es, y se refuerza la opinión de Lemmon; pero si está definida como $(\forall n)L^n$, lo es y una pluralidad de series temporales es excluida lógico-temporalmente.

Tenemos un resultado análogo con el tiempo circular. La circularidad en el sentido de la transitividad, la simetría y la reflexividad de U no excluye, en sí misma, la existencia de un número de distintas series temporales-circulares; para esto necesitamos $\vdash Uab$, es decir, "*Todo* mundo es antes que (y después que) cualquier otro" y obtendríamos esto, si tuviéramos $Gp \supset Lp$, al probarla *ad absurdum* de esta forma:

(1) $\sim L(a \supset Fb)$ ($= \sim Uab$) por RA
(2) $L(a \supset \sim Fb)$ 1, A2, $L(a \supset p) \lor L(a \supset \sim p)$ y SD
(3) $L(a \supset G \sim b)$ 2, $\sim F = G \sim$
(4) $L(a \supset L \sim b)$ 3, $Gp \supset Lp$
(5) LMb A1, RL
(6) $\sim Ma$ 4, 5, MT,

contradiciendo A1. Y obtenemos $Gp \supset Lp$ de los axiomas típicos de la circularidad, si definimos L como $(\forall n)L^n$, pero si la adoptamos como indefinida (con los postulados de S5+$Lp \supset Hp$+$Lp \supset Gp$), no.

En un Cálculo-U que no esté anclado lógico-temporalmente, adoptado como básico, en el que las fórmulas temporales (y las fórmulas con L) ocurren sólo como argumentos secundarios del funtor T (es decir, en el que la *proposición* temporal α es sustituida por el *predicado* temporal $T\alpha$), algunos de los últimos resultados mencionados se presentan como sigue: Para las equivalencias típicas básicas U1-U4, añadimos

U5: $TaLp \equiv (\forall b)Tbp$.

Se sabe con éste para L, tenemos todas las tesis de S5 precedidas por Ta; y es fácil demostrar $Ta(Lp \supset Gp)$ y $Ta(Lp \supset Hp)$. Las inversas $Ta(Gp \supset Lp)$ y $Ta(Hp \supset Lp)$ se deducen si añadimos $\vdash Uab$ a nuestra base, es decir, si igualamos U con la relación universal; y $Ta(p \land Hp \land Gp \supset Lp)$, si establecemos

⊢ $Uab \lor Uba \lor a=b$, es decir, si igualamos $(U \cup \breve{U} \cup I)$, la suma lógica de U, su inversa y la identidad, con la relación universal. Las series-U desconectadas se excluirían, al establecer que la suma lógica ancestral de U^1, su inversa y la identidad relaciona cada a y b, es decir ⊢$(U \cup \breve{U} \cup I)*ab$, o ⊢$(U \cup \breve{U} \cup I)* \doteq V$. Con esto, podemos demostrar ⊢Uab desde la transitiva, reflexiva y simétrica, de U y ⊢$Uab \lor Uba \lor a=b$ desde su transitiva y no-divergencia en ambos sentidos.

5. *La discriminación lógico-temporal de la relatividad especial a la general*[2]. Se ha vuelto casi un tópico, si usamos $L\alpha$ siguiendo a Diodoro, por $\alpha \land L\alpha$, entonces (a) si nuestra lógica-temporal está orientada según la relación anterior-posterior de la física clásica, el sistema modal-diodoriano es el S4.3, mientras que si (b) si nuestra lógica-temporal está orientada según la relación anterior-posterior, o por una de las relaciones anterior-posterior de la física relativista, el sistema modal-diodoriano resultante es S4. Es necesaria una pequeña corrección, yo sugeriría que mientras S4 puede, efectivamente, dar la lógica modal-diodoriana apropiada para la teoría *general* de la relatividad, la lógica modal-diodoriana apropiada para la teoría *especial* es, al final, S4.2.

La posición sería la siguiente. Ambas teorías de la relatividad admiten un "tiempo local propio" que es lineal y, por tanto, produce una lógica temporal con S4.3 como su fragmento modal diodoriano, pero no hay uno sino un número indefinido de tales "tiempos locales propios" y un suceso distante b puede ser anterior a un suceso a en el marco de referencia asociado con uno de tales "tiempos propios" y, después, con otro. Esto, no obstante, sólo es cierto dentro de unos límites y, en algunos casos, un suceso b es anterior o posterior a otro suceso a, con respecto a *todos* los marcos de referencia y así, cabe decir que es "totalmente" anterior o posterior. En especial, si los puntos espaciotemporales a y b, se concibieran como vinculados al rayo de una señal lumínica, uno de ellos será totalmente anterior al otro y el otro, totalmente, posterior. Es por este tiempo relativista público o causal que construimos

---

[1] N. del T: Por suma lógica ancestral entendemos el "cierre transitivo" de la relación binaria: es el conjunto de pares ordenados (a, b) de elementos de A relacionados por la suma lógica (la disyunción) R por una cadena finita de elementos de A.
[2] En esta sección estoy en deuda con Mr. E. E. Dawson por revisar mi Física.

lógicas temporales con los otros fragmentos modales-diodorianos mencionados.

Debemos recordar las diferencias entre S4, S4.2 y S4.3, ya que el sistema más débil S4 sólo supone que la relación anterior-posterior es transitiva, el sistema más fuerte S4.3, además, excluye la ramificación y el sistema intermedio S4.2 no excluye, completamente, la ramificación, pero puede excluirla, a menos que las ramas, al final, se encuentren de nuevo. No es obvio, de inmediato, que las estructuras lineales asociadas con estas teorías tengan algo que ver con la teoría de la relatividad; pero olvidemos esta imagen; ahora estamos en otra que nos compromete, no con el cruce de las líneas sino con el solapamiento, al final, de los conos de luz en constante aumento. En términos del Cálculo-U -como si fuera de pura álgebra- la condición correspondiente al axioma S4.2 $MLp \supset LMp$ (el axioma subyacente sería $FGp \supset GFp$) es dado por

$$Uab \supset [Uac \supset (\exists d)(Ubd \wedge Ucd)],$$

"Si ambos b y c están en el futuro de a, entonces hay un d que está en el futuro de los dos", o "Si b y c son posteriores a, entonces algún d es posterior a los dos". Si leemos Uab afirmando que el punto espaciotemporal b está dentro del "cono de luz" delante de a, la fórmula anterior garantizará que, si dos puntos espaciotemporales b y c están dentro del cono de luz por delante de algún punto a, entonces hay un punto d que está dentro del cono de luz de los dos. La clave es, simplemente, que todos los conos de luz delanteros interceptan, finalmente, uno con otro. Tenemos una estructura más o menos como esta:

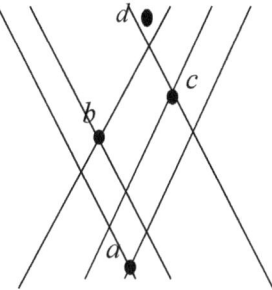

Aquí, los puntos b y c, ambos dentro del cono de luz delantero de a y, no obstante distantes, al final cruzarán sus propios conos de luz avanzados y habrá puntos como *d* dentro de ambos, que será, por tanto, completamente el futuro de los dos. Y si, en *a,* será el caso, supongamos en *b*, que algo u otro será siempre el caso (dentro del cono delantero de *b*), entonces en *a* será siempre el caso, es decir, será el caso en algún punto *c* dentro del cono de luz delantero de *a* que tal suceso será, al final, el caso en alguna parte del cono de luz avanzado de *c*, a saber, el cono posterior de *c* entra en el de *b* (por ejemplo, en *d*); o, en resumen, *FGp⊃GFp*. Esta condición se encuentra en el espacio-tiempo de la relatividad especial; al menos, se encuentra, si asumimos que el tiempo no tiene fin. (En este espacio-tiempo, decimos, que todos los futuros tienden a fusionarse pero, si el tiempo se detuviera algunos futuros quedarían separados). Sin embargo, en la relatividad general, no es necesario que se cumpla esta condición, pues la teoría permite la posibilidad de que los "conos" de luz se alejen tanto unos de otros que, al cabo de un cierto tiempo, nunca se cruzan.

La lógica temporal de la relatividad especial se obtendría añadiendo al K_t los axiomas *Gp⊃GGp, Gp⊃Fp, FGp⊃GFp* y las imágenes especulares de la dos últimas; con *GGp⊃Gp,* si queremos afirmar la densidad.

En ambas teorías relativistas, hay puntos o "mundos" que no están ni en el pasado ni en el futuro de ningún punto o "mundo" dado, ni tampoco idénticos con éste, aunque pueden estar conectados con él por alguna secuencia de *P* y *F* -en nuestro diagrama, por ejemplo, será verdadero en *b* que será el caso (en *d*, por ejemplo) que ha sido el caso *c* y también que ha sido el caso (por ejemplo, en *a*) que será el caso *c*; y, viceversa. En la relatividad especial, de hecho, tenemos el teorema que sea lo que fuere el caso en cualquier parte del espacio-tiempo, será el caso -en la sección anterior, *(∃m)M^m p⊃FPp,* o *Mp⊃FPp*; con sus imágenes especulares. De *Mp⊃FPp* y *(∀a)Ma* (A1 de la lógica de mundos), obtenemos, fácilmente, *(∀a)FPa,* que es muy parecido a la simbolización de Findlay de su teorema *p∨Fp∨Pp⊃FPp*; la formulación de Findlay es, de hecho, correcta para los mundos, tanto en la relatividad clásica como en la especial. Diríamos también, en la lógica temporal de la relatividad-especial: *Mp⊃M²p*, o *L²p⊃Lp*. En la lógica temporal *densa* de la relatividad especial, conservamos el teorema de los 15 tiempos de Hamblin.

La fórmula clave *Uab⊃[Uac⊃(∃d)(Ubd∧Ucd)],* se deduce de *FGp⊃GFp,* usando los métodos de las últimas dos secciones como sigue: ⊢*FGp⊃GFp* produce ⊢$L(FGp{\supset}GFp)$ por RL y ésta produce ⊢$TaFGp{\supset}TaGFp$ por $L(q{\supset}r){\supset}[L(p{\supset}q){\supset}L(p{\supset}r)]$ y $T=L(\supset)$. Esto nos da, a su vez, por U1-U4,

$$(\exists b)[Uab \wedge (\forall e)(Ube{\supset}Tep)]{\supset}(\forall c)[Uac{\supset}(\exists d)(Ucd \wedge Tdp)]$$

que es deductivamente equivalente, por la teoría de la cuantificación, a

$$[Uab{\supset}(\forall e)(Ube{\supset}Tep)]{\supset}[Uac{\supset}(\exists d)(Ucd \wedge Tdp)].$$

La sustitución de Pb por p en éste y la definición de $U\alpha\beta$ como $T\beta P\alpha$, produce

$$[Uab{\supset}(\forall e)(Ube{\supset}Ube)]{\supset}[Uac{\supset}(\exists d)(Ucd \wedge Ubd)],$$

del cual, puede separarse el segundo antecedente $(\forall e)(Ube{\supset}Ube)$, obteniendo (aparte de una permutación de coyuntos al final) la formula requerida.

6. *Axiomas alternativos para la no ramificación.* Mostraré en esta sección, la equivalencia deductiva, con respecto a K_l de las siguientes tres fórmulas

    A. $Fp \wedge Fq {\supset} [F(p \wedge q) \vee F(p \wedge Fq) \vee F(Fp \wedge q)]$
    B. $G[p{\supset}(Gp{\supset}q)] \vee G(Gq{\supset}p)$ (debida a C. Howard)
    C. $PFp {\supset} p \vee Fp \vee Pp$

Demostraré A de B y B de A y C. (La prueba de Lemmon de C a partir de A es dada en el capítulo III).

Al demostrar A de B, probaremos primero la siguiente modificación de éste:

    D. $G(p{\supset}q){\supset}[G(p{\supset}Gq){\supset}[G(\sim q{\supset}G\sim p){\supset}(\sim G\sim p{\supset}Gq)]],$

es decir, probaremos que $G(p{\supset}q)$, $G(p{\supset}Gq)$, $G(\sim q{\supset}G\sim p)$ y $\sim G\sim p$, conjuntamente implicando Gq. Mediante B, estos cuatro antecedentes, si son todos verdaderos, deben ser también verdaderos con $G[q{\supset}(Gq{\supset}\sim p)]$, o junto con $G(G\sim p{\supset}q)$ (dada la sustitución en B, da $G[q{\supset}(Gq{\supset}\sim p)] \vee G(G\sim p{\supset}q)$, como una ley). Pero no la primera, pues $G(p{\supset}q)$ y $G[q{\supset}(Gq{\supset}\sim p)]$ produce (por S.H. con G) $G[p\supset(Gq\supset\sim p)]$ y también $G[Gq\supset(p\supset\sim p)]$, además de, $G(Gq\supset\sim p)$. Pero ésta con $G(p\supset Gq)$ produce $G(p\supset\sim p)$ y también, $G\sim p$, contradiciendo el último antecedente $\sim G\sim p$. Por tanto, sólo puede ser verdadera en conjunción con la otra alternativa $G(G\sim p\supset q)$. Pero ésta, con el antecedente $G(\sim q\supset G\sim p)$, produce $G(\sim q\supset q)$ y también Gq, el consecuente final. A partir de D, ya demostrado, obtenemos A por las contraposiciones elementales, por tanto:

$$D = \sim(\sim G\sim p\supset Gq)\supset\sim[G(p\supset q)\wedge G(p\supset Gq)\wedge G(\sim q\supset G\sim p)]$$
$$= \sim(\sim G\sim p\supset Gq)\supset[\sim G(p\supset q)\vee\sim G(p\supset Gq)\vee\sim G(\sim q\supset G\sim p)], \text{ por DM}$$
$$= (\sim G\sim p\wedge\sim Gq)\supset[F(p\wedge\sim q)\vee F(p\wedge\sim Gq)\vee F(\sim q\wedge\sim G\sim p)], \text{ por}$$
$$\sim(A\supset B)\supset\equiv A\wedge\sim B$$
$$= (Fp\wedge F\sim q)\supset[F(p\wedge\sim q)\vee F(p\wedge F\sim q)\vee F(\sim q\wedge Fp)], \text{ por Def. F y } F\sim = \sim G,$$

que produce A por sustitución $q/\sim q$ y doble negación.

Para deducir B de A, primero la transformamos por trasposición elemental en

$$\sim[F[p\wedge(Gp\wedge\sim q)]\wedge F(Gq\wedge\sim p)]^{1},$$

y demostramos que la conjunción que hemos negado es imposible. En efecto, mediante A, esta conjunción, es decir, $F[p\wedge(Gp\wedge\sim q)]\wedge F(Gq\wedge\sim p)$ implica

(1) $F[p\wedge(Gp\wedge\sim q)\wedge(Gq\wedge\sim p)]$
(2) $F[p\wedge(Gp\wedge\sim q)\wedge F(Gq\wedge\sim p)]$
(3) $F[F[p\wedge(Gp\wedge\sim q)]\wedge(Gq\wedge\sim p)]^{2}$.

---

[1] N. del T:
  1. $G[p\supset(Gp\supset q)]\vee G(Gq\supset p)$, B
  2. $\sim[\sim G[p\supset(Gp\supset q)]\wedge\sim G(Gq\supset p)]$, por DeMorgan
  3. $\sim[F\sim[p\supset(Gp\supset q)]\wedge F\sim(Gq\supset p)]$, por $\sim G = F\sim$
  4. $\sim[F[p\wedge\sim(Gp\supset q)]\wedge F(Gq\wedge\sim p)]$, por $\sim(A\supset B)\equiv A\wedge\sim B$
  5. $\sim[F[p\wedge(Gp\wedge\sim q)]\wedge F(Gq\wedge\sim p)]$, por $\sim(A\supset B)\equiv A\wedge\sim B$.

[2] N. del T: $F(p\wedge q)$, $F(p\wedge Fq)$, $F(Fp\wedge q)$, respectivamente, cada uno de los disyuntos.

Aquí, la alternativa (1) es imposible porque afirma la verdad futura de una conjunción en la que uno de sus componentes es p y otro $\sim p$; (2) es imposible porque el segundo coyunto principal implica $F\sim p$, que contradice Gp en el otro coyunto principal; y (3) porque el primer coyunto principal implica $F\sim q$ contradiciendo Gq, en el otro.

Para deducir B a partir de C, de nuevo, lo hacemos, probando la imposibilidad de la conjunción *[F(p∧Gp)∧~q]∧F(Gq∧~p)*. Mediante $p \supset GPp$, el segundo coyunto implica *GPF(Gq∧~p)* y por *Fp∧Gq⊃F(p∧q)*, ésta con la primera conjunción produce

$$F[[p \wedge (Gp \wedge \sim q)] \wedge PF(Gq \wedge \sim p)]^{1},$$

y ésta por C produce

$$F[p \wedge (Gp \wedge \sim q)] \wedge [(Gq \wedge \sim p) \vee P(Gq \wedge \sim p) \vee F(Gq \wedge \sim p)],$$

y, también

(1) *[p∧(Gp∧~q)]∧(Gq∧~p)*
(2) *[p∧(Gp∧~q)]∧P(Gq∧~p)*
(3) *[p∧(Gp∧~q)]∧F(Gq∧~p)*.

Aquí la alternativa (1) es imposible, pues p y $\sim p$ están entre sus coyuntos; (2) porque *P(Gq∧~p)* implica *PGq* y también q, contradiciendo el coyunto $\sim q$; y (3) porque *F(Gq∧~p)* implica $F\sim p$, contradiciendo el coyunto Gp.

Estas pruebas dejan claro que C puede sustituir a A no sólo en una lógica temporal comparativamente fuerte, tal como la de Scott, sino también sin ningún supuesto auxiliar excepto los del K_t.

La no-ramificación en ambas direcciones es dada no sólo por la combinación de uno de estos axiomas con sus imágenes especulares sino también por imposición de la ley de S4 $MMp \supset Mp$ para $M\alpha$ definida como

---

[1] N. del T: Paso previo:
F[p∧(Gp∧~q)]∧GPF(Gq∧~p)⊃F[p∧(Gp∧~q)∧PF(Gq∧~p)],
esto es, $Fp \wedge Gq \supset F(p \wedge q)$ por sust. p/ *p∧(Gp∧~q)*, y q/ *PF(Gq∧~p)*.

$\alpha \vee P\alpha \vee F\alpha$. (Si esto funciona, la ley más fuerte de S5 $M{\sim}Mp{\supset}{\sim}Mp$ que fue destacada en "The Syntax of Time-Distinctions" que supone la no ramificación, también funcionará. Acabamos de demostrar $MMp{\supset}Mp$ a partir de éste en la forma típica y después procedemos como abajo). Mediante la Df. M, $MMp{\supset}Mp$ se extiende a

(1) $p \vee Pp \vee Fp$ $(= Mp)$
(2) $P(p \vee Pp \vee Fp)$ $(= PMp)$ $= MMp$
(3) $F(p \vee Pp \vee Fp)$ $(= FMp)$
(4) $p \vee Pp \vee Fp$ $(= Mp)$.

Ésta es deductivamente equivalente a las tres tesis (1)⊃(4), (2)⊃(4), (3)⊃(4) de las que la primera puede ser omitida, siendo una mera sustitución de $p{\supset}p$. Entonces (2)⊃(4)=$P(p \vee Pp \vee Fp) \supset (p \vee Pp \vee Fp) = (Pp \vee PPp \vee PFp) \supset (p \vee Pp \vee Fp)$ →$PFp{\supset}p \vee Pp \vee Fp$ y su imagen especular es derivada desde (3)⊃(4), similarmente.

7. Tiempos definidos en términos de las modalidades diodorianas. En el capítulo V, sección 5, mostramos que, si usamos L por la que tenemos, al menos, el sistema T y definimos Gp como $(\forall q)[q \supset L({\sim}q{\supset}p)]$, podemos deducir como mínimo los postulados del fragmento futuro de K_t (es decir, los postulados del sistema modal de Lemmon $T(C)$ con G por L) y, deducir también la equivalencia de Lp con $p \wedge Gp$ (cf. Diodoro). Dada esta definición, se planteó la cuestión de la deducibilidad de las lógicas temporales más fuertes desde sus correspondientes lógicas modales. Por ejemplo, si añadimos $Gp{\supset}GGp$ a K_t y definimos Lp como $p \wedge Gp$, el resultado lógico modal es el S4, es decir, T+$Lp{\supset}LLp$; si, inversamente, comenzamos desde S4 y usamos la definición anterior de G, ¿obtenemos K_t+$Gp{\supset}GGp$? Esta cuestión particular puede ser respondida ahora en negativo.

Cabe destacar para comenzar que si Lp es equivalente a $p \wedge Gp$, $Lp{\supset}LLp$ será equivalente a $(p \wedge Gp) \supset GGp$ ($Lp{\supset}LLp$ = $(p \wedge Gp) \supset (Lp \wedge GLp)$ = $(p \wedge Gp) \supset (p \wedge Gp) \wedge G(p \wedge Gp)$ = $(p \wedge Gp) \supset G(p \wedge Gp)$ = $(p \wedge Gp) \supset (Gp \wedge GGp)$ = $(p \wedge Gp) \supset GGp$). Por tanto, parte de nuestro problema es: Dado K_t ¿podría $(p \wedge Gp) \supset GGp$, o $p \supset (Gp \supset GGp)$ imponerse como una tesis sin que $Gp \supset GGp$ lo sea? La respuesta es que sí podría, si tuviéramos $p \supset GGp$; dado que $p \wedge Gp$

implica a ambas *p* y *Gp*, ésta implicará *GGp*, si aquéllas también lo hicieran. Una forma de obtener un sistema con *p⊃GGp* (y con *p⊃(Gp⊃GGp)*), pero no *Gp⊃GGp*, es suponer que hay dos estados de mundo y supongamos que *Gp* sea verdadera en un estado dado si, y sólo si, *p* es verdadera en el otro. Tendríamos, de este modo, *p⊃GGp*, que afirmaría que, lo que es verdadero en un estado dado, es verdadero en el otro del otro, es decir, del estado dado; pero no tendríamos *Gp⊃GGp*, que garantizaría que lo que es verdadero en el otro estado es, por tanto, verdadero en el otro del otro, esto es, del estado dado.

Podemos dar a esta prueba de independencia un carácter más formal usando la siguiente matriz de cuatro valores al estilo de Meredith en la que el valor 1 significa "verdad en ambos mundos"; *n* significa "verdad sólo en el mundo *n*"; *ñ*, "verdad sólo en el *ñ*"; y 0, "ninguno verdadero":

			⊃	1	n	ñ	0	~	G	L
	p∧Gp	*1	1	1	n	ñ	0	0	1	1
p	p∧~Gp	n	1	1	1	ñ	ñ	ñ	ñ	0
	~p∧Gp	ñ	1	1	n	1	n	n	n	0
	~p∧~Gp	o	1	1	1	1	1	1	0	0

Comprobaremos que la columna para *Lp* es la que obtendríamos definiéndola como *p∧Gp* y usando la columna para *G* y *Lp⊃LLp*, pero no *Gp⊃GGp*, = 1 para todos los valores de *p*. Esta matriz, caracteriza, exactamente, una "lógica temporal" definida por los siguientes axiomas (añadidos al cálculo proposicional con sustitución, separación y RG):

      A1. *G(p⊃q)⊃(Gp⊃Gq)*   A2. *~Gp⊃G~p*
      A3. *G~p⊃~Gp*   A4. *p⊃GGp*.

A1-3 se obtienen sustituyendo la *G* por la *T* monádica de Scott; A4 expresa el carácter especial de esta *G* y su inversa se obtiene, fácilmente, por A2 y A3. (A4 da *~p⊃GG~p* por sustitución y ésta = *~GG~p⊃p* = *G~~Gp⊃p* = *GGp⊃p*). Cualquier verificación de una fórmula por la matriz tetravalente puede convertirse, más sencillamente, en una deducción desde estos postulados. Primero, las cuatro asignaciones de valores posibles se expresan dentro del sistema como sigue (adoptando n como el mundo actual y $ñ$ el otro):

$p = 1$ (esto es, p verdad en ambos) como $p \wedge Gp$
$p = n$ (es decir, p verdad sólo en n) como $p \wedge \sim Gp$
$p = ñ$ (esto es, p verdad sólo en $ñ$) como $\sim p \wedge Gp$
$p = 0$ (es decir, p ninguno verdad) como $\sim p \wedge \sim Gp$.

Las evaluaciones básicas resumidas en la matriz pueden expresarse así como implicaciones deducibles como en los siguientes ejemplos

$Gn = ñ$ significa: Si $p = n$, $Gp = ñ$, es decir, si $p \wedge \sim Gp$, entonces $\sim(Gp) \wedge G(Gp)$: $(p \wedge \sim Gp) \supset (\sim Gp \wedge GGp)$[1] demostrable por cálculo proposicional y A4 $(p \supset GGp)$.

$\sim n = ñ$ significa: Si $p = n$, $\sim p = ñ$, es decir, si $p \wedge \sim Gp$ entonces $\sim(\sim p) \wedge G(\sim p)$: $(p \wedge \sim Gp) \supset (\sim \sim p \wedge G \sim p)$[2] deducible por cálculo

proposicional y A2 ($\sim Gp \supset G \sim p$).

$ñ \supset 0 = n$ significa: Si $p = ñ$ y $q = 0$, entonces $p \supset q = n$, esto es, si $\sim p \wedge Gp$ y $\sim q \wedge \sim Gq$, entonces, $(p \supset q) \wedge \sim G(p \supset q)$[3]: $\sim p \wedge Gp \supset [(\sim q \wedge \sim Gq) \supset [(p \supset q) \wedge \sim G(p \supset q)]]$[4] deducible por cálculo proposicional y el A1 contrapuesto a $Gp \supset [\sim Gq \supset \sim G(p \supset q)]$[5].

El uso de la matriz para evaluar las fórmulas más complejas, por ejemplo, el cálculo de $Gn \supset GGn$[6] $= Gn \supset Gñ = ñ \supset n = n$, se refleja mediante las deducciones a partir de las implicaciones inscritas en la matriz; en este caso, podemos demostrar que si $p = n$, $Gp = ñ$ y GGp, en consecuencia, n y $Gp \supset GGp$, por tanto, n, esto es,

---

[1] N. del T y siguientes: $n \supset ñ$ y p/Gp.
[2] $n \supset ñ$ y $p/\sim p$.
[3] $(p \supset q) \wedge \sim G(p \supset q) = n$, $p/p \supset q$.
[4] $\sim p \wedge Gp \supset [(\sim q \wedge \sim Gq) \supset [(p \supset q) \wedge \sim G(p \supset q)]] = ñ \supset (0 \supset n)$, $p/p \supset q$.
[5] Mediante Mutación de Premisa y Contraposición del A1.
[6] $Gn = ñ$ pero GGn es, de nuevo n.

(1) $p \wedge \sim Gp$ ($p=n$)
(2) $\sim Gp \wedge GGp$ *(Gp = ñ)*, mediante sustitución *p/~Gp* y *Gp/GGp*
(3) $GGp \wedge \sim GGGp$ *(GGp = n;* de 2 por *Gñ=n*, es decir, *(~p∧Gp)⊃(Gp∧~GGp)*[1], con *Gp* por *p*)
(4) $(Gp \supset GGp) \wedge \sim G(Gp \supset GGp)$[2] *(Gp⊃GGp=n*; de 2 y 3 por *ñ⊃n=n*, es decir, *[(~p∧Gp)⊃(q∧~Gq)]⊃[(p⊃q)∧~G(p⊃q)]*[3] con *Gp* por *p* y *GGp* por *q*).

Finalmente, *si f(p)* es 1 para todos los valores de *p*, eso significa que si *p*= 1, *n, ñ* ó 0, entonces *f(p)* = 1, es decir, si *p∧Gp*, o *p∧~Gp*, o *~p∧Gp*, o *~p∧~Gp*, entonces *f(p)∧Gf(p)*; al demostrar ésta por los métodos anteriores (disyunto a disyunto), obtenemos *f(p)∧G(p)*, incondicionalmente y también *f(p)*, por separación *(p∧Gp)∨(p∧~Gp)∨(~p∧Gp)∨(~p∧~Gp)* que es una sustitución en un teorema del cálculo proposicional. Es muy obvia la extensión de este procedimiento a los casos que incluyen más de una variable.

Esto, no obstante, es un sistema *G*-primitivo, tal que, aún no hemos demostrado *suficiente* como para tener *Lp⊃LLp* sin *Gp⊃GGp*, si adoptamos *L* como primitiva, y definimos *Gp* como *(∀q)[q⊃L(~q⊃p)]*. Este último paso está justificado observando que cuando 1, *n, ñ,* y 0 son todos *q* (o valores de *q*), *(∀q)[q⊃L(~q⊃p)]*, equivale a

$$1 \supset L(\sim 1 \supset p) \wedge n \supset L(\sim n \supset p)] \wedge \tilde{n} \supset L(\sim \tilde{n} \supset p) \wedge 0 \supset L(\sim 0 \supset p)$$

que con la columna para *L* funciona como 1, *ñ, n,* 0, cuando *p*=1, *n, ñ,* 0, respectivamente, exactamente, como en la columna *G*.

Era obvio que las tesis-*G* añadidas no siempre son respaldadas por las tesis-*L* añadidas resultantes, pues en algunos casos, lo último no existe; por ejemplo, si añadimos *GGp⊃Gp* (densidad) o *Gp⊃Fp* (infinitud) al K_t, esto no enriquece el sistema *L* diodoriano, en ningún sentido (ya tenemos *LLp⊃Lp* y *Lp⊃Mp* en T, el fragmento diodoriano de K_t). Lo que está claro es que incluso cuando el

---

[1] *ñ⊃n* y *p/Gp*.
[2] *(Gp⊃GGp)∧~G(Gp⊃GGp)* = *n, p/Gp⊃GGp*.
[3] *[(~p∧Gp)⊃(q∧~Gq)]⊃[(p⊃q)∧~G(p⊃q)]* = *(ñ⊃n)⊃n, p/p⊃q*, en el consecuente.

apoyo de la lógica temporal refuerza su fragmento modal-diodoriano, no, o en todo caso, no siempre, conseguimos el respaldo lógico-temporal cuando partimos del fortalecimiento del sistema modal resultante.

Esto no significa que no tengamos la L-primitiva, G-definida lógico-temporalmente, conteniendo tesis tales como $Gp \supset GGp$, $GGp \supset Gp$ y $Gp \supset Fp$. Obviamente, obtenemos tales sistemas, simplemente, imponiendo como axiomas las extensiones definicionales de estas tesis, por ejemplo, imponiendo $Gp \supset GGp$ en la forma

$$(\forall q)[q \supset L(\sim q \supset p)] \supset (\forall r)[r \supset L[\sim r \supset (\forall s)[s \supset L(\sim s \supset p)]]].$$

Pero no podemos obtenerlas por imposición de las tesis-L (válidas en las lógicas temporales implicadas) que no contienen cuantificadores proposicionales. Resumiendo, con frecuencia, hacemos simplificaciones instructivas. Por ejemplo, la fórmula $F(p \supset p)$ es, deductivamente equivalente (dado el K_t) a $Gp \supset Fp$, y la sustituimos como una expresión de la infinitud. La definición de F de Geach, en términos de la M diodoriana (equivalente a la definición anterior de G en términos de L) convierte $F(p \supset p)$ en $(\exists q)[q \land M(\sim q \land (p \supset p)]$. Pero dado que $r \land (p \supset p)$ es intercambiable (incluso en T) con la simple r, ésta puede ser simplificada a $(\exists q)(q \land M \sim q)$, "Para algún q, es el caso que q pero (es o) será el caso que no q". Considerado como una versión del "tenemos más tiempo" (como implicado por ésta así como también implicándola), refleja muy bien el "No habría tiempo sin cambio" de McTaggart, la inspiración original de la definición de Geach. De nuevo, en la extensión anterior de $Gp \supset GGp$, sólo el primer cuantificador es esencial, dado el S4 para L.

8. Pruebas de independencia para K_t. Hacking y Berg tienen la siguiente prueba de independencia[1] para $G(p \supset q) \supset (Gp \supset Gq)$: supongamos que k sea una proposición verdadera que es "atómica" con respecto a las funciones del sistema (esto es, no es una negación o un tiempo de una de las proposiciones

---

[1] N. del T: La independencia es identificada como una virtud de un sistema axiomático. Se admite que una proposición p es independiente de un conjunto de proposiciones A sólo en el caso de que ni p ni $\sim p$ sea lógicamente implicada por A.

del sistema, o una implicación de una de ellas por otra) y no es un axioma o teorema del sistema. Escribamos *"p = q"* por "*p* y *q* tienen el mismo valor de verdad" y "*p* es *q*" para "*p* y *q* son la misma proposición". Supongamos que *Hp=p* para todo *p*, y supongamos que *Gp = p* excepto cuando *p* es *k* y entonces supongamos que *Gp* = 0. (*Gp* equivale, por tanto, a "Es el caso que *p*, y *p* no es *k*"). Dado que *k* es atómica, $\sim p$ nunca es *k*, por consiguiente, $G\sim p$ es siempre = $\sim p$, y $Fp = \sim G\sim p = \sim\sim p = p$. Dado que *k* no es un teorema, nunca tenemos $\vdash k$, tal que $\vdash \alpha$ siempre da $\vdash G\alpha$. $H(p\supset q)\supset(Hp\supset Hq) = (p\supset q)\supset(p\supset q) = 1$; $FHp\supset p = p\supset p = 1$; $PGp\supset p = p\supset p$ (cuando *p* no es *k*), ó $0\supset p$ (cuando *p* es *k*) que en ambos casos = 1^1. Pero cuando *q* es *k*, y *p* = 1 pero no es *k*, $G(p\supset q)\supset(Gp\supset Gq) = G(p\supset k)\supset(Gp\supset Gk) = (p\supset k)\supset(p\supset 0^2) = (1\supset 1)\supset(1\supset 0) = 1\supset 0 = 0$. Esta interpretación también verifica:

$Gp\supset GGp, GGp\supset Gp, Gp\supset Fp, Fp\wedge Fq\supset[F(p\wedge q)\vee F(p\wedge Fq)\vee F(Fp\wedge q)]$

y sus imágenes de espejo, tal que, $G(p\supset q)\supset(Gp\supset Gq)$ también es independiente de ésta. La independencia de $H(p\supset q)\supset(Hp\supset Hq)$ puede ser establecida por intercambio de roles de *G* y *H*. Si axiomatizamos con una regla de imagen especular en lugar de imágenes especulares de axiomas, podemos utilizar el mismo modelo pero con *Hp=Gp* en lugar de *Hp=p*.

Donde el sistema es axiomatizado con una regla de reflejo especular, $PGp\supset p$ se demuestra independientemente suponiendo *H=G* y también *P=F* y, de otro modo, interpretando los símbolos normalmente (Hacking y Berg). Esto convierte $PGp\supset p$ en $FGp\supset p$, que no es una ley normal de la lógica del futuro. (Es obvio que *p* puede-ser-siempre verdadera sin serlo ya). Si no tenemos la regla de imagen especular, pero establecemos $PGp\supset p$ (o $p\supset HFp$) y $FHp\supset p$ (o $p\supset GPp$) por separado, podemos deducirlos independientemente usando la siguiente modificación del Cálculo-*U* (debido a Lemmon, 1965): Supongamos mundos, o instantes ordenados no por una, sino por dos relaciones, esto es, *U* e *Y*, establecemos

---

[1] N. del T: en el primer caso: cuando *p* no es *k*, $p\supset p = 1$; en el segundo caso, cuando *p* es *k*, entonces *Gp* = 0, tenemos $0\supset 1 = 1$. Por tanto, es 1 en ambos casos.
[2] N. del T: cuando *q = k*, entonces *Gq* = 0 (igual que *Gp* = 0, cuando *p* es *k*).

$$TaGp = (\forall b)(Uab \supset Tbp)$$
$$TaHp = (\forall b)(Yab \supset Tbp).$$

Si interpretamos Uab como "b es después que a", e Yab como "b es antes que a", éstas equivalen a

Gp es verdadera en a, si, y sólo si, p es verdadera en todos los instantes después que a.

Hp es verdadera en a, si, y sólo si, p es verdadera en todos los instantes antes que a.

Normalmente, suponemos que Y es, simplemente, la inversa de U, es decir, $Yab = Uba$, pero descartemos este supuesto y sustituyámosla por la implicación unidireccional $Yab \supset Uba$. $Ta(p \supset HFp)$ es decir,

$$Tap \supset (\forall b)[Yab \supset (\exists c)(Ubc \wedge Tcp)],$$

y es deducida:

(1) Tap — Supuesto
(2) Yab — Supuesto
(3) Uba — 2, $Yab \supset Uba$
(4) $Uba \wedge Tap$ — 1, 3, I$\wedge$
(5) $(\exists c)(Ubc \wedge Tcp)$ — 4, I.E. Sust. c/a

Pero en ausencia de $Uab \supset Yba$, una prueba similar de $Ta(p \supset GPp)$ es imposible. Si, a la inversa, establecemos que $Uab \supset Yba$ pero no $Yab \supset Uba$, podemos demostrar $Ta(p \supset GPp)$ pero no $Ta(p \supset HFp)$. La derivación de las tesis-U correspondientes a los otros postulados del K_l, no queda afectada por esta modificación.

9. *Anticipaciones de los desarrollos posteriores en el cálculo de instantes de Łoś.* En el capítulo I, enumerando los precursores de la moderna lógica temporal, no debí haber omitido el cálculo de Jerzy Łoś ideado en 1947 en un intento de formalizar los modelos de inducción de Mill. El cálculo apareció en los *Annales Universitatis Mariae Curie-Sklodowska*, sección F, vol. 2 (para 1947, publicado en 1948), pp. 269-301 y fue resumido y reseñado por Henry Hiż en el *Journal of Symbolic Logic*, vol. 16, No. I (March, 1951), pp. 58-59. (Sólo conozco el artículo a través de la publicación de Hiż). El cálculo de Łoś no tiene operadores temporales pero usa variables proposicionales p_1, p_2, etc., para representar lo que puede ser "satisfecho" en un instante y no en otro. Además, tiene variables t_1, t_2, etc., que representan instantes y n_1, n_2 etc., para los intervalos temporales; la forma Ut_1p_1 por "p_1 es satisfecha en t_1", y $\delta t_1 n_1$ para "el instante n_1 después que t_1". Łoś simplifica $(\forall p_1)(Ut_1p_1 \equiv Ut_2p_1)$ a $\rho t_1 t_2$, que puede ser leído como "t_1 y t_2 son el mismo instante". Este cálculo influyó en mi propia formulación del "cálculo de fechas" (usando la forma Utp) en *Time and Modality* y también apuntó el parecido con los sistemas de Rescher de 1965. Será mejor la comparación, si vemos los axiomas de Łoś en el simbolismo del capítulo 6, sección 4, enriquecido por *San* para "el instante n después que a" y $a=b$ para "a y b son el mismo instante". ($a=b$, debemos recordar, es la abreviatura de $(\forall p)(Tap \equiv Tbp)$ y $TSanp$ es equivalente a $TaFnp$ en el simbolismo del capítulo 6, sección 4). Los axiomas entonces se transforman:

1. $Ta{\sim}p \equiv {\sim}Tap$
2. $Ta(p \supset q) \supset (Tap \supset Taq)$
3. 4 and 5. $Ta[(p \supset q) \supset [(q \supset r) \supset (p \supset r)]]$, $Ta[p \supset ({\sim}p \supset q)]$, $Ta[({\sim}p \supset p) \supset p]$
6. $(\forall a)Tap \supset p$
7 and 8. $(\exists b)San=b$, $(\exists b)Sbn=a$
9. $(\exists p)(\forall b)(Tbp \equiv a=b)$.

Los axiomas 1-5 tienen como consecuentes todos los teoremas del cálculo-proposicional precedidos por Ta (cf. la regla, en los sistemas de Rescher y el mío, para inferir $\vdash Ta\alpha$ de $\vdash \alpha$). 7 sería reemplazable con el permiso para sustituir cualquier expresión de la forma *San* por variables de instantes las tesis, aunque esto resaltaría el hecho de que este permiso supone que hay un instante en cualquier intervalo arbitrario posterior, como 8 afirma que hay en cualquier intervalo anterior, un instante dado. Al parecer, Łoś pensó que esto requiere "que haya un número infinito de constantes que pueden sustituirse por las variables representando instantes"; Hiż sugirió en su publicación que esto sería sólo el caso, si tuviéramos un axioma, supongamos, *(San=b)⊃a≠b*, excluyendo la circularidad. El axioma 9, el "axioma del reloj", afirma, en efecto, que "para todo instante de tiempo, una función puede ser asignada (por ejemplo, la descripción de la posición de las manecillas de un reloj) que es satisfecha sólo en este instante". Łoś lo consideró como "nuestra única arma contra la concepción metafísica y extrasensorial del tiempo". Su punto de vista parece, de hecho, estar muy cerca al de las secciones 3 y 4 de este apéndice. Diríamos que, el axioma del reloj podría justificar (o reflejar) nuestra *identificación* de un "instante" con una proposición verdadera sólo en ese instante; esto corresponde a los postulados *Taa* y *Tab⊃a=b* en un sistema que utiliza variables de instantes como una subclase especial de las variables proposicionales.

 Łoś encontró que su axioma trivializaba bastante su formulación de los modelos de Mill y pensó que quizás parecen menos triviales como consecuencias de un "axioma de causalidad" que formuló como *(∃p)(TSanp≡Taq)*, afirmando que para cualquier *a, q* y *n*, existe *p* que es verdadera *n* después que *a*, si, y sólo sí, *q* es verdadera en *a*. Pero dados los tiempos, esto también es trivial ya que *Pnq* cumplirá automáticamente esta condición. También lo hará *Taq*, dado el anclaje de *T* con la ley normal *TbTaq≡Taq* (es verdad en *b* que *q* es verdadera en *a*, si, y sólo si, *q* es verdadera en *a*).